全国高等职业教育机电类“十二五”规划教材

数控机床编程与操作

主编　张学明　周会强
主审　霍苏萍

黄河水利出版社
·郑州·

内 容 提 要

本教材是根据高职高专教育专业人才培养目标及规格要求编写的。本书针对数控机床的使用技术，较全面地介绍了数控加工编程基础，数控加工工艺分析，数控车床、铣床、加工中心的程序编制及操作，数控仿真操作等内容。本书在内容选择上，突出实用性、综合性、先进性；在编写方式上，强调通俗易懂，由浅入深，并力求全面、系统和重点突出。

本书可作为高职高专数控技术、机电一体化技术、机械设计与制造、模具设计与制造等专业的教材，也可作为有关工程技术人员的参考资料。

图书在版编目(CIP)数据

数控机床编程与操作/张学明，周会强主编. —郑州：黄河水利出版社，2011.6

全国高等职业教育机电类“十二五”规划教材

ISBN 978-7-5509-0043-1

Ⅰ.①数… Ⅱ.①张… ②周… Ⅲ.①数控机床-程序设计-高等职业教育-教材②数控机床-操作-高等职业教育-教材 Ⅳ.①TG659

中国版本图书馆 CIP 数据核字(2011)第 108919 号

出 版 社：黄河水利出版社

地址：河南省郑州市顺河路黄委会综合楼 14 层　　邮政编码：450003

发行单位：黄河水利出版社

发行部电话：0371-66026940、66020550、66028024、66022620(传真)

E-mail：hhslcbs@126.com

承印单位：河南地质彩色印刷厂

开本：787 mm×1 092 mm　1/16

印张：16.75

字数：387 千字　　印数：1—4 100

版次：2011 年 8 月第 1 版　　印次：2011 年 8 月第 1 次印刷

定价：32.00 元

前　言

数控制造技术是集机械制造技术、计算机技术、微电子技术、现代控制技术、网络信息技术、机电一体化技术于一身的多学科高新制造技术。数控技术水平、数控机床的拥有量已成为衡量一个国家工业现代化程度的重要标志。

本书以高等职业教育人才培养目标为依据,结合教育部为加快数控技能型人才培养所提出的要求,突出了教材的基础性、实用性、科学性,贯彻了工学交替、生产实训与工程实践相结合的原则。

本书以 FANUC、SIEMENS 两大主流数控系统为例,介绍数控机床的各种常用编程指令与操作规程。全书共分八章,主要内容包括数控机床概述、数控加工编程基础、数控加工工艺分析、数控车床程序编制及加工操作、数控铣床及加工中心程序编制、数控铣床及加工中心的基本操作、宏程序、数控仿真操作等。

全书由济源职业技术学院张学明、郑州职业技术学院周会强担任主编,由三门峡职业技术学院霍苏萍担任主审,具体编写分工如下:第一、七章由商丘科技职业技术学院黄胜银编写,第二、三章由三门峡职业技术学院王莉静编写,第四、八章由郑州职业技术学院周会强编写,第五章由济源职业技术学院张学明编写,第六章由济源职业技术学院王娜编写。

由于编者水平、经验有限,加之编写时间仓促,书中难免存在不妥或错误之处,恳请读者批评指正。

编　者

2011 年 5 月

目　录

第一章 数控机床概述

第一节 数控机床的产生

随着科学技术的发展，机械产品结构越来越合理，其性能、精度和效率日趋提高，更新换代频繁，生产类型由大批量生产向多品种小批量生产转化，如图 1-1 ~ 图 1-3 所示。因此，对机械产品的加工相应地提出了高精度、高柔性与高度自动化的要求。数控机床就是为了解决单件、小批量，特别是复杂型面零件加工的自动化并保证质量要求而产生的。

图 1-1 数控车床加工的典型零件

图 1-2 建模完毕的零件实体

图 1-3 加工完毕的飞机上的叶轮

第二节　数控机床的概念及组成

一、数控机床的概念

数控技术是20世纪中期发展起来的机床控制技术。数字控制(Numerical Control,简称NC)是一种自动控制技术,是用数字化信号对机床的运动及其加工过程进行控制的一种方法。

数控机床(NC Machine)就是采用了数控技术的机床,或者说是装备了数控系统的机床。它是一种综合应用计算机技术、自动控制技术、精密测量技术、通信技术和精密机械技术等先进技术的典型的机电一体化产品。

二、数控机床的组成

数控机床的种类很多,但任何一种数控机床都是由控制介质、数控系统、伺服系统、辅助控制系统、反馈系统和机床本体等若干基本部分组成的,如图1-4所示。

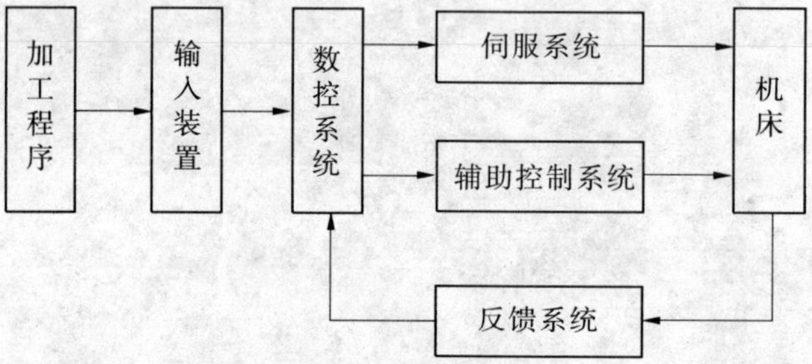

图1-4　数控机床的组成

(一)控制介质

数控系统工作时,不需要操作工人直接操纵机床,但机床又必须执行人的意图,这就需要在人与机床之间建立某种联系,这种联系的中间媒介物即称为控制介质。在控制介质上存储着加工零件所需要的全部操作信息和刀具相对工件的位移信息,因此控制介质就是将零件加工信息传送到数控装置的信息载体。控制介质有多种形式.随着数控装置类型的不同而不同,常用的有穿孔纸带、穿孔卡、磁带、磁盘和USB接口介质等。控制介质上记载的加工信息要经过输入装置传送给数控装置,常用的输入装置有光电纸带输入机、磁带录音机、磁盘驱动器和USB接口等。

(二)数控系统

数控装置是一种控制系统,是数控机床的中心环节。它能自动阅读输入载体上事先给定的数字,并将其译码,从而使机床进给并加工零件。数控系统通常由输入装置、控制器、运算器和输出装置等四部分组成,如图1-5所示。

输入装置接受由穿孔纸带、阅读机输出的代码,经识别与译码之后分别输入到各个相应的寄存器,这些指令与数据将作为控制与运算的原始数据。

控制器接受输入装置的指令,根据指令控制运算器与输出装置,以实现对机床的各种操作（如控制工作台沿某一坐标轴的运动、主轴变速和冷却液的开关等）以及控制整机的工作循环（如控制阅读机的启动或停止、控制运算器的运算和控制输出信号等）。

运算器接受控制器的指令，将输入装置送来的数据进行某种运算，并不断地向输出装置送出运算结果，使伺服系统执行所要求的运动。对于加工复杂零件的轮廓控制系统，运算器的重要功能是进行插补运算。所谓插补运算，就是将每个程序段输入的工件轮廓上的某起点和终点的坐标数据送入运算器，经过运算之后在起点和终点之间进行“数据密化”，并按控制器的指令向输出装置送出计算结果。

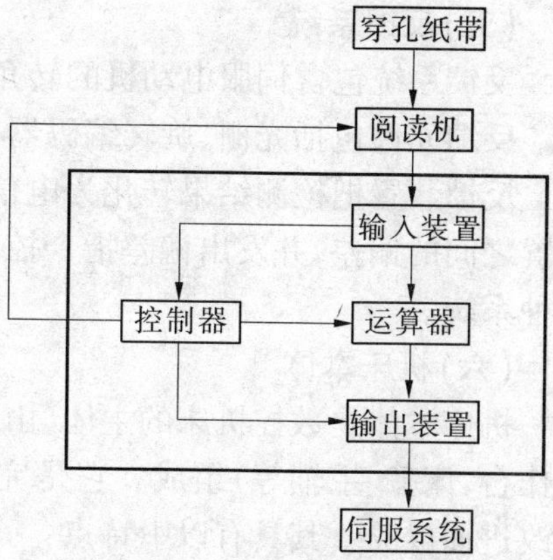

图 1-5　数控装置结构

输出装置根据控制器的指令将运算器送来的计算结果输送到伺服系统，经过功率放大驱动相应的坐标轴，使机床完成刀具相对工件的运动。

目前均采用微型计算机作为数控装置。微型计算机的中央处理单元（CPU）又称微处理器，是一种大规模集成电路。它将运算器、控制器集成在一块集成电路芯片中。在微型计算机中，输入与输出电路采用大规模集成电路，即所谓的 I/O 接口。微型计算机拥有较大容量的寄存器，并采用高密度的存储介质，如半导体存储器和磁盘存储器等。存储器可分为只读存储器（ROM）和随机存储器（RAM）两种类型，前者用于存放系统的控制程序，后者用于存放系统运行时的工作参数或用户的零件加工程序。微型计算机数控装置的工作原理与上述硬件数控装置的工作原理相同，只是前者采用通用的硬件，不同的功能通过改变软件来实现，因此更为灵活与经济。

（三）伺服系统

伺服系统由伺服驱动电动机和伺服驱动装置组成，是数控系统的执行部分。伺服系统接受数控系统的指令信息，并按照指令信息的要求带动机床本体的移动部件运动或使执行部分运动，以加工出符合要求的工件。指令信息是脉冲信息的体现，每个脉冲使机床移动部件产生的位移量叫做脉冲当量。机械加工中，一般常用的脉冲当量为 0.01 mm/脉冲、0.005 mm/脉冲、0.001 mm/脉冲，目前所使用的数控系统脉冲当量一般为 0.001 mm/脉冲。

伺服系统是数控机床的关键部件，它的好坏直接影响着数控加工的速度大小、位置高低、精度高低等。伺服机构中常用的驱动装置，随数控系统的不同而不同。开环系统的伺服机构常用步进电机和电液脉冲马达，闭环系统的伺服机构常用宽调速直流电机和电液伺服驱动装置等。

（四）辅助控制系统

辅助控制系统是介于数控装置和机床机械、液压部件之间的强电控制装置。它接受数控装置输出的主运动变速、刀具选择交换、辅助装置动作等指令信号，经过必要的编译、逻辑判断、功率放大后直接驱动相应的电器、液压、气动和机械部件，以完成各种规定的动作。此外，有些开关信号经过辅助控制系统传输给数控装置进行处理。

（五）反馈系统

反馈系统包含伺服电动机的转角位移的反馈、数控机床执行机构（工作台）的位移反馈。反馈元件包括光栅、旋转编码器、激光测距仪、磁栅等。

反馈装置把检测结果转化为电信号反馈给数控装置，通过比较，计算实际位置与指令位置之间的偏差，并发出偏差指令控制执行部件的进给运动。反馈系统包括半闭环、闭环两种系统。

（六）机床本体

机床本体是数控机床的主体，由机床的基础大件（如床身、底座）和各种运动部件（如工作台、床鞍、主轴等）组成。它是完成各种切削加工的机械部分，是在普通机床的基础上改进而成的。其具有以下特点：

（1）数控机床采用了高性能的主轴与伺服传动系统、机械传动装置。

（2）数控机床机械结构具有较高的刚度、阻尼精度和耐磨性。

（3）更多采用了高效传动部件，如滚珠丝杠副、直线滚动导轨。

（4）与传统的手动机床相比，数控机床的外部造型、整体布局、传动系统与刀具系统的部件结构及操作机构等方面都发生了很多变化。这些变化的目的是满足数控机床的要求和充分发挥数控机床的特点，因此必须建立数控机床设计的新概念。

三、数控机床的工作原理

在数控机床上，为了进行零件的加工，可以通过如下步骤进行（见图 1-6）：

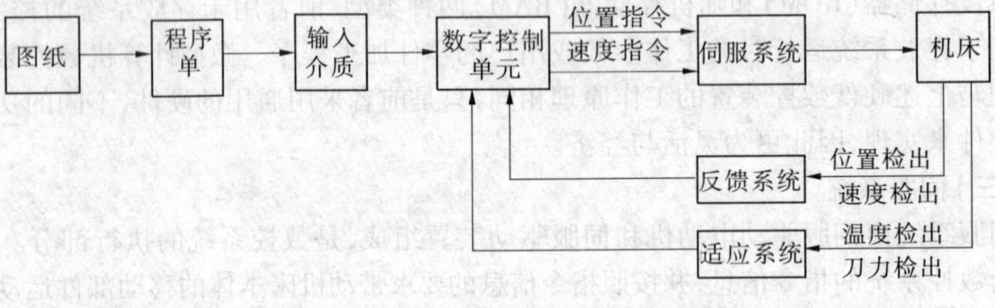

图 1-6　数控机床加工的工作原理

（1）根据被加工零件的图样与工艺方案，用规定的代码和程序格式，将刀具的移动轨迹、加工工艺过程、工艺参数、切削用量等编写成数控系统能够识别的指令形式。

（2）将所编写的加工程序输入数控装置。

（3）数控装置对输入的程序（代码）进行译码、运算处理，并向各坐标轴的伺服驱动装置和辅助机能控制装置发出响应的控制信号，以控制机床各部件的运动。

（4）在运动过程中，数控系统需要随时检测机床的坐标轴位置、行程开关的状态等，并与程序的要求相比较，以决定下一步动作，直到加工出合格的零件。

（5）操作者可以随时对机床的加工情况及工作状态进行观察、检查，必要时还需要对机床动作和加工程序进行调整，以保证机床安全、可靠地运行。

由此可知，数控加工原理就是将预先编好的加工程序以数据的形式输入数控系统，数控系统通过一定的数据处理和数据运算，将信号传给伺服系统，伺服系统再控制机床本体,加工出合适的工件。

第三节　数控机床的种类、特点

一、数控机床的种类

当前数控机床的品种很多,结构、功能各不相同,通常可以按下述方法进行分类。

(一)按机床运动轨迹进行分类

数控机床按机床运动轨迹不同,可分为点位控制数控机床、直线控制数控机床和轮廓控制数控机床。

1. 点位控制数控机床

点位控制(Positioning Control)又称点到点控制(Point to Point Control)。刀具从某一位置向另一位置移动时,不管中间的移动轨迹如何,只要刀具最后能正确到达目标位置,就称为点位控制。

点位控制数控机床的特点是只控制移动部件由一个位置到另一个位置的精确定位,而对它们运动过程中的轨迹没有严格要求,在移动和定位过程中不进行任何加工。因此,为了尽可能地减少移动部件的运动时间和定位时间,两相关点之间的移动先以快速移动到接近新点位的位置,然后进行连续降速或分级降速,使之慢速趋近定位点,以保证其定位精度。点位控制加工示意图如图 1-7 所示。

这类机床主要有数控坐标镗床、数控钻床、数控点焊机和数控折弯机等,其相应的数控装置称为点位控制数控装置。

2. 直线控制数控机床

直线控制(Straight Cut Control)又称平行切削控制(Parallel Cut Control)。这类控制除控制点到点的准确位置外,还要保证两点之间移动的轨迹是一条直线,而且对移动的速度也有控制,因为这一类机床在两点之间移动时要进行切削加工。

直线控制数控机床的特点是刀具相对于工件的运动,不仅要控制两相关点的准确位置(距离),还要控制两相关点之间移动的速度和轨迹,其轨迹一般由与各轴线平行的直线段组成。它和点位控制数控机床的区别在于当机床移动部件移动时,可以沿一个坐标轴的方向进行切削加工,而且其辅助功能比点位控制的数控机床多。直线控制加工示意图如图 1-8 所示。

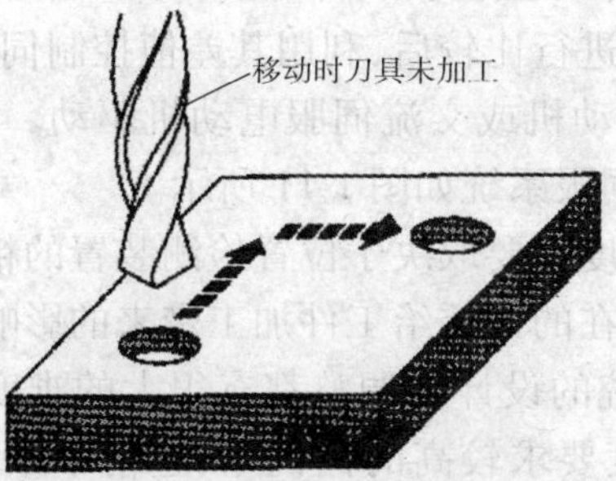

图 1-7　点位控制加工示意图

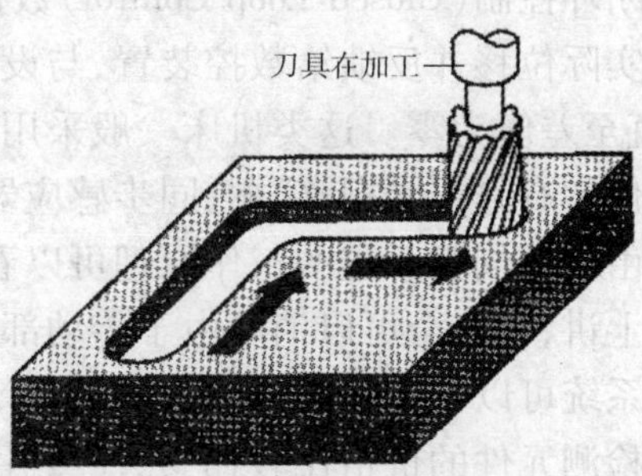

图 1-8　直线控制加工示意图

这类机床主要有数控坐标车床、数控磨床和数控镗铣床等，其相应的数控装置称为直线控制数控装置。

3. 轮廓控制数控机床

轮廓控制又称连续控制，大多数数控机床具有轮廓控制功能。轮廓控制数控机床的特点是能同时控制两个以上的轴联动，具有插补功能。它不仅要控制加工过程中每一点的位置和刀具移动速度，还要加工出任意形状的曲线或曲面。轮廓控制加工示意图如图 1-9 所示。

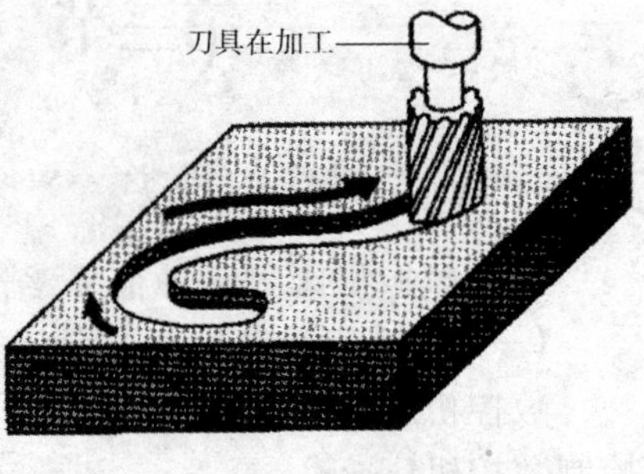

图 1-9　轮廓控制加工示意图

属于轮廓控制数控机床的有数控坐标车床、数控铣床、加工中心等。其相应的数控装置称为轮廓控制装置。轮廓控制装置比点位、直线控制装置结构复杂得多，功能齐全得多。

（二）按伺服系统类型进行分类

数控机床按伺服系统类型不同，可分为开环控制数控机床、闭环控制数控机床和半闭环控制数控机床。

1. 开环控制数控机床

开环控制（Open Loop Control）数控机床通常不带位置检测元件，伺服驱动元件一般为步进电动机。数控装置每发出一个进给脉冲后，脉冲便经过放大，并驱动步进电动机转动一个固定角度，再通过机械传动驱动工作台运动。开环伺服系统如图 1-10 所示。这种系统没有被控对象的反馈值，系统的精度完全取决于步进电动机的步距精度和机械传动的精度，其控制线路简单，调节方便，精度较低（一般可达 ±0.02 mm），通常应用于小型或经济型数控机床。

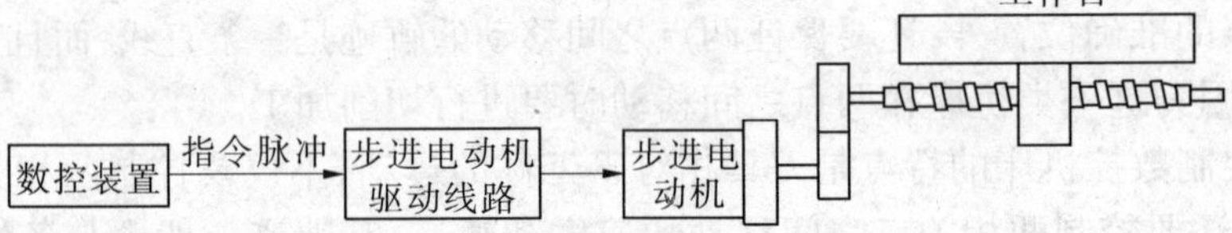

图 1-10　开环伺服系统

2. 闭环控制数控机床

闭环控制（Closed Loop Control）数控机床通常带位置检测元件，随时可以检测出工作台的实际位移并反馈给数控装置，与设定的指令值进行比较后，利用其差值控制伺服电动机，直至差值为零。这类机床一般采用直流伺服电动机或交流伺服电动机驱动。位置检测元件常有直线光栅、磁栅、同步感应器等。闭环伺服系统如图 1-11 所示。

由闭环伺服系统的工作原理可以看出，系统精度主要取决于位置检测装置的精度，从理论上讲，它完全可以消除由于传动部件制造中存在的误差给工件加工带来的影响，所以这种系统可以得到很高的加工精度。闭环伺服系统的设计和调整都有很大的难度，直线位移检测元件的价格比较昂贵，主要用于一些精度要求较高的镗铣床、超精车床和加工中心。

3. 半闭环控制数控机床

半闭环控制(Semi-Closed Loop Control)数控机床通常将位置检测元件安装在伺服电动机的轴上或滚珠丝杠的端部,不直接反馈机床的位移量,而是检测伺服系统的转角,将此信号反馈给数控装置进行指令比较,用差值控制伺服电动机。半闭环伺服系统如图 1-12 所示。

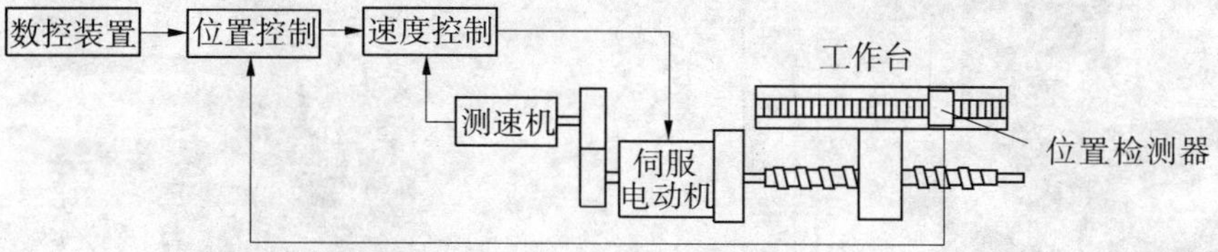

图 1-11　闭环伺服系统

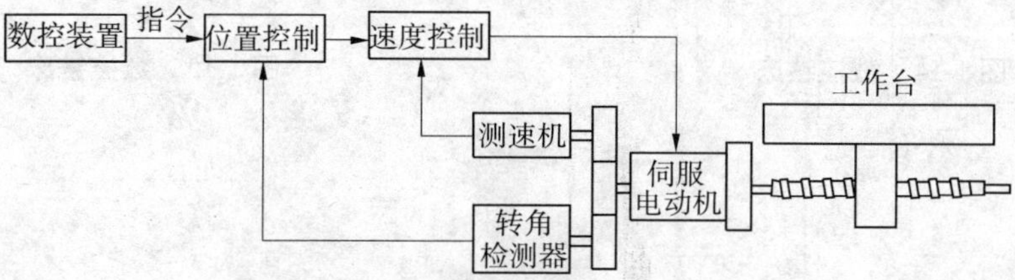

图 1-12　半闭环伺服系统

因为半闭环伺服系统的反馈信号取自电动机轴的回转,因此系统中的机械传动装置处于反馈回路之外,其刚度、间歇等非线性因素对系统稳定性没有影响,调试方便。同样,机床的定位精度主要取决于机械传动装置的精度,但是现在的数控装置均有螺距误差补偿和间歇补偿功能,不需要将传动装置各种零件的精度提得很高,通过补偿就能将精度提高到绝大多数用户都能接受的程度,再加上直线位移检测装置比角位移检测装置昂贵得多。因此,除对定位精度要求特别高或行程特别长,不能采用滚珠丝杠的大型机床外,绝大多数数控机床均采用半闭环伺服系统。

(三)按工艺用途进行分类

数控机床按工艺用途不同,可分为金属切削类数控机床、金属成型类数控机床、数控特种加工机床和其他类型的数控机床。

1. 金属切削类数控机床

金属切削类数控机床包括数控车床(见图 1-13)、数控钻床(见图 1-14)、数控铣床(见图 1-15)、数控磨床、数控镗床以及数控加工中心(见图 1-16)。切削类机床发展最早,目前种类繁多,功能差异也较大,加工中心能实现自动换刀。这类机床都有一个刀库,可容纳 10 ~ 100 把刀具。其特点是工件一次装夹可完成多道工序。为了进一步提高生产效率,有的加工中心

图 1-13　数控车床

使用双工作台，一面加工，一面装卸，工作台可以自动交换。

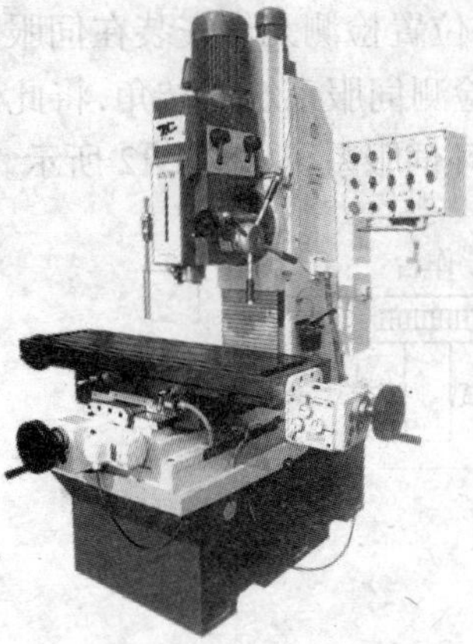

图 1-14　数控钻床

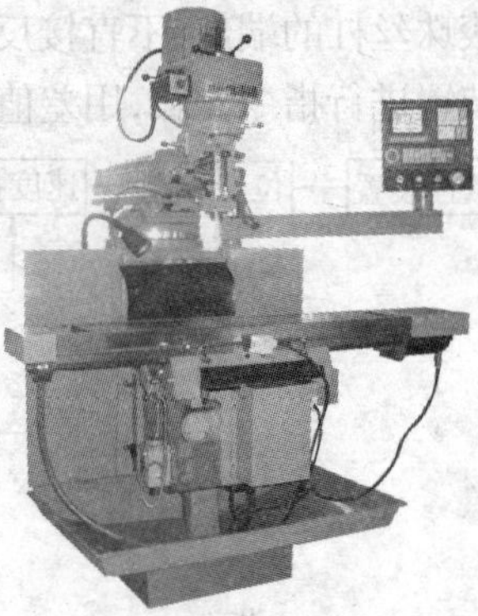

图 1-15　数控铣床

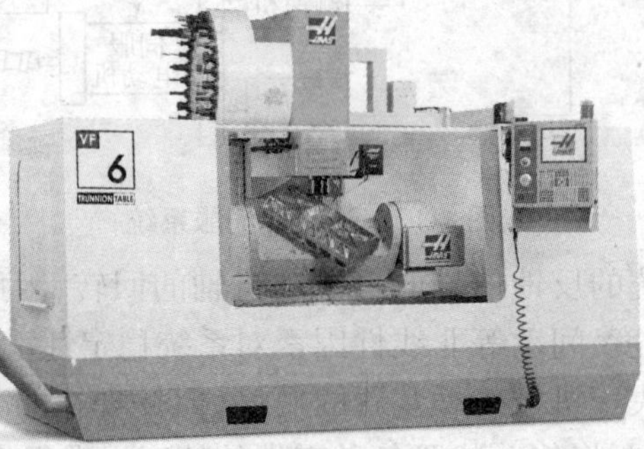

图 1-16　数控加工中心

2. 金属成型类数控机床

金属成型类数控机床包括数控折弯机（见图 1-17）、数控剪板机（见图 1-18）、数控组合冲床（见图 1-19）和数控回转头压力机等。这类机床起步晚，但目前发展很快。

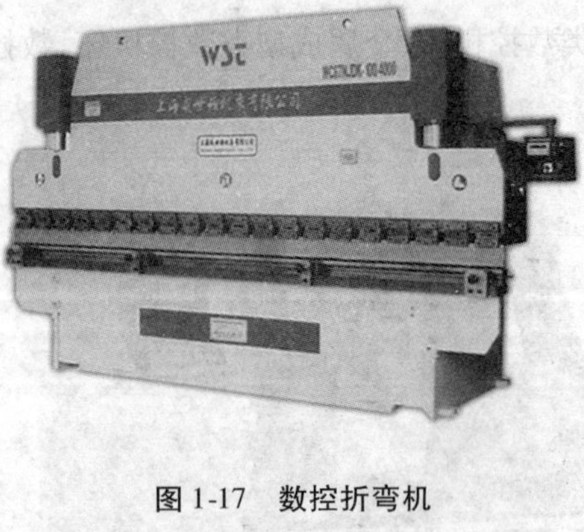

图 1-17　数控折弯机

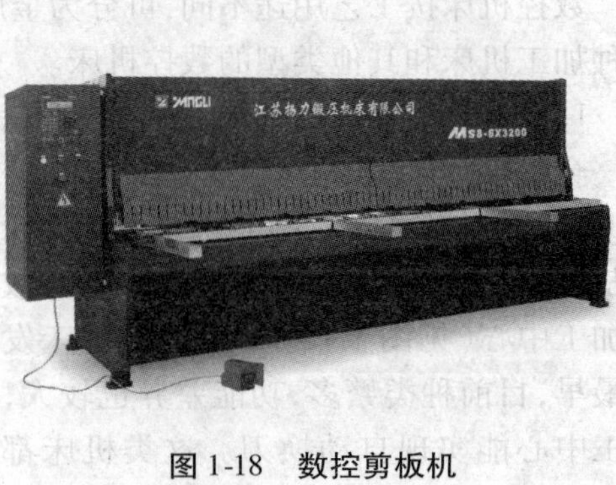

图 1-18　数控剪板机

3. 数控特种加工机床

数控特种加工机床有线切割机床、数控电火花加工机床（见图 1-20）、火焰切割机床和数控激光机切割机床等。

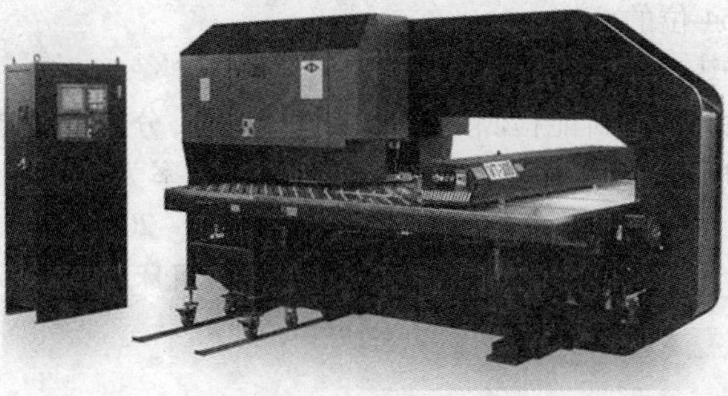

图 1-19　数控组合冲床

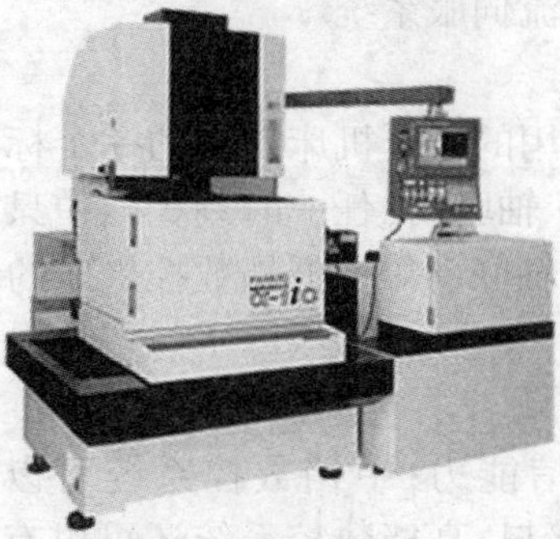

图 1-20　FANUC 慢走丝电火花线切割机床

4. 其他类型的数控机床

其他类型的数控机床有数控三坐标测量机床(见图 1-21)、机器人(见图 1-22)等。

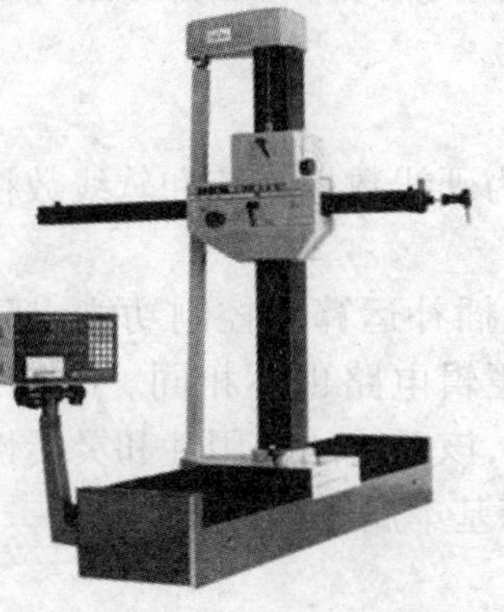

图 1-21　数控三坐标测量机床

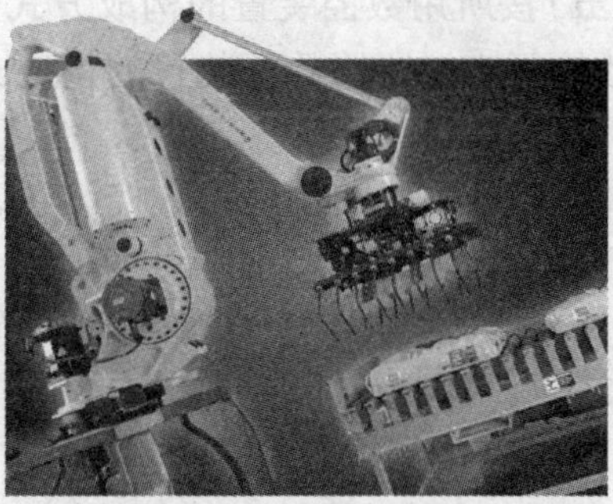

图 1-22　机器人

(四)按数控系统功能水平进行分类

按数控系统的主要技术参数、功能指标和关键部件的功能水平,数控机床可分为低、中、高 3 个档次。国内还分为全功能数控机床、普及型数控机床和经济型数控机床。这些分类方法划分的界线是相对的,不同时期的划分标准有所不同,大体有以下几个方面。

1. 控制系统 CPU 的档次

低档数控系统一般采用 8 位 CPU,中高档数控系统采用 16 位或 64 位的 CPU,现在有些 CNC 装置已采用 64 位的 CPU。

2. 分辨率和进给速度

分辨率为位移检测装置所能检测到的最小位移单位，分辨率越小，则检测精度越高。它取决于检测装置的类型和制造精度。一般认为：分辨率为 10 μm，进给速度为 8 ~ 10 m/min 是低档数控机床；分辨率为 1 μm，进给速度为 10 ~ 20 m/min 是中档数控机床；分辨率为 0.1 μm，进给速度为 15 ~ 20 m/min 是高档数控机床。通常分辨率应比数控机床所要求的加工精度高一个数量级。

3. 伺服系统类型

一般采用开环、步进电动机进给系统的为低档数控机床，中高档数控机床则采用半闭环或闭环的直流伺服系统或交流伺服系统。

4. 坐标联动轴数

数控机床联动轴数也是常用的区分机床档次的一个标志。按同时控制的联动轴数，可分为 2 轴联动、3 轴联动、2.5 轴联动（任一时刻 3 轴中只能实现 2 轴联动，另 1 轴则是点位或直线控制）、4 轴联动、5 轴联动等。低档数控机床的联动轴数一般不超过 2 轴，中高档的联动轴数则为 3 ~ 5 轴。

5. 通信功能

低档数控系统一般无通信能力；中档数控系统可以有 RS - 232C 或直接（Direct Numerical Control，简称 DNC）接口；高档数控系统还可以有制造自动化协议（Manufacturing Automation Protocol，简称 MAP）通信接口，具有联网功能。

6. 显示功能

低档数控系统一般只有简单的数码管显示或单色 CRT 字符显示；中档数控系统则有较齐全的 CRT 显示，不仅有字符，而且有二维图形、人机对话、状态和自诊断等功能；高档数控系统还可以有三维图形显示、图形编辑等功能。

（五）按所用数控装置的构成方式分类

数控机床按所用数控装置的构成方式不同，可分为硬线数控系统和软线数控系统。

1. 硬线数控系统

硬线数控系统使用硬线数控装置，它的输入处理、插补运算和控制功能，都由专用的固定组合逻辑电路来实现，不同功能的机床，其组合逻辑电路也不相同。改变或增减控制、运算功能时，需要改变数控装置的硬件电路。因此，该系统的通用性和灵活性差，制造周期长，成本高。20 世纪 70 年代初期以前的数控机床基本属于这种类型。

2. 软线数控系统

软线数控系统也称计算机数控系统，它使用软线数控装置。这种数控装置的硬件电路由小型或微型计算机再加上通用或专用的大规模集成电路制成，数控机床的主要功能几乎全部由系统软件来实现，所以不同功能的数控机床，其系统软件也就不同，而修改或增减系统功能时，也不需要改动硬件电路，只需要改变系统软件。因此，该系统具有较高的灵活性，目前几乎所有的数控机床都采用软线数控系统。

二、数控机床的加工特点

与普通机床相比，数控机床是一种机电一体化的高效自动机床，它具有以下加工特点。

(一)具有广泛的适应性和较高的灵活性

数控机床更换加工对象,只需要重新编制和输入加工程序即可实现加工;在某些情况下,甚至只要修改程序中部分程序段或利用某些特殊指令就可实现加工(如利用缩放功能指令就可实现加工形状相同尺寸不同的零件)。这为单件、小批量多品种生产,产品改型和新产品试制提供了极大的方便,大大缩短了生产准备及试制的周期。

(二)加工精度高,质量稳定

由于数控机床采用了数字伺服系统,数控装置每输出一个脉冲,通过伺服执行机构使机床产生相应的位移量(称为脉冲当量),可达0.1~1 μm;机床传动丝杠采用间歇补偿,螺距误差及其传动误差可由闭环系统加以控制,因此数控机床能达到较高的加工精度。如普通精度加工中心,定位精度一般可达到每300 mm长度误差不超过±(0.005~0.008)mm,重复精度可达到0.001 mm。另外,数控机床结构刚性和热稳定性都较好,制造精度能保证;其自动加工方式避免了操作者的人为操作误差,加工质量稳定,合格率高,同批加工的零件几何尺寸一致性好。数控机床能实现多轴联动,可以加工普通机床很难加工甚至不可能加工的复杂曲面。

(三)加工生产率高

在数控机床上可选择最有利的加工参数,实现多道工序连续加工,也可实现多机看管。由于采取了加速、减速措施,使机床移动部件能快速移动和定位,大大节省了可加工过程中的空程时间。

(四)可获得良好的经济效率

虽然数控机床分摊到每个零件上的设备费(包括折旧费、维修费、动力消耗费等)较高,但生产效率高,单件、小批量生产时节省辅助时间(如画线、机床调整、加工检验等),节省直接生产费用。数控机床加工精度稳定,能减少废品率,使生产成本进一步降低。

第四节　典型数控系统

一、日本FANUC系列数控系统

FANUC公司生产的CNC产品主要有FS3、FS6、FS0、FS10/11/12、FS15、FS16、FS18和FS21/210等系列。目前,我国用户主要使用的有FS0系列、FS15、FS16、FS18和FS21/210等系列。

(一)FS0系列

图1-23是FANUC系统操作面板(FS0系列)。它是可组成面板装配式的CNC系统,易于组成机电一体化系统。FS0系列有FS0-T、FS0-TT、FS0-M、FS0-ME、FS0-G和FS0-F等型号。FS0-T型用于单刀架单主轴的数控车床,FS0-TT型用于单主轴双刀架或双主轴双刀架的数控车床,FS0-M型、FS0-ME型用于数控铣床或加工中心,FS0-G型用于数控磨床,FS0-F型是对话型CNC系统。

(二)FS15系列

FS15系列是FANUC公司较新的32位CNC系统,被称为AICNC系统(人工智能

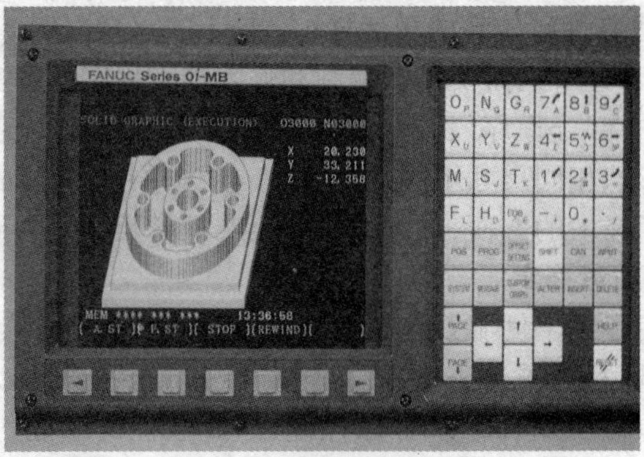

图 1-23　FANUC 系统操作面板(FS0 系列)

CNC)。该系列是按功能模块结构构成的,可以根据不同的需要组合成最小系统至最大系统,控制轴数从 2 根到 15 根,同时有 PMC 的轴控制功能,可配备有 7 个、9 个、11 个、13 个槽的控制单元母板,用于插入各种印刷电路板,采用了通信专用微处理器和 RS－422 接口,并有远距离缓冲功能。该系列 CNC 系统主要适用于大型机床、复合机床的多轴控制和多系统控制。

(三)FS16 系列

FS16 系列是在 FS15 系列之后开发的产品,其性能介于 FS15 系列和 FS0 系列之间。它采用薄型 TET(薄膜晶体管)彩色液晶显示。

(四)FS18 系列

FS18 系列是紧接着 FS16 系列推出的32 位 CNC 系统。其功能在 FS15 系列和 FS0 系列之间,但低于 FS16 系列。它采用高密度三维安装技术、四轴伺服控制、二主轴控制,且集成度更高。它采用 TET 彩色液晶显示,画面上可显示电机波形,便于调整控制。在操作、机床接口和编程等方面均与 FS16 系列有互换性。

(五)FS21/210 系列

FS21/210 系列是 FANUC 公司最新推出的系统,适用于中小型数控机床。

二、德国 SIEMENS 公司的 SINUMERIK 系列数控系统

SINUMERIK 系列数控系统(见图 1-24)主要有 SINUMERIK 3、SINUMERIK 8、SINUMERIK 810/820、SINUMERIK 850/880 和 SINUMERIK 840 等产品。

(一)SINUMERIK 8 系列

SINUMERIK 8 系列产品产生于 20 世纪 70 年代末。SINUMERIK 8M/8ME/8ME－C、Sprint 8M/8ME/8ME－C 主要用于钻床、镗床和加工中心等机床。SINUMERIK 8MC/8MCE/8MCE－C 主要用于大型镗铣床。SINUMERIK 8T/Sprint 8T 主要用于车床。其中,Sprint 系列具有蓝图编程功能。

(二)SINUMERIK 810/820 系列

SINUMERIK 810/820 系列产生于 20 世纪 80 年代中期。SINUMERIK 810 与 SINUMERIK 820 在体系结构和功能上相近。

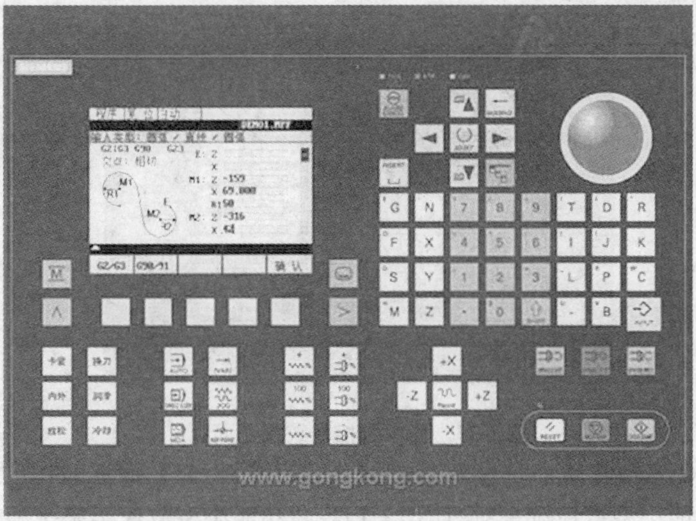

图 1-24　SIEMENS 数控系统操作面板(SINUMRIK 系列)

(三)SINUMERIK 840D 系列

SINUMERIK 840D 系列产生于 1994 年,是新设计的全数字化数控系统,具有高精度模块化及规范化的结构。它将 CNC 和驱动控制集成在一块板子上,将闭环控制的全部硬件和软件集成在 1 cm^2 的空间中,便于操作、编程和监控。

(四)SINUMERIK 810D 系列

SINUMERIK 810D 系列产生于 1996 年,SINUMERIK 810D 是在 SINUMERIK 840D 基础上开发的新 CNC 系统。它第一次将 CNC 和驱动控制集成在一块板上,其 CNC 与驱动之间没有接口。SINUMERIK 810D 配备了功能强大的软件,提供了很多新的使用功能,如提前预测功能、坐标变换功能、固定点停止功能、刀具管理功能、样条插补功能、压缩功能和温度补偿功能等,极大地提高了其应用范围。

1998 年,在 SINUMERIK 810D 的基础上,SIEMENS 公司又推出了基于 SINUMERIK 810D 系统的现场编程软件 ManulTurn 和 ShopMill。前者适用于数控车床的现场编程,后者适用于数控铣床的现场编程。操作者无须专门的编程培训,使用传统操作机床的模式即可对数控机床进行操作和编程。

近几年来,SIEMENS 公司又推出了 SINUMERIK 802 系列 CNC 系统,有 SINUMERIK 802S、SINUMERIK 802C、SINUMERIK 802D 等型号。

三、华中数控系统 HNC

HNC 是武汉华中数控研制开发的国产型数控系统,如图 1-25 所示。它是我国“863”计划的科研成果在实践中应用的成功项目,已开发和应用的产品有 HNC－1 和 HNC－2000 两个系列,共计 16 种型号。

(一)HNC－1 数控系统

HNC－1 数控系统有 HNC－1M 铣床、加工中心数控系统,HNC－1T 车床数控系统,HNC－1Y 齿轮加工数控系统,HNC－1P 数字化仿形加工数控系统,HNC－1L 激光加工数

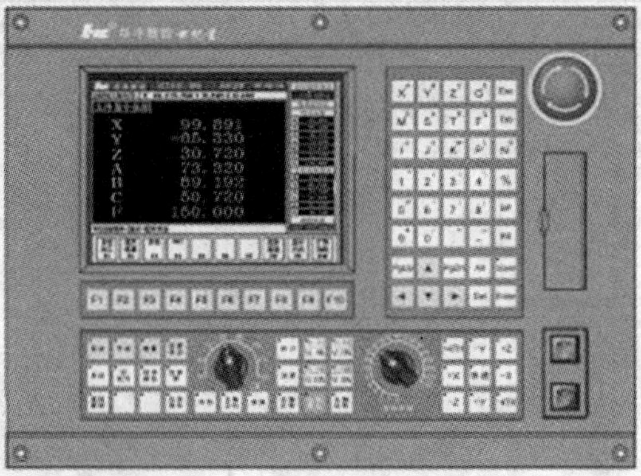

图 1-25　华中数控系统操作面板

控系统，HNC－1G 五轴联动工具磨床数控系统和 HNC－1FP 锻压、冲压加工数控系统，HNC－1ME 多功能小型数控铣系统，HNC－1TE 多功能小型数控车系统和 HNC－1S 高速平缝机数控系统等。

（二）HNC－2000 型数控系统

HNC－2000 型数控系统是在 HNC－1 型数控系统的基础上开发的高档数控系统。该系统采用通用工业 PC，TFT 真彩液晶显示，具有多轴多通道控制功能和内装式 PC，可与多种伺服驱动单元配套使用，具有开放性好、结构紧凑、集成度高、性价比高和操作维护方便等优点。同样，它也有系列派生的数控系统 HNC－2000M、HNC－2000T、HNC－2000Y、HNC－2000L、HNC－2000G 等。

（三）华中“世纪星”HNC－21/22

华中“世纪星”HNC－21/22 分别经历 1、2、3、4 代，其中 4 代扩展到 6 轴。

（四）精简版“世纪星”HNC－18i/19i

此外，国产的数控系统还有航天Ⅰ型和蓝天Ⅰ型，它们采用前后台结构，为多机数控系统。

思考与练习题

1. 简述数控加工机床的产生。
2. 简述数控技术的发展趋势。
3. 数控机床由哪些部分组成？各部分的作用是什么？
4. 简述常用数控机床的工作原理。
5. 简述数控机床的加工特点。
6. 数控机床与普通机床相比有何特点？
7. 为什么轮廓控制数控机床比点位控制数控机床加工较为复杂？
8. 一般什么情况下，半闭环数控机床可获得高于开环系统、低于闭环系统的精度？
9. 金属切削类数控机床包括哪些？
10. 常见的数控系统有哪些？

第二章　数控加工编程基础

第一节　数控机床坐标系

在数控机床上加工零件时，刀具与工件的相对运动是以数字的形式体现的。因此，必须建立相应的坐标系，才能明确刀具与工件的相对位置。

工件在数控机床上加工的工艺内容多，工序集中，所以每一个数控编程员和数控机床的操作者，都必须对数控机床的坐标系有一个完整且正确的理解。否则，程序编制将发生错误，操作机床时也会发生事故。为了保证数控机床的运动、操作及程序编制的一致性和记录数据的互换性，国际标准化组织统一了标准坐标系，我国机械工业部也颁布了《数字控制机床坐标系和运动方向的命名》（JB 3051—82）标准，对数控机床的坐标和运动方向作了明确规定。

一、机床坐标系

（1）机床坐标系是机床上固有的坐标系，是用来确定工件坐标系的基本坐标系。国际标准和我国颁布的标准中，规定了数控机床的坐标系采用笛卡儿右手直角坐标系，如图 2-1所示。图中，大拇指的方向为 X 轴的正方向，食指为 Y 轴的正方向，中指为 Z 轴的正方向，并分别用 $+X$、$+Y$、$+Z$ 表示。围绕 X、Y、Z 各轴的旋转运动坐标记为 A、B、C。

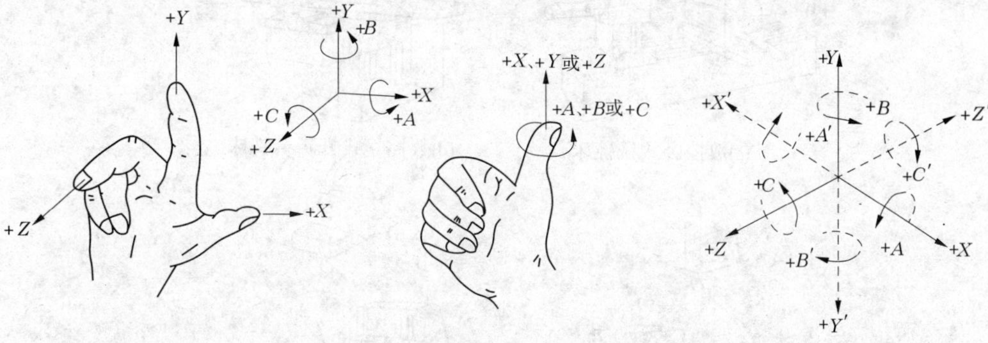

图 2-1　笛卡儿右手直角坐标系

（2）采用假设工件固定不动、刀具相对工件移动的原则。由于机床的结构不同，有的是刀具运动，工件固定不动；有的是工件运动，刀具固定不动。为了编程方便，一律规定工件固定不动，刀具运动。

（3）采用使刀具与工件之间距离增大的方向为该坐标轴的正方向，即取刀具远离工件的方向为正方向，反之则为负方向。旋转坐标轴的正方向用右手螺旋定则判定，拇指指向 X、Y、Z 轴的正方向，四指弯曲的方向为对应各轴的旋转正方向，并分别用 $+A$、$+B$、$+C$ 表示。

二、坐标轴的判定方法

确定机床坐标轴时，一般先确定 Z 轴，然后确定 X 轴和 Y 轴。

(1) Z 轴：平行于主轴轴线的坐标轴为 Z 轴，刀具远离工件的方向为 Z 轴的正方向。如图 2-2 所示，车床、磨床的 Z 轴是带动零件旋转的主轴，冲床、铣床和镗床的 Z 轴是带动刀具旋转的主轴。若机床有多个主轴或没有主轴（如数控龙门刨床），垂直于工件装夹平面的轴为 Z 轴，如图 2-3 所示。

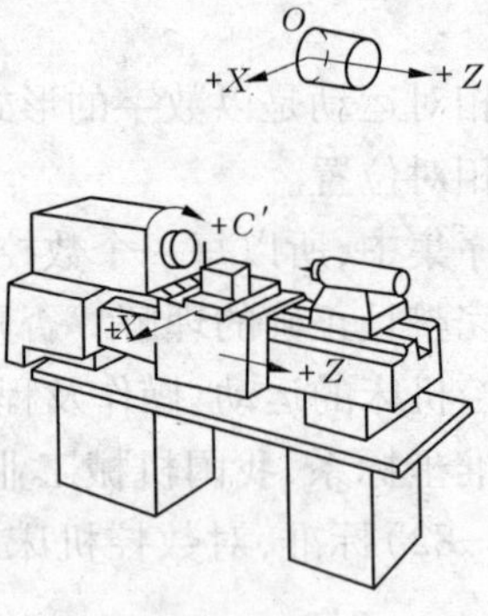

(a)数控车床

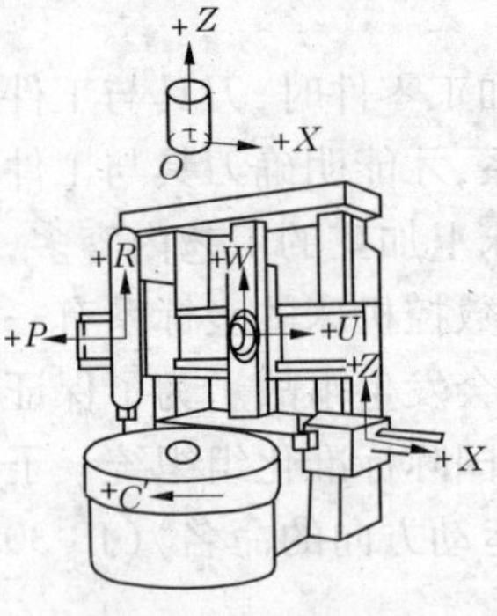

(b)数控双柱立式车床

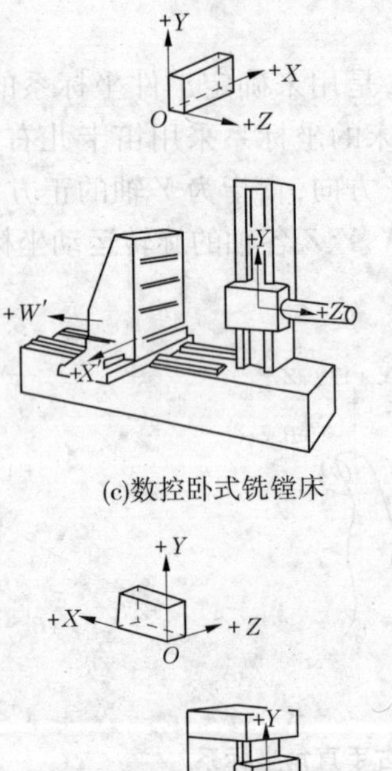

(c)数控卧式铣镗床

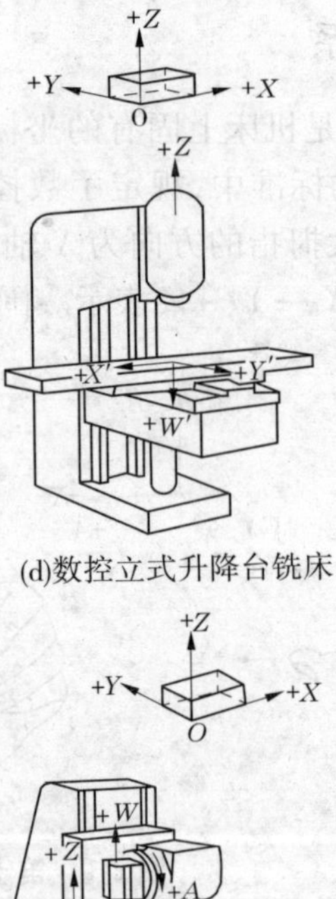

(d)数控立式升降台铣床

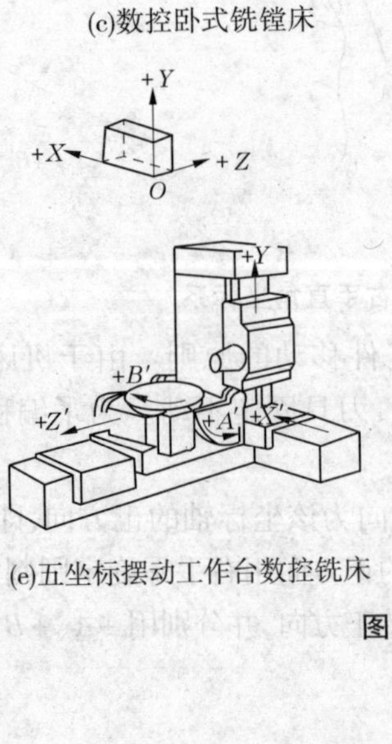

(e)五坐标摆动工作台数控铣床

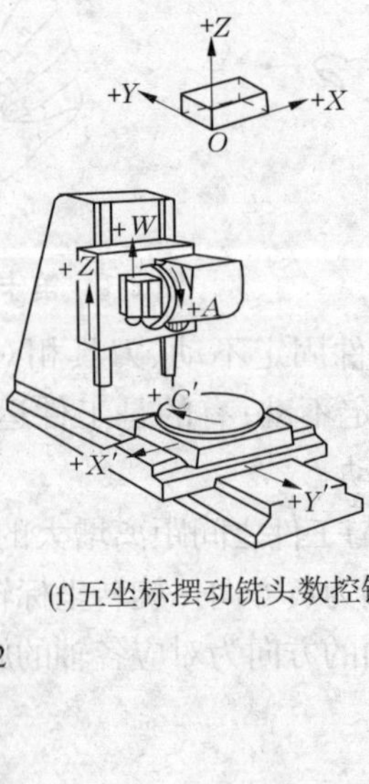

(f)五坐标摆动铣头数控铣床

图 2-2

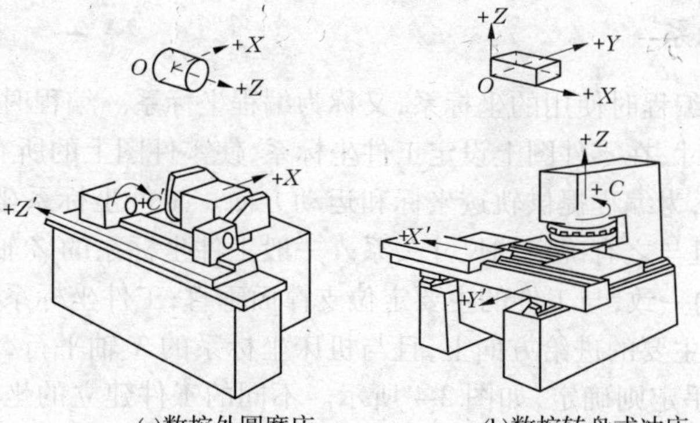

(g)数控外圆磨床　　　　(h)数控转盘式冲床

续图 2-2

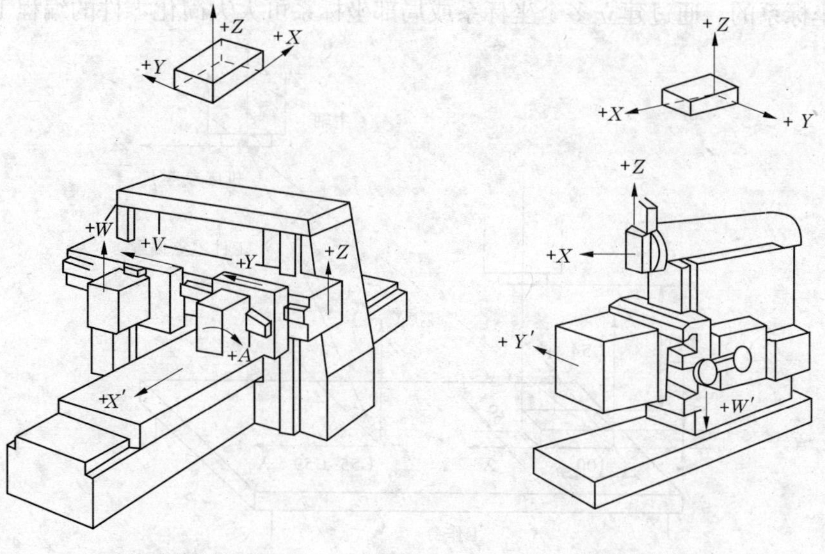

(a)数控龙门铣床　　　　(b)数控牛头刨床

图 2-3

(2)X 轴：平行于工件装夹平面的坐标轴为 X 轴，它一般是水平的，以刀具远离工件的运动方向为 X 轴的正方向。

(3)Y 轴：垂直于 X 轴及 Z 轴，按笛卡儿直角坐标右手定则确定其正方向。

(4)旋转运动坐标 A、B 和 C：旋转坐标轴的正方向用右手螺旋定则判定，拇指指向 X、Y、Z 轴的正方向，四指弯曲的方向为对应各轴的旋转正方向，并分别用 $+A$、$+B$、$+C$ 表示，如图 2-1 所示。

(5)附加坐标：除标准坐标 X、Y、Z 外，另外有平行于它们的第二坐标 U、V、W，还有第三组坐标，则用 P、Q、R 表示。

(6)当考虑刀具移动时，用不加“′”的字母表示运动的正方向；当考虑工件移动时，则用加“′”的字母表示。

三、工件坐标系

工件坐标系是编程时使用的坐标系,又称为编程坐标系。编程时,首先根据被加工零件的几何形状和尺寸,在零件图上设定工件坐标系,使零件图上的所有几何元素在坐标系中都有确定的位置,为编程提供轨迹坐标和运动方向。工件坐标系坐标轴的方向应与机床坐标系一致,并且与之有确定的尺寸关系。一般工件坐标系的 Z 轴要与机床坐标系的 Z 轴平行,且正方向一致,与工件的主要定位支撑面垂直;工件坐标系的 X 轴,选择在零件尺寸较大或切削时主要的进给方向上,且与机床坐标系的 X 轴平行,正向一致;工件坐标系 Y 轴,可根据右手定则确定,如图 2-4 所示。不同的工件建立的坐标系也可有所不同,有的数控系统允许一个工件可建立多个工件坐标系,或者在一个工件坐标系下再建立一个坐标系称为局部坐标系。局部坐标系原点的坐标值应是相对于工件坐标系的,而不是相对于机床坐标系的。通过建立多个坐标系或局部坐标系可大大简化零件的编程工作。

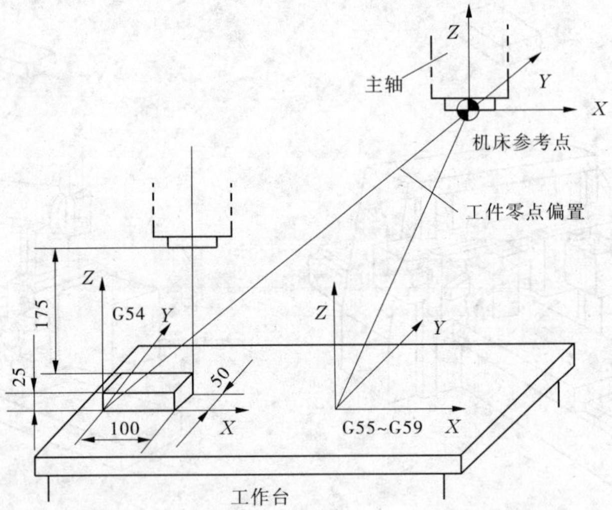

图 2-4 工件坐标系与机床坐标系的位置关系

四、绝对坐标系与增量(相对)坐标系

(1)绝对坐标系。刀具(或机床)运动位置的坐标值是相对于固定坐标原点给出的,称为绝对坐标,该坐标系称为绝对坐标系。

(2)增量(相对)坐标系。刀具(或机床)运动位置的坐标值是相对于前一位置的,而不是相对于固定的坐标原点给出的,称为增量坐标系。常使用代码表中的第二坐标 U、V、W 表示,U、V、W 分别与 X、Y、Z 平行且同向。

第二节 数控编程的步骤及方法

一、数控编程的步骤

数控机床程序编制的内容包括分析零件图样、确定零件的加工工艺过程、数值计算、编写零件的加工程序单、程序输入数控系统、校对加工程序和首件试切加工。

(一)分析零件图样

分析零件的材料、形状、尺寸、精度及毛坯形状和热处理要求等,以确定该零件是否适合在数控机床上加工,或适合在哪种类型的数控机床上加工。只有那些属于批量小、形状复杂、精度要求高及生产周期要求短的零件,才适合数控加工,同时要明确加工内容和要求。

(二)确定零件的加工工艺过程

在对零件图样作了全面分析的前提下,确定零件的加工方法(如采用的夹具、装夹定位方法等)、加工路线(如对刀点、换刀点、进给路线)及切削用量等工艺参数(如进给速度、主轴转速、切削宽度和切削深度等)。制定数控加工工艺时,除考虑数控机床使用的合理性及经济性外,还须考虑所用夹具应便于安装,便于协调工件和机床坐标系的尺寸关系,对刀点应选在容易找正,并在加工过程中便于检查的位置,进给路线应尽量短,并符合数值计算容易、加工安全可靠等要求。

(三)数值计算

根据零件图及确定的加工路线和切削用量,计算出数控机床所需的输入数据。数值计算主要包括计算工件轮廓的基点和节点坐标等。

(四)编写零件的加工程序单

根据加工路线,计算出刀具运动轨迹坐标值和已确定的切削用量以及辅助动作,依据数控装置规定使用的指令代码及程序段格式,逐段编写零件加工程序单。编程人员必须对所用的数控机床的性能、编程指令和代码都非常熟悉,才能正确编写出加工程序。

(五)程序输入数控系统

程序单编写好之后,按所编程序单的内容,通过操作数控系统键盘上各数字、字母、符号键进行输入,同时利用 CRT 显示内容进行检查。即将程序单的内容直接通过数控系统的键盘手动键入数控系统,也可通过通信传输等方式输入到机床的数控系统。

(六)校对加工程序

通常数控加工程序输入完成后,需要校对其是否有错误。一般是将加工程序上的加工信息输入给数控系统进行空运行检验,也可在数控机床上用笔代替刀具,以坐标纸代替工件进行画图模拟加工,以检验机床动作和运动轨迹的正确性。

(七)首件试切加工

校对后的加工程序还不能确定出因编程计算不准确或刀具调整不当造成加工误差的大小,因而还必须经过首件试切的方法来进行实际检查,进一步考察程序单的正确性,并检查零件是否达到加工精度。根据试切情况反过来进行程序单的修改以及采取尺寸补偿措施等,直到加工出满足要求的零件。

二、数控编程的方法

数控程序编制方法有手工编程和自动编程两种。

(一)手工编程

从零件图样分析、工艺处理、数值计算、编写程序单、制作控制介质直至程序校验等各个步骤均由人工完成,称为手工编程。手工编程适用于点位加工或几何形状不太复杂的零件加工,或程序编制坐标计算较为简单、程序段不多、程序编制易于实现的场合。这时,手工编程(有时手工编程也可用计算机进行数值计算)显得经济而且及时。对于几何形状复杂,尤其是由空间曲面组成的零件,编程时数值计算烦琐,所需时间长,且易出错,程序校验困难,用手工编程难以完成。据有关统计表明,对于这样的零件,编程时间与机床加工时间之比平均约为30:1。因此,为了缩短生产周期,提高数控机床的利用率,有效地解决各种复杂零件的加工问题,必须采用自动编程。手工编程过程如图2-5所示。

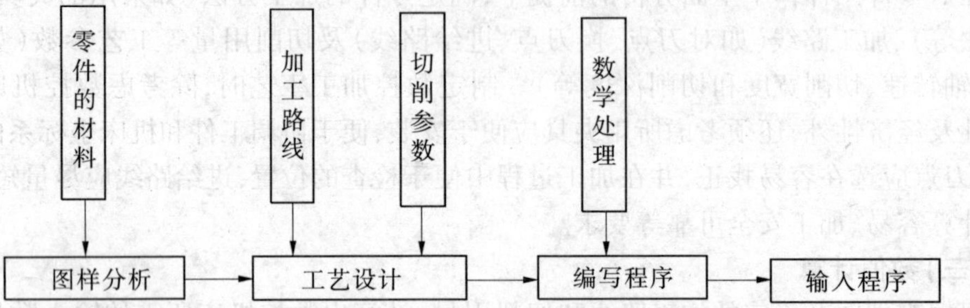

图2-5 手工编程过程

(二)自动编程

自动编程也称为计算机(编程机)辅助编程,即程序编制工作的大部分甚至全部由计算机完成,如完成坐标值计算、编写零件加工程序单,有时甚至能帮助进行工艺处理。自动编程的程序还可通过计算机或自动绘图仪进行刀具轨迹的图形检查,编程人员可以及时发现程序是否正确,并及时修改。自动编程大大减轻了编程人员的劳动强度,提高效率几十倍乃至上百倍,同时解决了手工编程无法解决的许多复杂零件的编程难题。工作表面形状愈复杂,工艺过程愈烦琐,自动编程的优势愈明显。

典型的自动编程有两种:APT软件编程和CAD/CAM软件编程。

APT是自动编程工具(Automatically Programmed)的简称,是一种对工件、刀具的几何形状及刀具运动等进行定义所使用的一种接近英语的符号语言。编程人员根据零件图样的要求,按照APT语言格式编写出零件加工的源程序,输入计算机,由计算机自动进行数值计算、后置处理,生成数控系统能识别的数控加工程序,如图2-6所示。

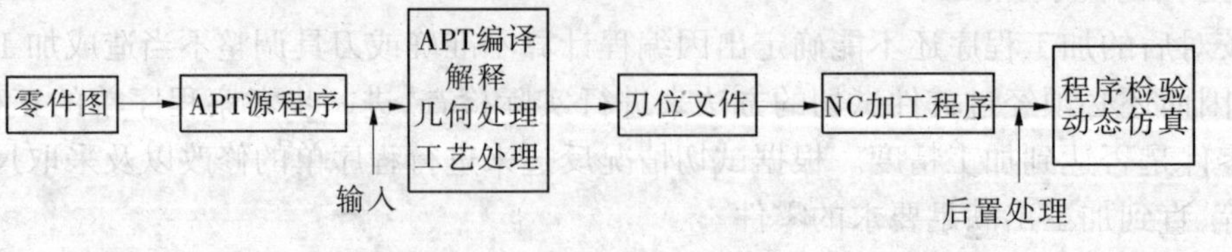

图2-6 APT语言自动编程过程

CAD/CAM是计算机辅助设计/制造(Computer Aided Design/Manufacturing)的缩写,是一种将零件的几何图形信息自动转换为数控加工程序的自动编程技术。它通常是以待加工零件的CAD模型为基础,调用数控编程模块,采用人机交互方式在屏幕上指定被加工的部位，输入加工参数，计算机自动进行数学处理，编制出数控加工程序，同时在计算机屏幕上动态地显示出刀具的加工轨迹。其工作原理与过程如图 2-7 所示。典型的 CAD/CAM 软件有 Master CAM 和 CAXA。

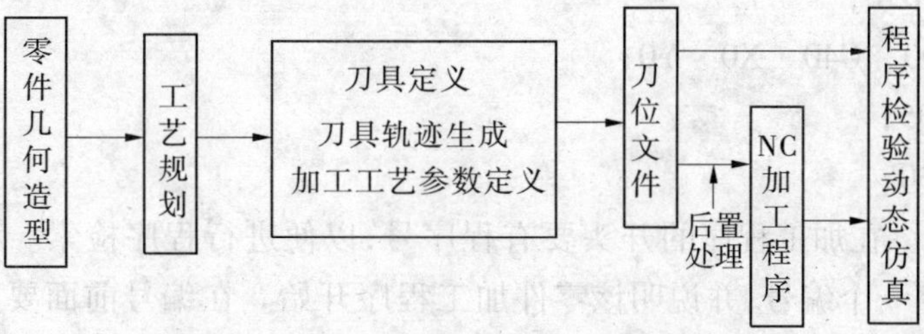

图 2-7　CAD/CAM 自动编程的工作原理及过程

第三节　数控编程格式

数控编程时，必须先了解数控程序的结构和编程规则，才能正确地编写数控加工程序。国家标准《机床数字点位、直线运动和轮廓控制系统的数据格式》(GB 8870—88)对零件数控加工程序的结构和格式作出了规定。

一、程序结构

一个完整的加工程序由程序号、程序内容和程序结束符号组成。

下面是一个实例，见图 2-8，其程序如下：

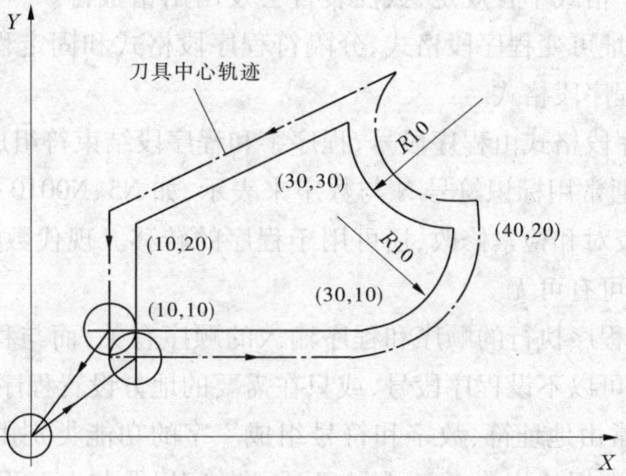

图 2-8　零件的铣削加工

O0001;

N0010　G90　G92　X0　Y0　Z0;

N0020　G42　G01　X10.0　Y10.0　D01　F80;

N0030　X30.0;

```
N0040  G03  X40.0  Y20.0  R10.0;
N0050  G02  X30.0  Y30.0  R10.0;
N0060  G01  X10.0  Y20.0;
N0070  Y10.0;
N0080  G00  G40  X0  Y0;
N0090  M05;
N0100  M30;
```

(1)程序号。在加工程序的开头要有程序号,以便进行程序检索。程序号就是给零件数控加工程序一个编号,并说明该零件加工程序开始。在编号前面要用程序编号地址符进行编号指令,后面跟四位数字表示程序编号。如 O0001,O 代表程序号地址符,0001 代表程序的编号。

不同的数控系统,程序号地址符也有所不同,一般常用 O、P、% 等。编程时,一定要按照说明书所规定的符号编写指令,否则系统将不会执行。

(2)程序内容。由若干个程序段组成,程序段则表示加工程序的全部内容,每个程序段由一个或多个指令构成,表示机床要完成的指定动作。

(3)程序结束符号。可用指令 M02 或 M30 作为整个程序结束的符号来结束程序,程序结束符号应位于最后一个程序段。

二、程序段格式

程序段格式是指一个程序段中的字、字符和数据的安排形式。不同的数控系统,程序段格式不一定相同。格式不合规定,数控装置会发出出错报警。一般数控机床的程序段按格式有三种:字地址可变程序段格式、分隔符程序段格式和固定程序段格式。目前,广泛采用字地址可变程序段格式。

字地址可变程序段格式由程序段号、程序字和程序段结束符组成。

(1)程序段号:通常用标识符号 N 与数字来表示,如 N5、N0010 等。程序段号的主要作用是便于程序的校对和检索修改,还可用于程序的转移。现代数控系统中很多都不要求段号,即程序段号可有可无。

需要注意的是,程序执行的顺序和程序输入的顺序有关,而与程序段号的大小无关。所以,整个程序中也可以不设程序段号,或只在需要的地方设置程序段号。

(2)程序字:通常由地址符、数字和符号组成。字的功能类别由地址符决定,字的排列顺序要求不严格,数据的位数可多可少,不需要的字以及与上一程序段相同的程序字可以不写。地址符的含义见表 2-1。

(3)程序段结束符:在 ISO(国际标准化组织)标准中用“LF”或“NL”表示,在 EIA(美国电子工业协会)标准中用“CR”表示,有些数控系统的程序段结束符用“;”或“*”表示,也有些数控系统的程序段不设结束符,直接回车即可。

表 2-1　常用地址符

功能	地址符	意义
程序号	O,P,%	程序编号、子程序号的指定
程序段号	N	程序段顺序号
准备功能	G	机床动作方式指令
坐标字	X,Y,Z A,B,C;U,V,W I,J,K	坐标轴的移动地址 附加轴的运动地址 圆心坐标地址
进给速度	F	进给速度指令
主轴功能	S	主轴转速指令
刀具功能	T	刀具编号指令
辅助功能	M B	机床开/关指令 工作台回转(分度)指令
补偿功能	H,D	补偿号指令
暂停功能	P,X	暂停时间指令
重复次数	L	子程序及固定循环的重复次数指令
圆弧半径	R	圆弧半径地址

三、主程序与子程序

在一个加工程序中,如果有几个一连串的程序段完全相同,为缩短程序,可将这些重复的程序段单独抽出,编成一个程序供调用,这个程序称为子程序。子程序可以被主程序调用,同时子程序也可调用另外的子程序。

主程序调用子程序可用 M98 指令,从子程序返回主程序可用 M99 指令。

调用子程序的格式为:

M98　P__　L__;

格式中:P 值为被调用的子程序号;L 值为反复调用子程序的次数。

四、数控编程的代码

(一)准备功能字

准备功能字由地址符代码 G 及其后续 2 位数字组成,从 G00 ~ G99 共 100 种。它的主要作用是指定数控机床的运动方式,为数控系统的插补运算等做好准备。所以,它一般都位于程序段中尺寸前而紧跟程序段号之后。表 2-2 是 ISO 标准及我国 JB 3208—83 标准规定的 G 代码功能表。其中一部分代码未规定其含义,等待将来修订标准时再指定;另一部分“永不指定”代码,即便将来修订标准时也不再指定其含义,而由机床设计者自行规定其含义。G 代码有两种:一种是模态指令,它一经被运用,就一直有效,直到出现同组的其他 G 代码时才被取代;另一种是非模态指令,它只在出现的程序段中有效。表 2-2 中凡小写字母相同的代码为同组的模态 G 代码,不同组的 G 代码在同一程序段中可以指定多个。G 代码具体应用将在本章下一节详细介绍。

表 2-2 **准备功能 G 代码**

代码	功能	模态指令类型	功能在出现段有效	代码	功能	模态指令类型	功能在出现段有效
G00	点定位	a		G54	沿 X 轴直线偏移	f	
G01	直线插补	a		G55	沿 Y 轴直线偏移	f	
G02	顺时针方向圆弧插补	a		G56	沿 Z 轴直线偏移	f	
G03	逆时针方向圆弧插补	a		G57	XY 平面直线偏移	f	
G04	暂停		*	G58	XZ 平面直线偏移	f	
G05	不指定	#	#	G59	YZ 平面直线偏移	f	
G06	抛物线插补	a		G60	准备定位 1(精)	h	
G07	不指定	#	#	G61	准备定位 2(中)	h	
G08	自动加速		*	G62	快速定位(粗)	h	
G09	自动减速		*	G63	攻螺纹		*
G10 ~ G16	不指定	#	#	G64 ~ G67	不指定	#	#
G17	XY 面选择	c		G68	内角刀具偏置	#(d)	#
G18	ZX 面选择	c		G69	外角刀具偏置	#(d)	#
G19	YZ 面选择	c		G70 ~ G79	不指定	#	#
G20 ~ G32	不指定	#	#	G80	取消固定循环	e	
G33	切削等螺距螺纹	a		G81	钻孔循环	e	
G34	切削增螺距螺纹	a		G82	钻或扩孔循环	e	
G35	切削减螺距螺纹	a		G83	钻深孔循环	e	
G36 ~ G39	永不指定	#	#	G84	攻螺纹循环	e	
G40	刀具补偿/偏置取消	d		G85	镗孔循环 1	e	
G41	刀具补偿—左	d		G86	镗孔循环 2	e	
G42	刀具补偿—右	d		G87	镗孔循环 3	e	
G43	刀具偏置—正	#(d)	#	G88	镗孔循环 4	e	
G44	刀具偏置—负	#(d)	#	G89	镗孔循环 5	e	
G45	刀具偏置 +/+	#(d)	#	G90	绝对值输入方式	j	
G46	刀具偏置 +/-	#(d)	#	G91	增量对值输入方式	j	
G47	刀具偏置 -/-	#(d)	#	G92	预值寄存		*
G48	刀具偏置 -/+	#(d)	#	G93	时间倒数进给率	k	
G49	刀具偏置 0/+	#(d)	#	G94	每分钟进给	k	
G50	刀具偏置 0/-	#(d)	#	G95	主轴每转进给	k	
G51	刀具偏置 +/0	#(d)	#	G96	主轴恒线速度	i	
G52	刀具偏置 -/0	#(d)	#	G97	主轴每分钟转数	i	
G53	取消直线偏移功能	f		G98 ~ G99	不指定	#	#

注:1. * 号表示功能仅在所出现的程序段内有用。

2. #号表示如选做特殊用途,必须在程序格式说明中说明。

（二）辅助功能字

辅助功能也称 M 功能，由地址码 M 及后续两位数字组成，从 M00 ~ M99 共 100 种。它是用来指定数控机床加工时的辅助动作及状态，例如主轴的启停、正反装，冷却液的开、关，刀具的更换，工件的夹紧与松开等。辅助功能 M 代码见表 2-3。

表 2-3　辅助功能 M 代码

代码	功能开始时间		功能保持到被注销或被适当程序指令代替	功能仅在所出现的程序段内有用	功能	代码	功能开始时间		功能保持到被注销或被适当程序指令代替	功能仅在所出现的程序段内有用	功能
	与程序段指令运动同时开始	在程序段指令运动完成后开始					与程序段指令运动同时开始	在程序段指令运动完成后开始			
（1）	（2）	（3）	（4）	（5）	（6）	（1）	（2）	（3）	（4）	（5）	（6）
M00		*		*	程序停止	M36	*		#		进给范围 1
M01		*		*	计划停止	M37	*		#		进给范围 2
M02		*		*	程序结束	M38	*		#		主轴速度范围 1
M03	*		*		主轴正向运转	M39	*		#		主轴速度范围 2
M04	*		*		主轴逆向运转	M40 ~ M45	#	#	#	#	如有需要可作为齿轮的换挡，此外不指定
M05		*	*		主轴停止	M46 ~ M47	#	#	#	#	不指定
M06	#	#		*	换刀	M48		*	*		注销 M49
M07	*		*		2 号冷却液开	M49	*		#		进给率修正旁路
M08	*		*		1 号冷却液开	M50	*		#		3 号冷却液开
M09		*	*		冷却液关	M51	*		#		4 号冷却液开
M10	#	#	*		夹紧	M52 ~ M54	#	#	#	#	不指定
M11	#	#	*		松开	M55	*		#		刀具直线位移，位置 1
M12	#	#	#	#	不指定	M56	*		#		刀具直线位移，位置 2
M13	*		*		主轴逆向运转及切削液开	M57 ~ M59	#	#	#	#	不指定
M14	*		*		主轴正向运转及切削液开	M60		*		*	更换工件
M15	*			*	正运动	M61	*		*		工件直线位移，位置 1
M16	*			*	负运动	M62	*		*		工件直线位移，位置 1
M17 ~ M18	#	#	#	#	不指定	M63 ~ M70	#	#	#	#	不指定
M19		*	*		主轴定向停止	M71	*		*		工件角度位移，位置 1
M20 ~ M29	#	#	#	#	永不指定	M72	*		*		工件角度位移，位置 2
M30		*		*	纸带结束	M73 ~ M89	#	#	#	#	不指定
M31	#	#		#	互锁旁路	M90 ~ M99	#	#	#	#	不指定
M32 ~ M35	#	#	#	#	不指定						

注：1. #号表示如选做特殊用途，必须在程序说明中说明。

2. *号表示属本栏所指。

3. M90 ~ M99 可指为特殊用途。

M 指令也分为模态指令和非模态指令，其意义与 G 指令中的模态和非模态相同。同时，M 指令规定了 M 功能在一个程序段中起作用的时间。例如：M03、M04 主轴转向指令与程序段中运动指令同时开始起作用；M00、M01、M02 等与程序有关的指令，在程序段运动指令执行完毕后才开始起作用。

（三）主轴功能字

主轴功能也称 S 功能，由地址码 S 及后续的若干位数字组成，用于指定机床主轴转速。具体有直接指定法和代码指定法两种。

用直接指定法时，S 后面的数值表示主轴的转速值，S1500 表示主轴转速为 1 500 r/min。

代码法采用 S 后面跟 1～2 位数字代码，每个代码与主轴的某一转速相对应，其转速值可从床头箱上的转速表中查得。

主轴转速的计量单位有两种，一种是以 r/min 为计量单位，另一种是以 m/min 为计量单位。机床开机状态是以 r/min 为计量单位，在程序设计时，可以用 G96 或 G97 来指定主轴的转速单位。

（1）恒线速度控制指令 G96。在车削端面、圆锥面或圆弧面时，希望切削速度不受工件径向变化的影响，因而用 G96 指令恒线速度控制。恒线速度一经执行，工件上任意一点的切削速度都是一样的。

例如：G96　S125；主轴恒线速度为 125 m/min。

（2）主轴速度直接指令 G97。直接指令主轴速度。

例如：G97　S1000；主轴速度为 1 000 r/min。

由于机床开机状态是 G97 状态，所以在程序中可以省去 G97，直接写成 S1000。

（四）进给功能字

进给功能也称 F 功能，由地址码 F 及后续的数值组成，用于指定刀具的进给速度。

F 代码用 G98 和 G99 两个 G 指令来设定进给速度的单位。用 G98 来控制刀具每分钟移动的距离，用 G99 来控制主轴每转一转刀具移动的距离。例如：

G98　G01　X__　Z__　F200；

该程序段表示刀具每分钟移动了 200 mm，即进给速度 $F=200$ mm/min。

G99　G01　X__　Z__　F1.2；

该程序段表示主轴每转一转，刀具移动了 1.2 mm，即进给速度 $F=1.2$ mm/r。

（五）刀具功能字

刀具功能也称 T 功能，由地址码 T 及后续的若干位数字组成，用于更换刀具时指定刀具或显示待换刀号，同时用于刀具的长度补偿和半径补偿。

第四节　常用编程指令

G 代码是与插补有关的准备功能指令，在数控编程中极其重要。目前，不同数控系统的 G 代码并非完全一致，因此编程人员必须熟悉所用机床及数控系统的规定。以下介绍常用的 G 代码指令及其编程方法。

一、绝对坐标编程及增量坐标编程指令

数控系统的位置和运动控制指令可以采用两种编程坐标系进行编程，即绝对坐标编程和增量坐标编程。

（一）绝对坐标编程

在坐标系中，所有点的坐标，都是以某一固定点为坐标原点给出的，即以固定的坐标原点为起点，计算各点的坐标值，这样的坐标系称为绝对坐标系。利用绝对坐标系确定刀具（或工件）运动轨迹坐标值的编程方法，称为绝对坐标编程。如图 2-9（a）所示，A、B、C 三点的坐标是以固定点 O 计算的，其值为：$X_A=20, Y_A=10; X_B=10, Y_B=40; X_C=30, Y_C=30$。

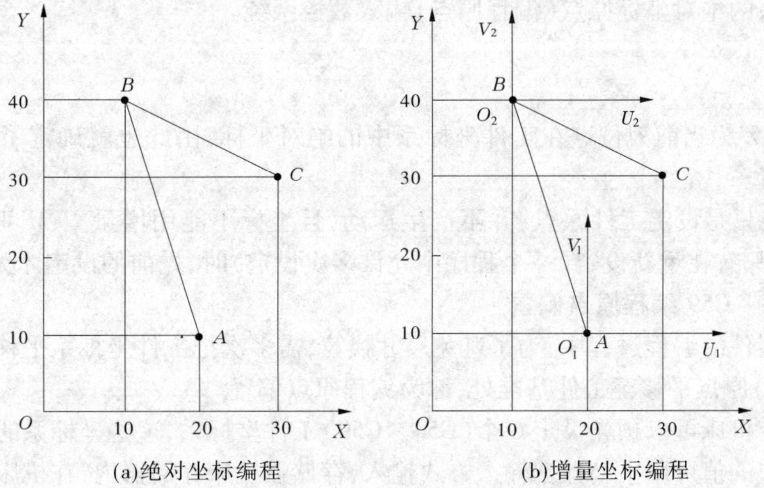

图 2-9　绝对坐标编程与增量坐标编程

绝对坐标值与刀具（或工件）的运动方向无关，它是由运动轨迹终点在坐标系中的位置决定的。绝对坐标编程在程序段中用 G90 指令来设定，该指令表示后续程序中的所有编程尺寸，都是按绝对坐标值给定的。一般数控系统启动后自动设置为绝对坐标编程状态，有的数控系统在程序段中不用 G90 指令设定绝对坐标编程，而直接用 X、Y、Z 给定刀具（或工件）运动轨迹的绝对坐标值。

（二）增量坐标编程

在坐标系中，刀具（或工件）运动轨迹的坐标值是以前一个位置为基准计算的，这样的坐标系为增量坐标系。利用增量坐标系确定刀具（或工件）运动轨迹坐标值的编程方法，称为增量坐标编程。如图 2-9（b）所示，B、C 两点的坐标均是相对于前一点计算的，其值为：$U_B=-10, V_B=30; U_C=20, V_C=-10$。

增量坐标值与刀具（或工具）的运动方向有关，当刀具运动的方向与机床坐标系正方向相同时为正，反之为负。

增量坐标编程在程序段中用 G91 指令来设定，该指令表示后续程序中的所有编程尺寸，都是按增量坐标值给定的。有的数控系统在程序段中不用 G91 指令设定增量坐标编

程，而直接用 U、V、W 给定刀具（或工件）运动轨迹在 X、Y、Z 方向的增量坐标值。

编程时采用哪种方式都是可行的，但却有方便与否之分，可根据具体情况而定。

二、公制/英制变换指令

G20 指令坐标尺寸以英制输入。

G21 指令坐标尺寸以公制输入。

三、工件坐标系设定指令

（一）G92 编程原点设定

程序编制时，使用的是工件坐标系，当用绝对值编程时，必须先将刀具的起刀点坐标及工件坐标系的绝对坐标原点（编程原点）输入数控系统。

编程格式：

G92　X__　Y__　Z__；

格式中：X、Y、Z 为当前刀位点在工件坐标系中的绝对坐标，由此也就确定了工件的绝对坐标原点位置。

G92 指令只是设定工件原点，并不产生运动，且坐标不能用增量 U、V、W 表示。G92 为模态指令，只有在重新设定（一个程序中允许多次设定）时，先前的设定才无效。

（二）G54～G59 编程原点偏置

在某些零件的编程过程中，为了避免尺寸换算，需多次把工件坐标系平移。将工件坐标（编程坐标）原点平移至工件基准处，称为编程原点偏置。

一般数控机床可以预先设定 6 个（G54～G59）工件坐标系，这些坐标系的坐标原点在机床坐标系中的值可用手动数据输入方式输入，存储在机床存储器内，在机床重新开机时仍然存在，在程序中可以分别选取其中之一使用。

请注意比较 G92 与 G54～G59 指令之间的差别和不同的使用方法。G92 指令需后续坐标值指定当前工件坐标系，因此需单独一个程序段指定，该程序段中尽管有位置指令值，但并不产生运动。另外，在使用 G92 指令前，必须保证机床处于加工起始点，该点称为对刀点。

使用 G54～G59 建立工件坐标系时，该指令可单独指定，也可与其他程序同段指定，如果该程序段中有位置指令，就会产生运动。使用该指令前，先用 MDI 方式输入该坐标系的坐标原点，在程序段中使用对应的 G54～G59 之一，就可建立该坐标系，并可使用定位指令自动定位到加工起始点。

四、加工方式设置指令

（一）G00 快速点定位

命令刀具以点位控制方式快速移动到指定位置，用于刀具的空行程运动。进给速度对 G00 程序段无效，G00 只是快速到位，运动轨迹视系统设计而定。

编程格式：

G00　X__　Y__　Z__；

格式中:X、Y、Z 分别为 G00 目标点的坐标。

(二)G01 直线插补

命令机床数个坐标间以联动方式直线插补到规定位置,这时刀具按指定的进给速度沿起点到终点的连线作直线切削运动。

编程格式:

G01 X__ Y__ Z__ F__;

格式中:F 用于指定进给速度,mm/min;X、Y、Z 分别为 G01 的终点坐标。

(三)G02、G03 圆弧插补指令

使机床在各坐标平面内执行圆弧运动,加工出圆弧轮廓。G02 为顺时针方向圆弧插补,G03 为逆时针方向圆弧插补。

沿垂直于圆弧所在平面(如 *XY* 平面)的坐标轴向负方向(-*Z*)看,刀具相对于工件的转动方向是顺时针方向为 G02,逆时针方向为 G03。

圆弧插补程序段格式有以下两种(以 *XY* 平面为例):

(1)用圆弧终点坐标和圆心坐标表示。

编程格式:

G02 X__ Y__ I__ J__ F__;

G03 X__ Y__ I__ J__ F__;

格式中:X、Y 是圆弧终点坐标,可以用绝对值,也可以用终点相对于起点的增量值,取决于程序段中的 G90、G91 指令;I、J 是圆心坐标,一般均用圆心相对于起点的增量坐标来表示,而不受 G90 的限制。

对于 *XZ* 平面,坐标参数相应为 *X*、*Z*、*I*、*K*;*YZ* 平面则为 *Y*、*Z*、*J*、*K*。

(2)用圆弧终点坐标和圆弧半径表示。

编程格式:

G02 X__ Y__ R__ F__;

G03 X__ Y__ R__ F__;

格式中:R 为圆弧半径,在同一半径 R 情况下,从圆弧的起点到终点存在两个圆弧的可能,为了区别,用 +R 表示小于或等于 180°的圆弧,用 -R 表示大于 180°的圆弧。

五、G04 暂停指令

使刀具做短时间的暂停(延时),用于无进给光整加工,如车槽、镗孔等场合常用该指令。

编程格式:

G04 P__;

格式中:P 为暂停时间,ms 或 s,视数控系统而定。

暂停指令在上一程序段运行结束后开始执行。G04 为非模态指令,仅在本程序段有效。

六、G17、G18、G19 坐标平面选择指令

G17 指定在 *XY* 平面上加工,G18 和 G19 分别指定在 *ZX* 和 *YZ* 平面上加工。这些指

令在进行圆弧和刀具补偿时必须使用。当机床只有一个坐标平面时(如车床),平面选择指令可省略。在 *XY* 平面加工,一般 G17 可省略不写。例如:

G19　G03　Y＿　Z＿　J＿　K＿　F＿;

七、刀具补偿指令

数控系统根据刀具补偿指令,可以进行刀具半径补偿、刀具长度补偿。

(一)G40、G41、G42 刀具半径补偿指令

用铣刀或圆头车刀等加工零件时,刀具中心轨迹应在与零件轮廓相距刀具半径的等距线上,计算非常烦琐。采用刀具半径补偿指令,编程时只需按零件轮廓编制,数控系统能自动计算刀具中心轨迹,并使刀具按此轨迹运动,使编程简化。

如图 2-10 所示,其中 G41 表示刀具半径左补偿(左偏置),指顺着刀具前进方向观察,刀具偏在工件轮廓的左边。G42 表示刀具半径右补偿(右偏置),指顺着刀具前进方向观察,刀具偏在工件轮廓的右边。G40 表示注销刀具半径补偿,使刀具中心与程序段给定的编程坐标点重合。G41、G42 需要与 G00 ~ G03 等指令共同构成程序段,并要用 G17 ~ G19 指定坐标平面。

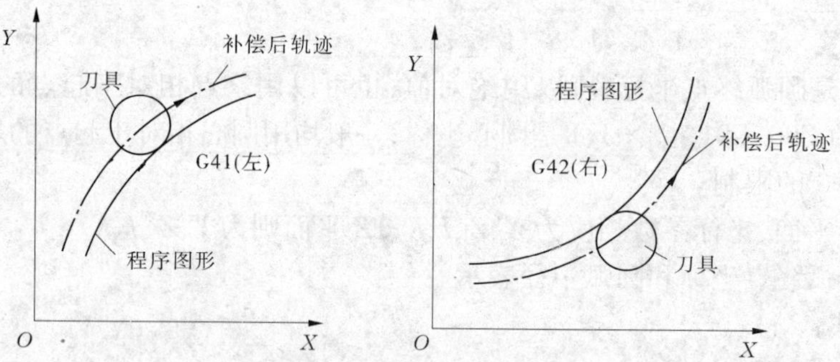

图 2-10　刀具半径补偿

G41、G42 与 G00、G01 构成的指令格式(以 *XY* 平面为例,G17 省略)如下:

G00(G01)　G41　X＿　Y＿　D＿　F＿;(G00 不能带 F 指令)

G00(G01)　G42　X＿　Y＿　D＿　F＿;(G00 不能带 F 指令)

格式中:X、Y 为刀具半径补偿起始点的坐标;D 为刀具半径补偿号代码,补偿号为 2 位数(D00 ~ D99),补偿值由拨码盘、键盘(MDI)或程序事先输入到刀具补偿存储器中。

D 代码是模态的,当刀具磨损或重磨后,刀具半径变小,只需手工输入改变刀具半径或选择适当的补偿量,而不必修改已编好的程序。

G40 指令仅能与 G00、G01 构成程序段,指令格式为:

G00 (G01)　G40　X＿　Y＿　F＿;(G00 不能带 F 指令)

格式中:X、Y 为取消刀具半径补偿点的坐标。

注意:当使用 G41(或 G42)且刀具接近工件轮廓时,数控装置认为是从刀具中心坐标变为刀具外圆与轮廓相切点的坐标值,而使用 G40 刀具退出时则相反。

（二）G43、G44 刀具长度补偿指令

刀具长度补偿也称为刀具长度偏置，用于补偿编程刀具和实际使用刀具之间的长度差。该功能使补偿轴的实际终点坐标值（或位移量）等于程序给定值加上或减去补偿值，即：

$$实际位移量 = 程序给定值 + (-) 补偿值$$

其中，相加称为正偏置，用 G43 表示；相减称为负偏置，用 G44 表示。它们均为模态指令。注销用 G49，也可用偏置号 H00。采用刀具长度补偿指令后，当刀具长度变化或更换刀具时，不必重新修改程序，只要改变相应补偿号中的补偿值即可。

编程格式：

G01（G00） G17 G43（G44） Z__ H__ F__；

G01（G00） G18 G43（G44） Y__ H__ F__；

G01（G00） G19 G43（G44） X__ H__ F__；

格式中：X、Y、Z 为补偿轴的编程坐标；G17、G18、G19 为与补偿轴垂直的相应坐标平面 XY、ZX、YZ 的代码；H 为刀具半径补偿号代码，可取为 H00 ~ H99，其中 H00 为取消长度偏置，补偿值的输入方法与刀具半径补偿相同。

第五节　数控编程的数据处理

根据被加工零件图样，按照已经确定的加工工艺路线和允许的编程误差，计算数控系统所需要输入的数据，称为数学处理。数学处理一般包括两个内容：根据零件图样给出的形状、尺寸和公差等直接通过数学方法（如三角、几何与解析几何法等）计算出编程时所需要的有关各点的坐标值；当按照零件图样给出的条件不能直接计算出编程所需的坐标，也不能按照零件给出的条件直接进行工件轮廓几何要素的定义时，就必须根据所采用的具体工艺方案和工艺装备等加工条件，对零件原图形及有关尺寸进行必要的数学处理或修改，才可以进行各点的坐标计算和编程工作。

一、选择编程原点

从理论上讲，编程原点选在零件上的任何一点都可以，但实际上，为了换算尺寸尽可能简便，减少计算误差，应选择一个合理的编程原点。

车削零件的 X 向时，编程原点应选在零件的回转中心。Z 向零点一般选在零件的右端面、设计基准面或对称平面上。车削零件的编程原点选择如图 2-11 所示。

铣削零件的 X、Y 向时，编程原点一般可选在设计基准或工艺基准的端面或孔的中心线上；对于有对称部分的工件，可以选择在对称面上，以便用镜像等指令来简化编程。Z 向的编程原点，习惯选在工件上表面，这样刀具切入工件后 Z 向尺寸均为负值，以便于检查程序，如图 2-12 所示。

编程原点选定后，就应把各点的尺寸换算成以编程原点为基准的坐标值。为了在加工过程中有效地控制尺寸公差，应按尺寸公差的中值来计算坐标值。

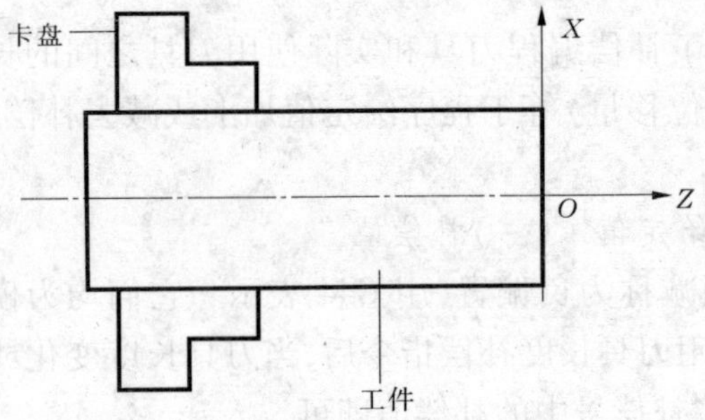

图 2-11　车削加工的编程原点

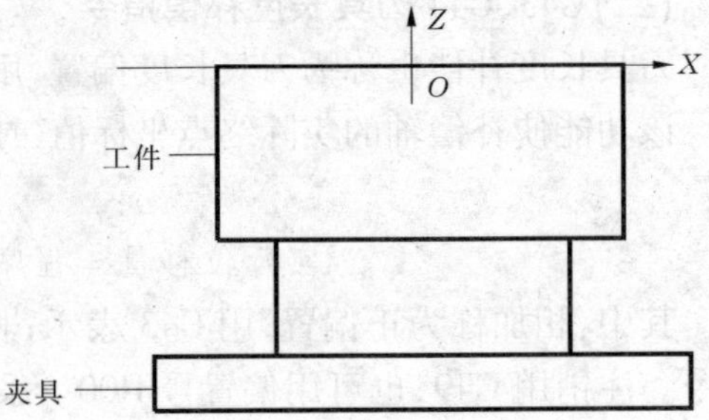

图 2-12　铣削加工的编程原点

二、基点

零件的轮廓由许多不同的几何要素组成，如直线、圆弧和二次曲线，各几何要素之间的连接点称为基点。基点坐标是编程必需的重要数据。

如图 2-13 所示零件中，A、B、C、D、E 为基点。A、B、C、D、E 的坐标值从图中很容易找出，C 点是直线与圆弧的切点，要联列方程求解。以 B 点为计算坐标系原点，联列下列方程：

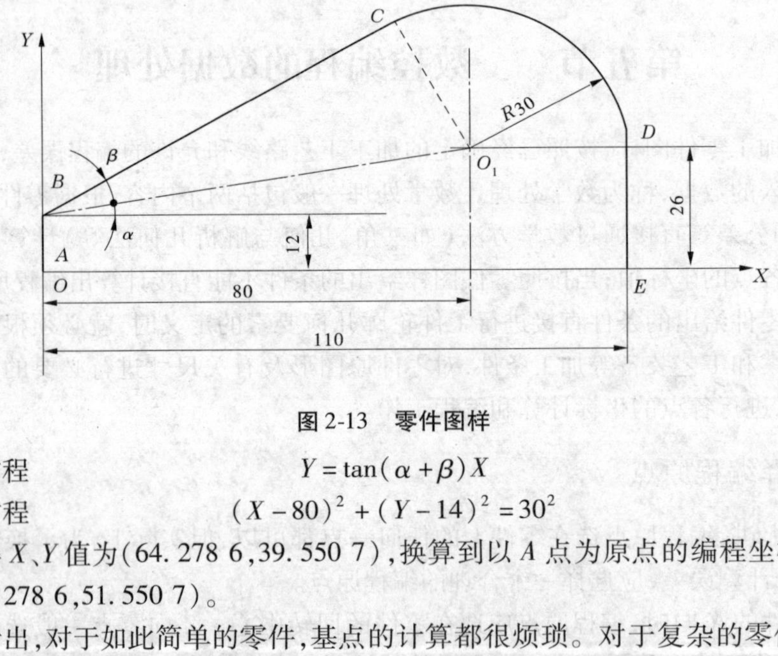

图 2-13　零件图样

直线方程　　$Y=\tan(\alpha+\beta)X$

圆弧方程　　$(X-80)^2+(Y-14)^2=30^2$

可求得 X、Y 值为(64.278 6,39.550 7)，换算到以 A 点为原点的编程坐标系中，C 点坐标为(64.278 6,51.550 7)。

可以看出，对于如此简单的零件，基点的计算都很烦琐。对于复杂的零件，其计算工作量可想而知，为提高编程效率，可应用 CAD/CAM 软件辅助编程。

三、非圆曲线数学处理的基本过程

数控系统一般只能作直线插补和圆弧插补的切削运动。如果工件轮廓是非圆曲线，数控系统就无法直接实现插补，而需要通过一定的数学处理。数学处理的方法是：用直线段或圆弧段去逼近非圆曲线，逼近线段与被加工曲线的交点称为节点。

例如，对如图 2-14 所示的曲线用直线逼近时，其交点 A、B、C、D、E、F 等即为节点。

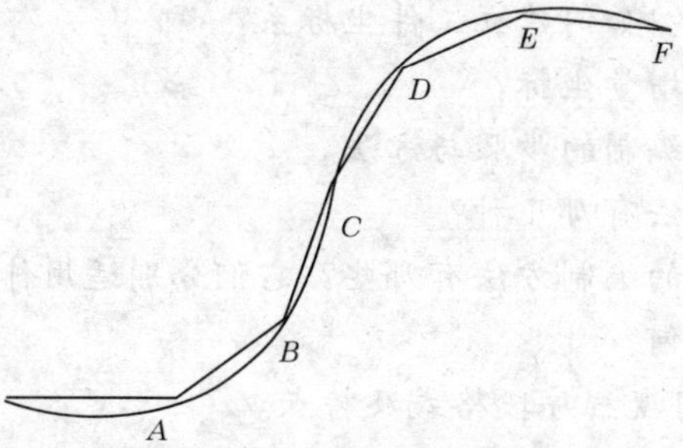

图 2-14　零件轮廓的节点

在编程时，首先要计算出节点的坐标，节点的计算一般都比较复杂，靠手工计算已很难胜任，必须借助计算机辅助处理。求得各节点坐标后，就可按相邻两节点间的直线来编写加工程序。

这种通过先求得节点、再编写程序的方法，使得节点数目决定了程序段的数目。如图 2-14中有 6 个节点，即用 5 段直线逼近了曲线，因而就有 5 个直线插补程序段。节点数目越多，由直线逼近曲线产生的误差 δ 越小，程序的长度则越长。可见，节点数目的多少决定了加工的精度和程序的长度。因此，正确确定节点数目是个关键问题，具体可参看 CAD/CAM 部分。

四、数控加工误差的组成

数控加工误差由编程误差、机床误差、定位误差和对刀误差等误差综合形成。

(1)编程误差由逼近误差 δ、圆整误差组成。逼近误差 δ 是在用直线或圆弧段去逼近非圆曲线的过程中产生的，如图 2-15 所示。圆整误差是在数据处理时，将坐标值四舍五入圆整成整数脉冲当量值而产生的误差。脉冲当量是指每个单位脉冲对应坐标轴的位移量。普通精度的数控机床，一般脉冲当量值为 0.01 mm；较精密数控机床的脉冲当量值为 0.005 mm 或 0.001 mm 等。

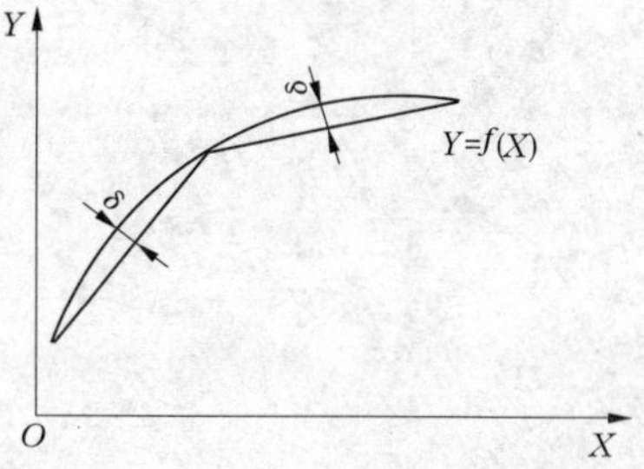

图 2-15　逼近误差

(2)机床误差由数控系统误差和进给系统误差等产生。

(3)定位误差是当工件在夹具上定位、夹具在机床上定位时产生的。

(4)对刀误差是在确定刀具与工件的相对位置时产生的。

思考与练习题

1. 判定数控机床坐标系的方法是什么？
2. 数控机床的坐标轴与运动方向是怎样规定的？
3. 工件原点的偏置方法有哪些？

4. 什么是工件坐标系？如何建立工件坐标系？
5. 什么是绝对坐标与增量坐标？
6. 简述数控机床程序编制的步骤与方法。
7. 常用的程序输入方法有哪几种？
8. 数控机床加工程序的编制方法有哪些？它们分别适用什么场合？
9. 手工编程的过程如何？
10. 举例说明字地址可变程序段格式及特点。
11. 刀具补偿有何作用？刀具补偿指令有哪些？
12. 什么是模态指令和非模态指令？举例说明。
13. 什么叫基点？什么叫节点？
14. 如何选择编程原点？

第三章　数控加工工艺分析

在数控机床上加工零件时，要把零件在数控机床上的整个加工工艺过程、工艺参数等编制成程序，然后由程序控制数控机床自动的完成整个加工过程。由此可见，程序编制前的工艺分析是一项十分重要的工作。

一、数控加工工艺的主要内容及特点

数控机床加工与普通机床加工在方法和内容上有相似之处，也有许多不同。其主要区别在控制方式上。以切削加工为例，用普通机床加工零件时，其工步的安排、机床运动的先后次序、位移量、走刀路线和切削参数的选择等，由操作者手工操作进行控制。用数控机床加工，情况就会完全不同了。在数控机床加工零件之前，首先要把工步划分的顺序、走刀路线、位移量和切削参数等用一定的编程语言编制成数控加工程序，然后将程序输入数控系统，控制伺服机构驱动机床运动，加工出要求的零件。

（一）数控加工工艺的内容

（1）分析零件图样，选择、确定数控加工的内容；

（2）结合零件加工表面的特点和数控设备的功能，对零件进行工艺分析；

（3）刀具、夹具的选择和调整；

（4）确定零件的加工方案，制定数控加工工艺路线；

（5）根据编程的需要，对零件图形进行数学处理；

（6）编写和调整数控加工程序；

（7）首件试加工并修改数控机床上的部分工艺指令。

（二）数控加工工艺的特点

在设计零件的数控加工工艺时，首先要遵循普通加工工艺的基本原则与方法，同时需考虑数控加工本身的特点和零件编程要求。数控加工的基本特点如下：

（1）内容明确具体。数控加工工艺与普通加工工艺相比，在工艺文件的内容和格式上都有较大的区别，如在加工部位、加工顺序、刀具配置与使用顺序、刀具轨迹和切削参数等方面都要比普通机床加工工艺中的工序内容更详细。数控加工工艺必须详细到每一次走刀路线和每一个操作细节，即普通加工工艺通常留给操作者完成的工艺与操作内容（如工步的安排、刀具几何形状及安装位置等），都必须由编程人员在编程时预先确定，也就是说，在普通机床加工时本来由操作工人在加工中灵活掌握并通过适时调整来处理的许多工艺问题，在数控加工时必须由编程人员事先具体设计和明确安排。

（2）工艺工作要求准确严密。数控机床虽然自动化程度高，但自适应性差，它不能像普通加工时那样可以根据加工过程中出现的问题自由地进行人为的调整。例如，在数控加工内螺纹时，它并不知道孔中是否挤满了切屑，何时需要退一次刀，待清除切屑后再进行加工。所以，在数控加工的工艺设计中必须注意加工过程中的每一个细节，尤其是对图形进行数学处理、计算和编程时一定要力求准确无误。

(3)采用多坐标联动自动控制加工复杂表面。对于一般简单表面的加工方法,数控加工与普通加工无太大的差别。但是对于一些复杂表面、特殊表面或有特殊要求的表面,数控加工与普通加工有着根本不同的加工方法。数控加工采用多坐标联动自动控制加工方法,其加工质量与生产效率是普通加工方法无法比拟的。

(4)采用先进的工艺装备。为了满足数控中高质量、高效率和高柔性的要求,数控加工中广泛采用先进的数控刀具和组合夹具等工艺装备。

(5)采用工序集中。由于现代数控机床具有刚度大、精度高、刀库容量大、切削参数范围广及多坐标、多工位等特点。因此,在工件的一次装夹中可以完成多个表面的多种加工,甚至可以在工作台上装夹几个相同和相似的工件同时进行加工,从而缩短加工工艺路线和生产周期,减少加工设备、工装和工件的运输工作量。

二、数控机床的合理选择

(一)数控机床的应用范围

数控机床有多种型号、规格和不同的性能。不同类型的数控机床有着不同的用途,在选择数控机床之前,应对数控机床的类型、品种、性能、规格、特点、用途和应用范围有所了解,才能选择最合适的数控机床。

数控机床适用于多品种、中小批量、结构复杂的零件生产,特别适合新产品的试生产。数控车床适用于回转类的轴、盘类零件的加工。数控镗铣床、立式加工中心适用于箱体、箱盖、板类零件、平面凸轮等的加工。三轴联动的立式加工中心可以用来加工叶片和模具。卧式加工中心比立式加工中心用途更广一些,适用于加工复杂的曲面、螺旋桨以及复杂的模具等。综上所述,适合数控机床加工的零件可分为以下三类。

1. 最适应类

(1)形状复杂,加工精度高,普通机床无法加工或很难保证加工质量的零件;

(2)具有复杂曲线或曲面轮廓的零件;

(3)为了保证零件的位置精度,要求必须在一次装夹中完成钻、铰、镗、铣、攻螺纹等多道工序加工的零件;

(4)具有难测量、难控制进给、不易控制型腔尺寸的壳体或盒型零件。

对于此类零件,首先要考虑的是能否加工出来,只要有可能,应把采用数控加工作为首选方案,而不要过多地考虑生产率与成本问题。

2. 较适应类

(1)零件价值较高,在普通机床上加工时容易受人为因素(如工人技术水平高低、情绪波动等)干扰而影响加工质量,从而造成较大经济损失的零件;

(2)在普通机床上加工时,必须制造复杂专用工艺装备的零件;

(3)在普通机床上加工时,需要作长时间调整的零件;

(4)在普通机床上加工时,生产率很低或工人劳动强度很大的零件;

(5)需要多次更改设计后才能定型的零件。

此类零件在分析其可加工性的基础上,还要综合考虑生产效率和经济效益,一般情况下可把它们作为数控加工的主要选择对象。

3. 不适应类

(1)加工余量极不稳定且数控机床上无法自动测量系统、无法自动调整零件坐标位置的零件;

(2)装夹困难或完全靠找正定位来保证加工精度的零件;

(3)加工时必须使用特殊工艺装备的零件;

(4)生产批量大的零件(不排除其中个别工序采用数控加工)。

这类零件采用数控加工后,在生产率和经济性方面一般无明显改善,甚至有可能得不偿失,一般不应把此类零件作为数控加工的选择对象。

此外,数控加工零件的选择,还应该结合本单位拥有的数控机床的具体情况来选择加工对象。

(二)数控机床的选择

合理选择数控机床,通常要根据被加工零件的精度、材质、形状、数量和热处理等因素来选择,概括起来要考虑以下三个因素:

(1)保证零件的技术要求;

(2)有利于提高生产率;

(3)能够降低生产成本。

普通机床加工零件依赖于人控制的加工方法,零件的加工质量和产量往往会受人的经验和环境的影响。数控机床加工零件是按事先编制的加工程序自动进行的,避免了操作者人为的操作误差,加工质量稳定,合格率高,同批加工的零件几何尺寸一致性好。专用机床适用于大批量的生产,这类机床的针对性强,加工范围小,通常只适用于加工范围变化不大的产品。图 3-1 为各类机床适用加工的范围。从图中可以看出,当零件不复杂、生产批量较小时,宜选用普通机床;当零件复杂程度高时,选用数控机床较为合理;当零件批量增大超出一定范围时,选用数控机床就不太合理了,大批量生产最好是选用专用机床。图 3-2(a)为采用数控机床与采用专用机床加工零件时的生产批量与单件成本关系图,从图中可以看出,数控机床在中小批量生产中有很好的经济效益。图 3-2(b)为采用数控机床与采用普通机床加工零件时的生产批量与单件成本的关系图,从图中可以看出,采用数控机床加工的经济产量范围较广。

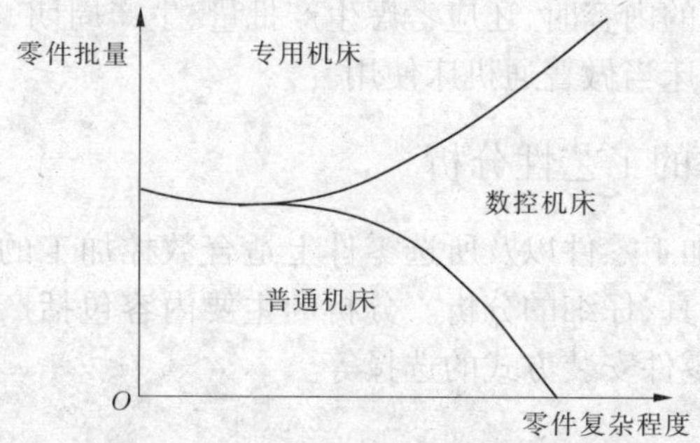

图 3-1　各类机床适用加工的范围

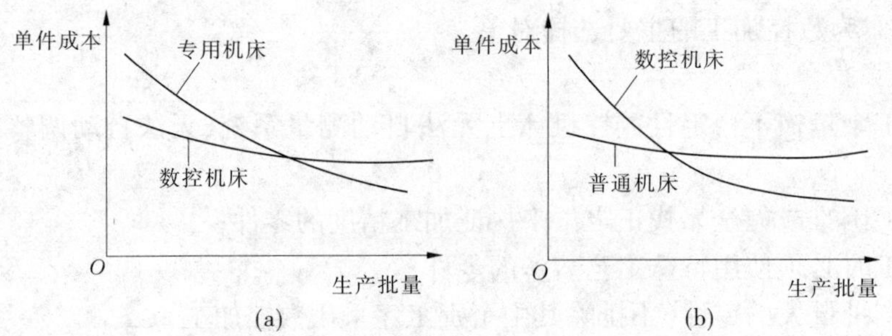

图 3-2　机床选择与单件成本的关系

三、确定适合数控加工的加工工序

在选择并确定某个零件进行数控加工后，并不是说零件的所有加工工序都适合采用数控加工，适合数控加工的可能只是整个加工工序中的一部分。因此，在加工前对零件图样进行仔细分析，选择并确定哪些最适合、最需要进行数控加工的加工工序是十分有必要的。同时，应结合实际情况，立足于解决难题、提高生产率和充分发挥数控加工的优势。通常可按以下原则确定适合数控加工的加工工序：

(1)在普通机床上无法加工的加工工序，应作为优先选择的对象，例如铣削特殊三维曲面的加工工序；

(2)在普通机床上难加工，质量也难以保证的加工工序，应作为重点选择的对象；

(3)在普通机床上加工效率低、工人手工操作劳动强度大的加工工序，可在数控机床尚存富余能力的基础上进行选择。

通常情况下，上述加工工序采用数控加工后，产品的质量、生产率和综合经济效益等指标都会得到明显的提高。相比之下，下列内容不宜选择采用数控加工：

(1)需要在机床上进行较长时间调整的加工工序，例如以毛坯的粗基准为定位基准加工第一精基准的工序；

(2)数控机床编程时获取数据困难，容易与检验依据发生矛盾的型面、轮廓；

(3)不能在一次装夹中完成加工的一些剩余加工表面，采用数控机床加工又很麻烦，可采用通用机床补充加工；

(4)加工余量大而且分布不均匀的粗加工。

此外，选择数控加工的内容时，还应考虑生产批量、生产周期、生产成本和工序周转情况等因素，杜绝把数控机床当做普通机床使用。

四、数控加工零件的工艺性分析

在选择并确定数控加工零件以及所选零件上适合数控加工的工序后，应对零件的数控加工工艺进行全面、认真、仔细的分析。分析的主要内容包括产品的零件图样分析、零件的结构工艺性分析和零件安装方式的选择等。

(一)零件图样分析

在对数控加工零件的工艺性进行分析时，首先要参照产品装配图分析零件的零件图，明确零件在产品中的位置、作用、装配关系和工作条件，搞清楚各项技术要求对零件装配质量和使用性能的影响，找出主要和关键的技术要求，然后对零件图进行详细分析。

1. 尺寸标注方法分析

零件图上尺寸标注方法应适合数控加工的特点，如图 3-3(a)所示，在数控加工零件图上，最好使用同一基准标注尺寸或直接给出相对于某一坐标原点的坐标尺寸。这种标注方法既便于数控编程，又利于设计基准、工艺基准、测量基准和编程原点的统一。由于零件设计人员在标注尺寸时，一般都较多地考虑零件装配等使用方面的特性，而不得不采用如图 3-3(b)所示的局部分散的标注方法，这样就给工序安排和数控加工带来诸多不便。由于数控加工精度和重复定位精度都很高，不会因产生较大的积累误差而破坏零件的使用特性，故在编制数控加工工艺时，可将局部的分散标注法改为同一基准标注或直接给出坐标尺寸的标注法，见图 3-3(a)。

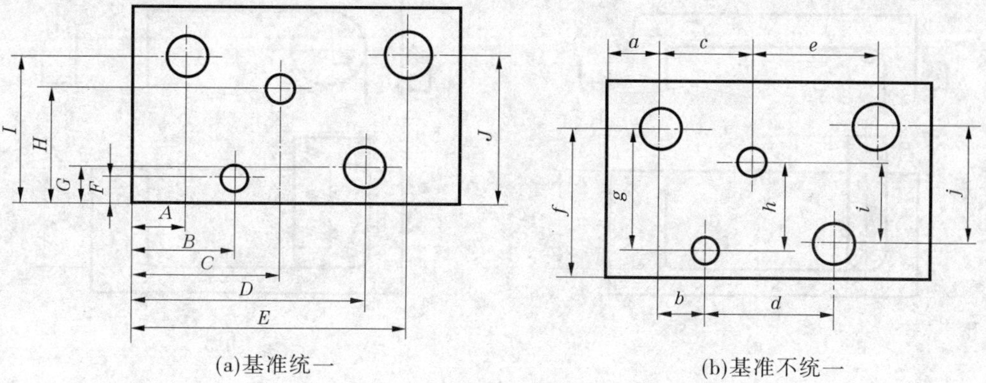

图 3-3　零件尺寸标注分析

2. 零件图的完整性与正确性分析

掌握构成零件轮廓的几何元素(点、线、面)之间的几何关系(如相切、相交、垂直和平行等)，是零件数控编程进行数据计算的必备条件。手工编程时，要依据这些几何关系计算与之相关联结点的坐标；自动编程时，也要根据这些几何关系进行零件的几何造型，如果几何元素间的几何关系不明确，数控编程是无法进行下去的。因此，在分析零件图样时，务必要分析几何元素间给定的几何关系是否充分，发现问题需及时与设计人员协商解决。

3. 零件的技术要求分析

零件的技术要求主要是指零件的尺寸精度、形状精度、位置精度、表面粗糙度及热处理等。这些要求在保证零件使用性能的前提下，加工时应经济合理。过高的精度和表面粗糙度要求会使工艺过程复杂、加工困难、成本提高。

4. 零件的材料分析

在满足零件使用要求的前提下，应选用价格低廉、切削性能好的材料，而且材料的选择应立足国内，不要轻易选用贵重或紧缺的材料。

(二)零件的结构工艺性分析

零件的结构工艺性是指在满足零件使用要求的前提下，制造该零件的可行性和经济性。良好的结构工艺性，可以使零件加工容易，节省工时和材料；而较差的零件结构工艺性，会使加工困难，浪费工时和材料，有时甚至无法加工。因此，数控加工零件的各加工部位的结构工艺性应该符合以下数控加工的特点：

(1)零件的内腔和外形最好采用统一的几何类型和尺寸，这样可以减小刀具规格和减少刀具交换次数，使编程方便，提高生产效率。

(2)加工凹槽时，由于内槽圆角尺寸决定刀具直径，故内槽圆角半径不应太小。如图3-4所示零件，其结构工艺性的好坏与被加工凹槽的深浅、转角圆弧半径的大小等因素有关。图3-4(b)与图3-4(a)相比，转角圆弧半径大，可以采用较大直径的立铣刀来加工；加工凹槽底面时，进给次数也会相应地减少，表面加工质量也会好一些，故其加工工艺性相对会好一些。通常 $R<0.2H$ 时，可以判定零件在该部位的加工工艺性不好。

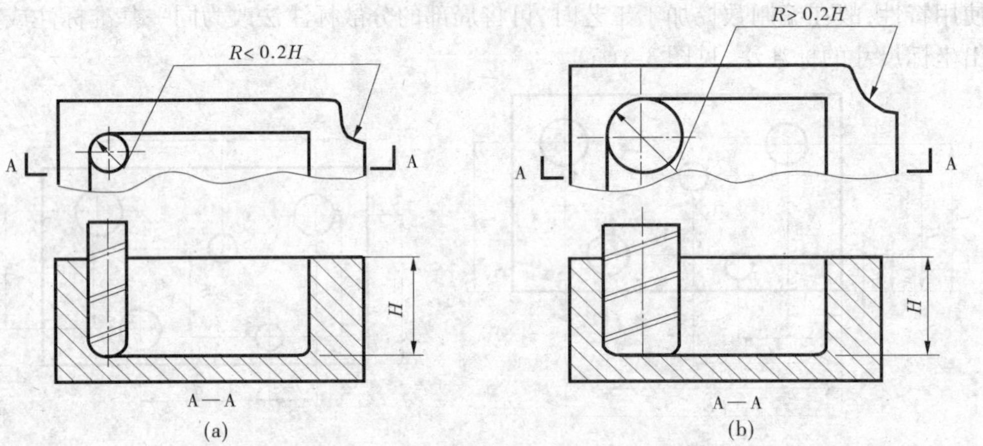

图3-4 凹槽加工结构工艺性对比

(3)铣削凹槽底平面时，槽与底平面的过渡半径 r 不宜过大。如图3-5所示，铣刀端面刃与铣削平面的最大接触直径 $d=D-2r$（D 为铣刀直径），当 D 一定时，r 越大，铣刀端面刃铣削平面的面积越小，加工平面的能力就越差，效率越低，工艺性也就越差。当 r 大到一定程度时，甚至必须用球头铣刀加工的情况是应尽量避免的。

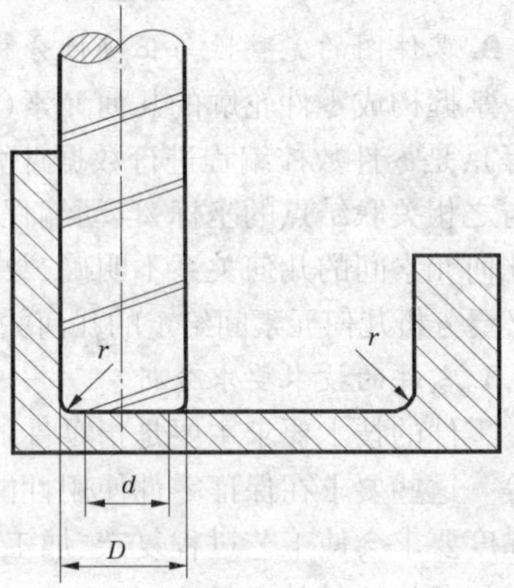

图3-5 凹槽底平面圆弧对加工工艺的影响

(4)在数控机床上加工零件时，应尽可能选用统一的定位基准。数控加工中若没有统一的定位基准，不仅会增加工件在机床上的定位、找正时间，还会因工件的二次装夹而引起工件加工后的位置误差和尺寸误差过大。此外，零件上最好有合适的孔作为定位基准孔；若没有，则应设置工艺孔作为定位基准孔，如无法制出工艺孔，最起码也要用精加工表面作为统一基准，以减小因二次装夹而产生的加工误差。

(三)零件安装方式的选择

选择合适的零件安装方式，数控机床加工时，应尽可能使零件在一次安装过程中完成零件所有待加工表面的加工。要合理选择定位基准和夹紧方式，以减少误差产生环节。

应尽量采用通用夹具或组合夹具，必要时才设计专用夹具，专用夹具设计的原理和方法与普通机床所用夹具相同，但应使其结构简单，便于装卸，操作灵活。

此外，还需要分析零件所要求的尺寸公差和加工精度等技术要求是否可以得到保证，是否会引起产生矛盾的多余尺寸或影响加工的封闭尺寸等。

五、数控加工工艺文件的编制

编写数控加工工艺文件是数控加工工艺设计的重要内容之一。它既是数控加工、产品验收的依据，又是机床操作者要遵守和执行的规程，有时也作为加工程序的附加说明，使操作者更加明确程序的内容、安装及定位方式。数控加工工艺文件编制的好坏直接影响零件的加工质量和生产效率，因此在编制文件之前，要全面了解工件毛坯质量、刀辅具系统、夹具及机床性能，熟悉和掌握数控加工的技术信息，编制出高质量的工艺文件。

数控加工工艺文件主要包括数控加工工艺规程卡、工序卡和刀具使用卡。

（一）数控加工工艺规程卡

数控加工工艺规程卡是数控加工工艺文件的重要组成部分。它规定了工序内容、加工顺序、使用的设备、刀具的型号和规格等，见表 3-1。

表 3-1　数控加工工艺规程卡

<table>
<tr><td colspan="2">零件名称</td><td>零件材料</td><td>毛坯种类</td><td colspan="2">毛坯硬度</td><td>毛坯重</td><td>编制</td></tr>
<tr><td colspan="2"></td><td></td><td></td><td colspan="2"></td><td></td><td></td></tr>
<tr><td rowspan="2">工序号</td><td rowspan="2">工序名称</td><td rowspan="2">设备名称</td><td rowspan="2">夹具</td><td colspan="2">刀具</td><td rowspan="2">辅具</td><td rowspan="2">冷却液</td></tr>
<tr><td>编号</td><td>规格</td></tr>
<tr><td>1</td><td></td><td></td><td></td><td></td><td></td><td></td><td></td></tr>
<tr><td>2</td><td></td><td></td><td></td><td></td><td></td><td></td><td></td></tr>
<tr><td>3</td><td></td><td></td><td></td><td></td><td></td><td></td><td></td></tr>
</table>

（二）工序卡

工序卡是编制数控加工程序的重要依据之一，应按已确定的工步顺序编写。工序卡的内容包括工步号、工步内容、刀具名称和切削用量等，见表 3-2。

表 3-2　数控加工工序卡

<table>
<tr><td colspan="2">（厂名）</td><td>零件名称</td><td></td><td colspan="2">零件号</td><td colspan="2"></td></tr>
<tr><td colspan="2" rowspan="3">数控加工工序卡片</td><td>材料</td><td></td><td colspan="2">程序号</td><td colspan="2"></td></tr>
<tr><td>夹具编号</td><td></td><td colspan="2">使用设备</td><td colspan="2"></td></tr>
<tr><td></td><td></td><td colspan="2"></td><td colspan="2"></td></tr>
<tr><td>工序号</td><td></td><td>编制</td><td></td><td colspan="2">车间</td><td colspan="2"></td></tr>
<tr><td rowspan="2">工步号</td><td rowspan="2">工步内容</td><td colspan="2">刀具名称</td><td colspan="3">切削用量</td><td rowspan="2">辅具</td></tr>
<tr><td>编号</td><td>规格</td><td>转速（r/min）</td><td>进给速度（mm/min）</td><td>背吃刀量（mm）</td></tr>
<tr><td>1</td><td></td><td></td><td></td><td></td><td></td><td></td><td></td></tr>
<tr><td>2</td><td></td><td></td><td></td><td></td><td></td><td></td><td></td></tr>
<tr><td>3</td><td></td><td></td><td></td><td></td><td></td><td></td><td></td></tr>
</table>

（三）刀具使用卡

刀具使用卡是说明完成一个零件加工所需要的全部刀具。主要包括刀具名称、型号、规格、尺寸、补偿号等内容，见表3-3。

表3-3　数控加工刀具使用卡

（厂名）			零件名称		零件号			
数控加工刀具卡片			程序号		编制			
工步号	编号	刀卡型号	刀柄型号	刀具尺寸（mm）		补偿号		
				直径	长度	D	H	
1								
2								
3								

六、工件定位和装夹

正确、合理地选择工件的定位与装夹方式，是保证零件加工精度的必要条件。

（一）六点定位原理

一个尚未定位的工件，其位置是不固定的，如图3-6所示，工件在空间具有6个自由度，即沿 X、Y、Z 轴的3个直角坐标轴方向的移动自由度 $\vec{x}$、$\vec{y}$、$\vec{z}$ 和绕这3个坐标轴的转动自由度 $\overset{\frown}{x}$、$\overset{\frown}{y}$、$\overset{\frown}{z}$。因此，要完全确定工件的位置，就必须消除这6个自由度，通常用6个支撑点（即定位元件）来限制工件的6个自由度，其中每1个支撑点限制相应的1个自由度。

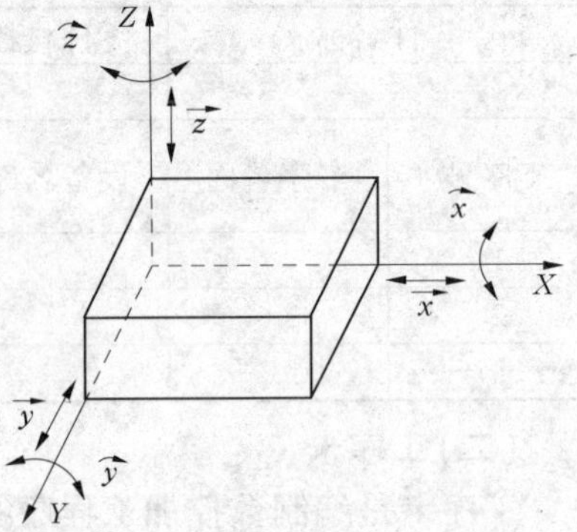

图3-6　工件的6个自由度

六点定位原理对于任何形状工件的定位都是适用的，如果违背这个原理，工件在夹具中的位置就不能完全确定。然而，用工件六点定位原理进行定位时，必须根据具体加工要求灵活运用，工件形状不同，定位表面不同，定位点的布置情况会各不相同，宗旨是使用最简单的定位方法，使工件在夹具中迅速获得正确的位置，如图3-7所示。

（二）工件的定位

1. 完全定位

工件的6个自由度全部被夹具中的定位元件所限制，而在夹具中占有完全确定的唯一的位置，称为完全定位。

2. 不完全定位

根据工件加工表面的不同加工要求，定位支撑点的数目可以少于6个。有些自由度对加工要求有影响，有些自由度对加工要求无影响，这种定位情况称为不完全定位，且不完全定位是允许的。

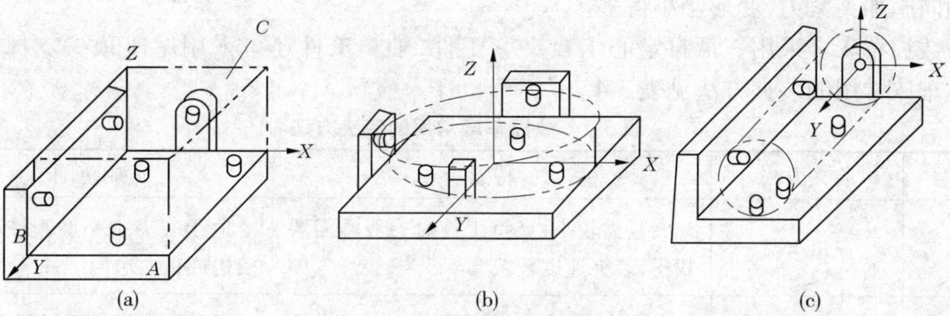

图 3-7　六点定位原理

3. 欠定位

按照加工要求应限制的自由度没有被限制的定位称为欠定位。欠定位是不允许的，因为欠定位保证不了加工要求。

4. 过定位

工件的一个或几个自由度被不同的定位元件重复限制的定位称为过定位。当过定位导致工件或定位元件变形影响加工精度时，应严禁采用。但当过定位并不影响加工精度，反而对提高加工精度有利时，也可以采用。

定位基准的选择要求是使设计基准、工艺基准与编程计算基准统一，减少基准不重合误差和数控编程中的计算工作量，并尽量减少装夹次数；在多道工序或多次安装中，要选择相同的定位基准，保证零件的位置精度；要保证定位准确、可靠，夹紧机构简单，操作方便。

(三)数控车床夹具选择与安装

在数控车床上装夹工件时，应使工件相对于车床主轴轴线有一个确定的位置，并且在工件受到各种外力的作用下，仍能保持其固定位置。除此以外，还应考虑以下几点：

(1)数控车床上零件装夹时，要尽量选用已有的通用夹具装夹，且应注意减少装夹次数，尽量做到在一次装夹中能把零件上所有要加工的表面都加工出来。

(2)夹具要开敞，加工部位要开阔，夹具上各零部件不妨碍机床对零件各表面的加工。其定位、夹紧机构元件不能影响加工中的走刀(如产生碰撞等)。

(3)零件的装卸要快速、方便、可靠，以缩短机床的停顿时间。避免采用占机人工调整时间长的装夹方案，以充分发挥数控机床的效率。

(4)为提高数控加工效率，批量较大的零件加工可采用气动、液压或多工位夹具。

(5)为满足数控加工精度，要求夹具精度高，且定位精度高。

(6)夹紧力作用点应落在工件刚性较好的部位。如图 3-8 所示，薄壁套的轴向刚性比径向刚性好，用卡爪径向夹紧时工件变形大，若

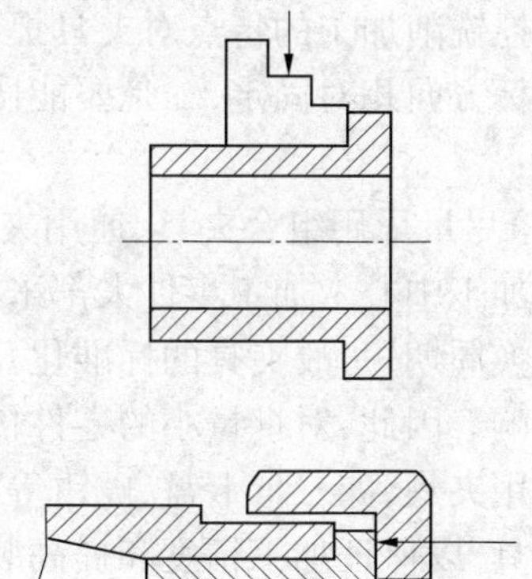

图 3-8　夹紧力作用点与夹紧变形的关系

沿轴向施加夹紧力,变形会小得多。

数控车床多采用三爪自定心卡盘夹紧工件,轴类工件还可采用尾座顶尖支撑工件。数控车床常用的装夹方法见表3-4。

表3-4 数控车床常用的装夹方法

序号	装夹方法	特点	适用范围
1	三爪卡盘	夹紧力较小,夹持工件时一般不需要找正,装夹速度较快	适于装夹中小型圆柱形、正三边或正六边形工件
2	四爪卡盘	夹紧力较大,装夹精度较高,不受卡爪磨损的影响,但夹持工件时需要找正	适于装夹形状不规则或大型的工件
3	两顶尖及鸡心夹头	用两端中心孔定位,容易保证定位精度,但由于顶尖细小,装夹不够牢靠,不宜用大的切削用量进行加工	适于装夹轴类零件
4	一夹一顶	定位精度较高,装夹牢靠	适于装夹轴类零件
5	中心架	配合三爪卡盘或四爪卡盘来装夹工件,可以防止弯曲变形	适于装夹细长的轴类零件
6	心轴与弹簧卡头	以孔为定位基准,用心轴装夹来加工外表面,也可以外圆为定位基准,采用弹簧卡头装夹来加工内表面,工件的位置精度较高	适于装夹内外表面的位置精度要求较高的套类零件

此外,数控车床加工中还有其他相应的夹具,如自动夹紧拨动卡盘、拨齿顶尖、三爪拨动卡盘、快速可调万能卡盘等。

(四)数控铣床夹具选择与安装

数控铣削加工的特点对夹具提出了两个基本要求:一是要保证夹具的坐标方向与机床的坐标方向相对固定,二是要能协调零件和机床坐标系的尺寸关系。此外,还要考虑以下几点:

(1)尽量采用组合夹具、通用夹具,避免采用专用夹具。夹具结构应力求简单。数控铣床和加工中心上加工零件大都采用工序集中的原则,加工的部位较多,同时批量较小,零件更换周期短,故夹具的标准化、通用化和自动化对提高加工效率及降低加工成本都有很大影响。因此,对批量小的零件优先采用组合夹具。对形状简单的零件小批量生产,可采用通用夹具,如三爪卡盘、虎钳等。只有在批量大、加工精度要求较高的情况下才设计专用夹具,以保证加工精度和提高装夹效率。

(2)零件的装卸要快速、方便、可靠,以缩短机床的停顿时间,减少辅助时间。

(3)夹紧机构或其他元件不得影响进给,加工部位要敞开,避免加工路径中刀具与夹具元件发生干涉。

(4)为提高数控加工效率,批量较大的零件加工可采用气动或液压夹具、多工位夹具。

(5)为满足数控加工精度,要求夹具定位好、精度高。

此外,为提高数控加工的效率,在成批生产中,还可采用多位、多件夹具。例如,在数控铣床或立式加工中心的工作台上,可安装一块与工作台大小一样的平板,既可用它作为大工件的基础板,也可将它作为多个中小工件的公共基础板,依次加工并排装夹多个中小工件。

七、刀具切削用量的确定

切削用量是指切削速度、进给量和切削深度三者的总称。在实际生产中,切削用量确定得合理与否,对零件的加工质量、加工效率以及生产成本均有重要影响。

合理地选择切削用量,就是在保证加工质量和刀具耐用度的前提下,充分发挥机床性能和刀具切削性能,使切削效率最高,加工成本最低。

(一)切削用量的选择原则

不同的加工性质,对切削加工的要求也是不一样的。因此,在选择切削用量时考虑的侧重点也应有所区别。

粗加工以切除工件的加工余量为主,而对工件的加工精度及表面加工质量要求不高。所以,应尽量保证较高的金属切除率和必要的刀具耐用度,一般应优先考虑选择尽可能大的切削深度 a_p,其次要根据机床动力和刚性的限制条件等,选取尽可能大的进给量 f,最后根据刀具的耐用度要求,确定合适的切削速度 v_c。

精加工时工件的加工余量较小,而对工件的尺寸加工精度、位置公差和表面粗糙度要求较高。所以,在加工时,应保证工件的加工精度和表面质量要求,一般应选用较小的进给量 f 和切削深度 a_p,最后在保证刀具耐用度的前提下,尽可能选取较高的切削速度 v_c。

此外,加工中心类机床在实际生产中,希望刀具对刀、刀具调整以及刀具安装等辅助时间尽可能得少,以提高劳动生产率,所以在选择切削用量时,要保证刀具的耐用度至少能够加工完一个零件,或保证刀具耐用度不低于一个工作班,最少不低于半个工作班,对易损刀具可采用姐妹刀(一把刀具在刀库中配置相同的剩余刀具)的形式,以保证加工的连续性。

(二)切削用量的选择方法

1. 切削深度 a_p 的选择

切削深度的选择应依据工件的加工余量来确定。粗加工时,在把精加工余量保留后,一次走刀应尽可能切除全部余量。如果在加工过程中存在加工余量较大、工艺系统刚性较弱、刀具强度不够、机床输出功率不足、断续切削的冲击振动较大等情况,粗加工应分多次走刀(多次走刀时,应尽量将第一次走刀的切削深度选得大些,一般为总加工余量的0.6~0.75)。在切削表面有硬皮层的铸锻件毛坯时,若机床功率和工艺系统的刚性足够,应尽量使 a_p 大于硬皮层的厚度,以保护刀具的刀尖。半精加工和精加工的加工余量一般较小,可一次切除。但有时为了保证工件的加工精度和表面加工余量,也需要进行二次走刀。

一般而言,在中等功率的机床上,粗加工的切削深度可达8~10 mm;半精加工(表面粗糙度 R_a 为6.3~3.2 μm)时,切削深度可选0.5~2 mm;精加工(表面粗糙度 R_a 为1.6~0.8 μm)时,切削深度可选0.1~0.4 mm。

2. 进给量 f 的选择

切削深度选定后，为了提高劳动生产率，在满足加工精度及工艺系统刚度等制约条件的前提下，应尽可能选用较大的进给量。

粗加工时，由于作用在工艺系统上的切削力较大，进给量的选取主要受到下列因素的限制：机床进给机构的强度、机床有效功率与输出转矩、机床－刀具－工件系统的刚度、断续切削时刀片的强度。

半精加工和精加工时，最大进给量主要受工件加工表面粗糙度的限制。

在实际加工中，进给量一般多根据经验按表格选取，也可根据刀具生产厂家的刀具手册中的推荐数据来选取（国外刀具生产厂家一般都会给出各种刀具最适合的切削用量，包括切削速度、进给量和切削深度）。在现代化的工厂中，还可以通过对切削数据库进行计算机检索，并使用数据仓库、数据挖掘、人工智能技术对数据库中的数据进行优化更新。

3. 切削速度 v_c 的选择

在 a_p 和 f 选定后，应在保证刀具合理耐用度的条件下，用计算的方法或用查表的方法确定切削速度 v_c 的值。切削速度确定后，还应按式 $v_c = \pi dn/1\ 000$，计算出主轴转速，并填入相应的程序段。

在具体选定 v_c 时，一般应遵循以下原则：

（1）粗加工时，切削深度与进给量均较大，故应选择较低的切削速度；精加工时，为了得到较高的表面光滑度，应选择较高的切削速度。

（2）断续切削时，为了减小冲击力和热应力，要适当降低切削速度；在易发生振动的情况下，切削速度应避开自激振动的临界速度。

（3）工件材料的加工性能较差时，应选择较低的切削速度。

（4）切削速度应尽量避开积屑瘤和鳞刺产生的区域。

（5）刀具材料的切削性能越好，切削速度也可选得越高。因此，硬质合金刀具的切削速度可选得比高速钢高好几倍，而涂层硬质合金、陶瓷、金刚石和立方氮化硼刀具的切削速度又可比硬质合金刀具高许多。

（6）在加工带硬皮的铸锻件毛坯时，应适当降低切削速度；同时在加工加大工件、细长件、薄壁件以及在切断切削时，也应选用较低的切削速度。

思考与练习题

1. 数控加工工艺主要包括哪些内容？其特点是什么？
2. 数控机床适合加工哪些零件？
3. 确定加工路线时需要考虑哪些原则？
4. 简要说明切削用量三要素选择的原则。
5. 工件的装夹方式有哪几种？它们分别有何特点？
6. 数控机床如何选择夹具？
7. 数控车削粗加工的进给路线有哪些方式？
8. 数控铣削加工的进刀和退刀方式有哪些？

第四章　数控车床程序编制及加工操作

第一节　数控车床加工工艺

一、零件的工艺性分析

在选择并决定数控加工零件及其加工内容后，应对零件的数控加工工艺性进行全面、认真、仔细的分析，主要包括以下几部分。

（一）零件的配合表面和非配合表面

首先应熟悉零件在产品中的作用、位置、装配关系和工作条件，搞清楚各项技术要求对零件装配质量和使用性能的影响。一般零件都包括配合表面和非配合表面。配合表面标注有尺寸公差、形位公差及表面粗糙度等要求。加工工艺安排一般为：首先是粗车，以去除较大的余量；其次是半精车，加工接近零件形状，并留少量余量；最后是精加工，完成零件的加工。

（二）零件的结构工艺性分析

零件的结构工艺性是指零件对加工方法的适应性，即所设计的零件结构应便于加工成形，且成本低，效率高。在制定数控加工工艺时，应根据数控车削的特点，认真分析零件结构是否合理。如图 4-1(a)所示，加工该零件上的槽需采用 3 把不同宽度的切槽刀，如无特别的要求，显然是不合理的。若改为如图 4-1(b)所示的结构，用 1 把切槽刀即可。这样做既减少了刀具的数量，少占刀位，又减少了换刀次数和换刀时间，显然更合理。

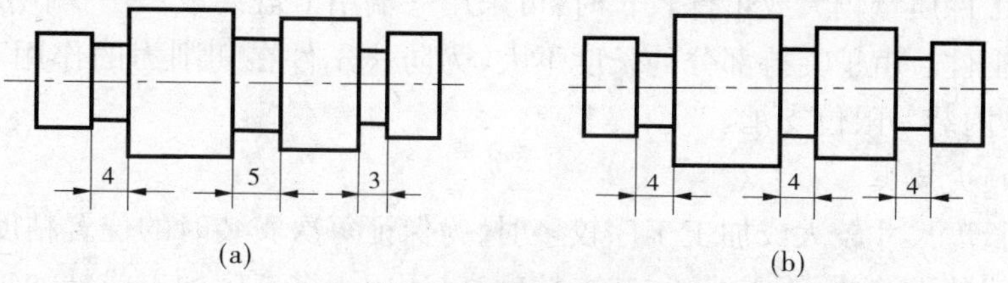

图 4-1　轴上槽宽尺寸标注

（三）轮廓几何要素分析

由于手工编程时要计算每个基点的坐标，自动编程时要对构成轮廓的所有几何要素进行定义，因此在分析零件图时，要分析几何要素的给定条件是否充分。在零件图设计时，可能出现构成加工轮廓的条件不充分、尺寸模糊不清的情况，从而使编程存在困难。

（四）精度及技术要求分析

在确定加工方法、装夹方式、刀具及切削用量之前，必须对零件的加工精度及技术要求进行分析。分析的主要内容：一是分析精度及各项技术要求是否齐全、合理；二是分析机床的加工精度能否达到加工要求；三是找出有位置精度要求的表面，这些表面应安排在一次装夹中完成；四是对表面粗糙度要求较高的表面应采取恒线速切削功能进行加工。

二、工序划分和工件装夹

工序集中是数控加工工艺的特点。通过一次安装尽可能完成大部分或全部表面的加工。根据零件的结构特点，可选择外圆、端面或内孔装夹，并力求使设计基准、工艺基准和编程原点统一。

（一）工序划分

1. 按零件加工表面的位置精度划分

将位置精度要求较高的表面安排在一次安装下完成，以免多次安装产生的安装误差影响位置精度。

2. 按粗、精加工划分

当零件的加工余量较大和加工精度较高时，可将粗车和精车分开，划分成两道或更多工序。

（二）工件装夹

工件装夹应保证定位准确、夹紧可靠、方便高效。在数控车床上常采用下面几种方法装夹工件。

1. 三爪自动定心卡盘装夹

三爪自动定心卡盘装夹工件方便、高效，且自动定心精度较高，适用于装夹外形规则的中小型工件。

当用三爪卡盘装夹已精加工过的表面时，在夹持部位应包一层铜皮，以免夹伤工件表面。

2. 用卡盘和顶尖装夹

当车削工件质量较大或工件较长时，可采用一端用卡盘夹紧，另一端用后顶尖支承的方法来装夹工件。由于夹持部分的长度不大，为防止工件在切削力的作用下产生轴向位移，可在卡盘内装一限位支承。

3. 用两顶尖装夹

当工件长度尺寸较大或加工工序较多时，为保证每次安装时的位置精度，可用两顶尖装夹。该方式装夹简单、不需找正、装夹精度高，适用于多工序加工或精加工。

（三）加工顺序的确定

在分析零件图样、确定工序和装夹方式后，应确定零件的加工工序。制定零件数控车削加工顺序时一般应遵循以下原则。

1. 先粗后精原则

先粗后精是指按照粗车—半精车—精车的顺序进行加工，逐步提高加工精度。粗车可在较短的时间内将工件表面上的大部分余量切除，一方面可提高金属切除率，另一方面可满足精车的余量均匀性要求。若粗车后所留余量不能满足精加工要求，则应安排半精车，为精车做准备。

2. 先近后远原则

先近后远是指在一般情况下,先加工离对刀点较近的表面,后加工离对刀点较远的表面,以缩短刀具的移动距离,减少空行程的时间,同时有利于保证毛坯或半成品的刚性。

3. 基面先行原则

基面先行是指先加工用于精基准的表面,以减小后续工序的装夹误差。当加工轴类零件时,先加工出中心孔,再以中心孔定位加工外圆和端面。

4. 先内后外原则

对于有内孔和外圆表面的零件加工,通常先加工内孔,后加工外圆。因内表面加工散热条件较差,为防止热变形对加工精度的影响,应先安排进行加工。

(四)加工路线的确定

加工路线是指数控机床在整个加工工序中刀位点相对于工件的运动轨迹和方向。

在确定加工路线时,主要遵循以下原则:

(1)应能保证零件具有良好的加工精度和表面质量。

(2)应尽量缩短加工路线,减少空刀时间,以提高加工效率。

(3)应使数值计算简单,程序段数量少。

(4)在确定轴向移动尺寸时,应考虑刀具的引入距离和超越距离。

1. 进给路线的选择

1)最短的切削进给路线

选择最短的切削进给路线,直接缩短加工时间,可提高生产率,降低刀具磨损。因此,在安排粗加工或半精加工切削路线时,应综合考虑被加工工件的刚性和加工的工艺性等要求,制定最短的切削路线。

如图4-2所示为3种不同的切削路线。其中,如图4-2(a)所示为利用复合循环指令沿零件轮廓加工的切削路线;如图4-2(b)所示为按三角形轨迹加工的切削路线;如图4-2(c)所示为利用矩形循环指令加工的切削路线。通过分析和判断,按矩形循环轨迹加工的进给路线的长度总和最短。因此,在同等条件下,其切削所需时间(不含空行程)最短,刀具的损耗最小。

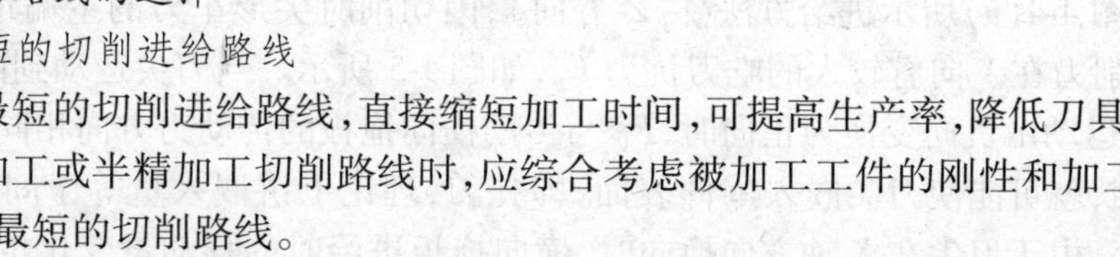

(a)沿轮廓切削路线　(b)三角形切削路线　(c)矩形切削路线

图4-2　不同粗车进给路线

2)大余量毛坯的切削进给路线

如图4-3所示为切削大余量的两种加工进给路线。如图4-3(a)所示的切削方法,在同样的背吃刀量条件下,所剩余量过大;而按图4-3(b)所示的切削方法,则可保证每次车削所留余量基本相等,因此该方法切削大余量较为合理。

2. 特殊的切削进给路线

在数控切削加工时,一般 Z 轴进给方向都是沿负方向进给,但有时并不合理,例如用

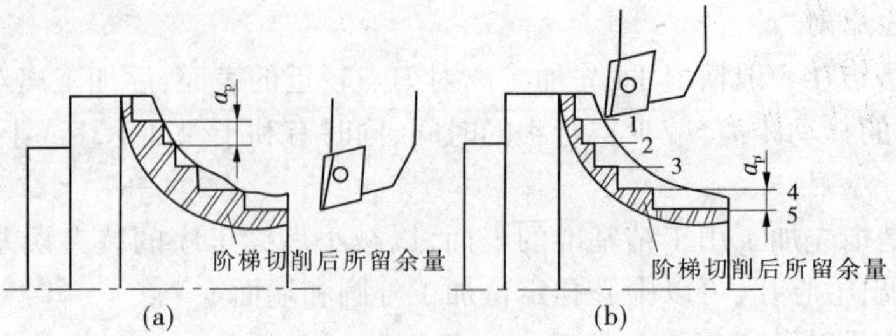

图 4-3　大余量毛坯的切削进给路线

尖形车刀加工大圆弧内表面时,可以有两种不同的进给方法(如图 4-4 所示),加工的结果是不同的。

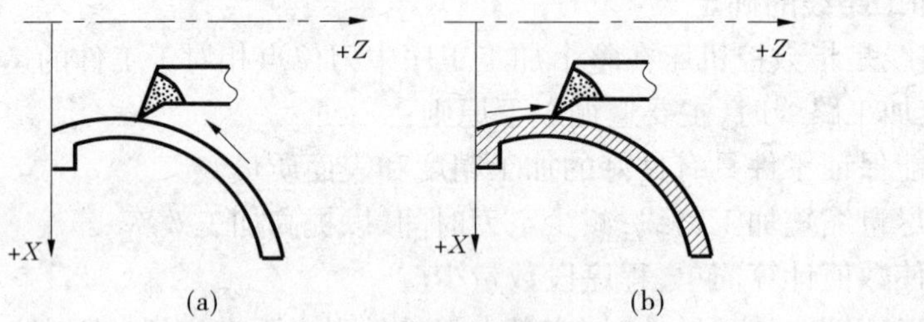

图 4-4　尖形车刀加工大圆弧表面

其中,如图 4-4(a)所示进给方法($-Z$ 方向),因切削时尖形车刀的主偏角为 100°~105°,这时切削力在 X 向有较大的吃刀抗力 F_P,如图 4-5 所示。当刀尖运动到圆弧的换象限处,即 X 轴运动由负向变换为正向时,F_P 与传动横向拖板的传动力方向相同,由于丝杠副有轴向间隙,就可能使刀尖嵌入零件表面,即扎刀,理论上讲嵌入量等于间隙量 e。即使间隙量很小,由于刀尖在 X 轴方向换向时,横向拖板进给时的移动量变化也很小,也会使横向拖板产生严重的爬行现象,从而降低零件的表面质量。如图 4-4(b)所示的加工进给方法,因刀尖在加工至换象限处时,F_P 与传动横向拖板的传动力方向相反,如图 4-6 所示,因此不会受间隙的影响而产生扎刀,可见,采用该加工进给方法较为合理。

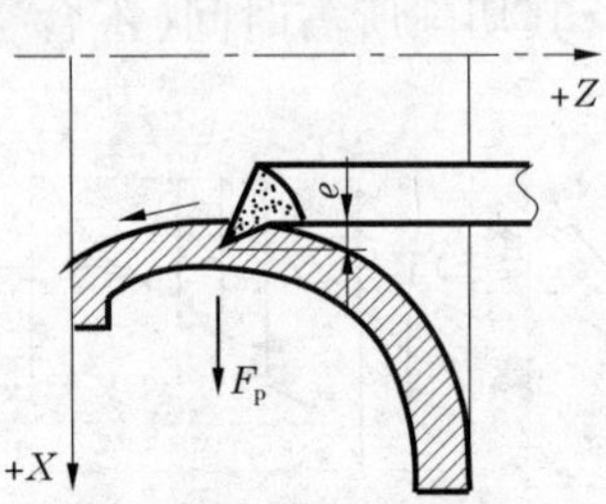

图 4-5　扎刀现象

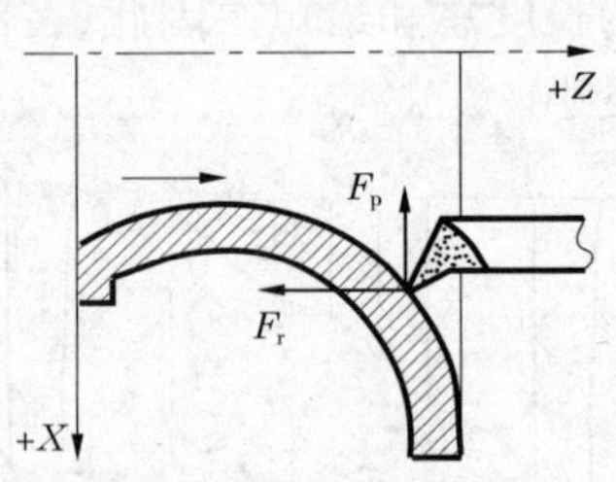

图 4-6　合理进给路线

另外,在车削大余量的毛坯和螺纹时,一般均可使用数控机床的循环功能指令加工,其每次进给切削轨迹相差不大,切削路线由编程和指令控制,具体见机床编程说明。

3. 车螺纹时的加工路线和轴向进给距离

车螺纹时,刀具沿螺纹方向的进给应与工件主轴旋转保持严格的速比关系。考虑到刀具从停止状态加速到指定的进给速度或从指定的进给速度降至零时,驱动系统有一个过渡过程。因此,刀具沿轴向进给的加工路线,除保证螺纹加工的长度外,还应增加

δ_1(2～5 mm)的刀具引入距离和δ_2(1～2 mm)的刀具切出距离,以保证螺纹切削时,在升速完成后才使刀具接触工件,在刀具离开工件后再开始降速。

三、切削用量的选择

数控车床加工中的切削用量包括主轴转速或切削速度、进给速度或进给量及背吃刀量。切削用量的选择是否合理对切削力、刀具磨损、加工成本均有显著影响。数控加工中选择切削用量时,就是在保证加工质量和刀具耐用度的前提下,充分发挥机床性能和刀具切削性能,使切削效率最高,加工成本最低。因此,切削用量的大小应根据加工方法合理选择,并在编程时将加工的切削用量数值编入程序中。

切削用量的选择原则是:粗加工时,一般以提高生产率为主,兼顾经济性和加工成本;半精加工和精加工时,应在保证加工质量的前提下,兼顾切削效率、经济性和加工成本。具体数值应根据机床说明书、切削用量手册,并结合经验而定。粗、精加工时切削用量的选择如下:

(1)粗加工时切削用量的选择。首先选取尽可能大的背吃刀量;其次根据机床动力和刚性等,选取尽可能大的进给速度(进给量);最后根据刀具耐用度确定主轴转速(切削速度)。

(2)半精加工和精加工时切削用量的选择。首先根据粗加工后的余量确定背吃刀量;其次根据已加工表面的粗糙度要求,选取较小的进给速度(进给量);最后在保证刀具耐用度的前提下,尽可能选取较高的主轴转速(切削速度)。

(一)主轴转速的确定

主轴转速应根据被加工表面的直径和允许的切削速度经计算确定,其中切削速度可通过计算或查表选取,也可按实践经验确定。主轴转速的计算公式为:

$$S = \frac{1\,000\ v_c}{\pi D} \quad (r/\min)$$

式中:v_c 为切削速度,mm/min;D 为被加工表面直径,mm。

在螺纹切削时,主轴转速受螺距(或导程)大小、驱动电机的矩频特性及螺纹插补运算速度等因素的影响,不同的数控系统可选择不同的主轴转速。对于大多数数控车床,可按下列公式计算主轴转速:

$$S \leqslant \frac{1\,200}{P} - K$$

式中:P 为螺纹螺距,mm;K 为保险系数,一般为80。

(二)进给速度的确定

进给速度是指在单位时间内,刀具沿进给方向移动的距离(mm/min)。在数控车床编程中,较多地用进给量(mm/r)表示进给速度。

进给速度的选择主要根据零件的表面粗糙度、加工精度要求、刀具及工件材料等因素,参考切削用量手册选取。在加工过程中,进给速度还可通过控制面板上的进给速度修调开关进行实时修调,但最大进给速度要受到设备刚度和进给系统性能等因素的限制。进给速度的选择原则如下:

(1)在能满足工件加工质量要求的情况下,可选择较高的进给速度。

(2)当切断、车削深孔及精车时,宜选择较低的进给速度。

(3)当刀具空行程时,可以选择尽量高的进给速度。

(4)进给速度应与主轴转速、背吃刀量相适应。

(三)背吃刀量的确定

背吃刀量应在机床、工件和刀具刚度允许的情况下,根据加工余量确定。加工时,应尽可能选取大的背吃刀量,以减少走刀次数,提高生产率。当余量较大或机床刚性不足时,可采取分层切削余量,各次的余量按递减原则确定。当零件的精度要求较高时,应进行半精加工,余量取0.5~1 mm,精加工余量取0.2~0.5 mm。

第二节　数控车刀的选择及装夹

刀具的选择确定是数控加工工艺中的重要内容,它不仅影响数控机床的加工效率,而且直接影响加工质量。数控机床主轴转速比普通机床高1~2倍,且主轴输出功率大,因此与传统加工方法相比,数控加工对刀具的要求更高。应根据机床的加工能力、工件材料的性能、加工工序的内容、切削用量以及其他相关因素,合理选择刀具类型、结构、几何参数等。

数控加工中刀具必须适应数控机床高速、高效和自动化程度高的特点。

一、数控车刀的特点及类型

(一)数控车刀的特点

为适应数控加工精度高、效率高、工序集中及零件装夹次数少等要求,数控车刀与普通车床上所用的刀具相比,主要有以下特点:

(1)切削效率高。

(2)刀具精度高,精度稳定。

(3)刚性好,抗振及热变形小。

(4)互换性好,便于快速换刀。

(5)耐用度好,切削性能稳定、可靠。

(6)刀具的尺寸调整方便,换刀调整时间短。

(7)系列化、标准化。

(二)数控车刀的类型

1. 按刀具结构分类

(1)整体式车刀。由整块材料磨制而成,使用时可根据不同用途将切削部分修磨成所需要的形状。

(2)焊接式车刀。将硬质合金刀片用焊接的方法固定在刀体上称为焊接式车刀。其优点是结构简单、制造方便、刚性较好,且经过刃磨可形成所需要的几何参数,故使用方便灵活。

根据工件加工表面及用途的不同,焊接式车刀可分为切断刀、外圆车刀、内孔车刀、端面车刀、螺纹车刀以及成型车刀等，如图 4-7 所示。

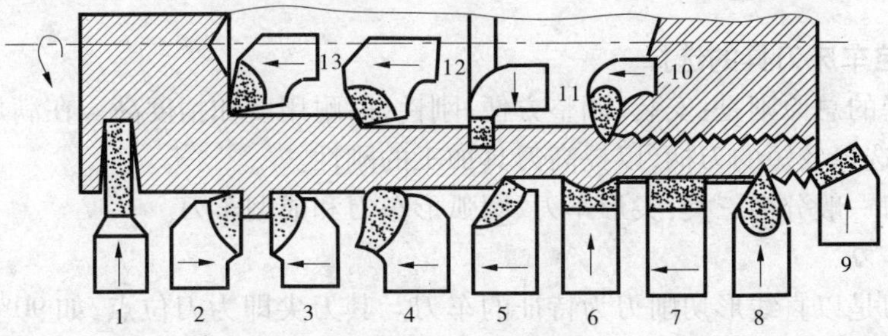

1—切断刀；2—90°左偏刀；3—90°右偏刀；4、5—弯头车刀；6—成型车刀；7—宽刃车刀；
8—外螺纹车刀；9—端面车刀；10—内螺纹车刀；11—内槽车刀；12—通孔车刀；13—盲孔车刀

图 4-7　焊接式车刀的种类

(3)机夹可转位车刀。是将硬质合金可转位刀片用机械方法夹固在刀体上。如图 4-8所示，机夹可转位车刀由杠杆、刀片、垫片及夹紧螺丝等组成。刀片由硬质合金模压形成，其每边都有切削刃，当某一切削刃用钝后，只要松开夹紧元件，将刀片转一个位置便可继续使用。

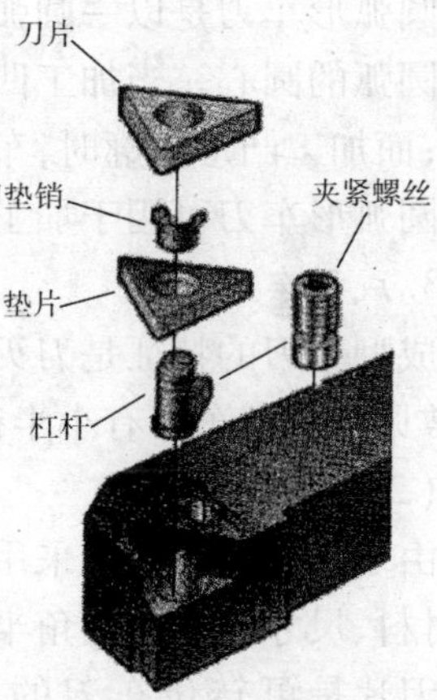

图 4-8　机夹可转位刀具

目前，数控车刀主要采用机夹式可转位刀具，刀片主要采用硬质合金刀片和涂层硬质合金刀片。

2. 按刀具所用材料分类

(1)高速钢刀具。常用的普通高速钢材料牌号为 W6Mo5Cr4V2、W18Cr4V 及 W9Mo3Cr4V 等，其硬度和韧性的配合较好，热稳定性和热塑性也较好，但不适用于较硬材料和数控高速切削。

高性能高速钢材料牌号为 W2Mo9Cr4Co8，适用于高强度合金钢材料加工。

(2)硬质合金刀具。常用的普通硬质合金有 K、P、M 三大类。K 类主要牌号有 YG3、YG6、YG8 等，适用于铸铁和有色金属加工；P 类主要牌号有 YT5、YT15、YT30 等，适用于钢加工；M 类主要牌号有 YW1、YW2 等，适用于难加工钢材的加工。

新型硬质合金的主要牌号有 YM051、YM052、YW3、YW4、YN5、YN10、YD15 等，通过添加某些碳化物使材料性能得到提高，更能适应难加工材料的加工。

(3)金刚石刀具。特点是其切削刃口可以磨得非常锋利，适用于有色金属、非金属的精加工。

(4)其他材料刀具。如涂层刀具、立方氮化硼刀具、陶瓷刀具等。

目前，数控机床用得最多、最普遍的是硬质合金刀具。

3. 按切削工艺分类

数控车床刀具按切削工艺可分为外圆车刀、内孔车刀(镗刀)、螺纹车刀、切割刀具等多种。

二、数控车刀的选择及装夹

（一）数控车床刀具的选择

刀具选择的总原则是：安装、调整方便，刚性好，耐用度和精度高。在满足加工要求的前提下，尽量选择较短的刀柄，以提高刀具加工的刚性。

数控车刀一般分为三类：尖形车刀、圆弧形车刀和成型车刀。

1. 尖形车刀

尖形车刀是以直线形切削刃为特征的车刀。其刀尖即为刀位点，如90°的内、外圆车刀，左、右端面车刀，切槽（断）刀等。

使用尖形车刀加工，零件的轮廓形状主要由刀尖位移得到。

2. 圆弧形车刀

圆弧形车刀是以一圆弧形切削刃为特征的车刀。由于其切削刃为圆弧形，因此刀位点为圆弧的圆心。当加工凹形轮廓时，车刀圆弧半径应小于等于被加工凹形轮廓的最小半径；而加工凸形轮廓时，车刀圆弧半径应尽量取大，以利于提高刀具强度。

圆弧形车刀可用于加工内、外表面，尤其适合车削各种光滑连接（凹形）的成型面。

3. 成型车刀

成型车刀的特征是刀刃的形状、尺寸与被加工零件的轮廓形状相一致。在数控车削中，常见的成型车刀有小半径的圆弧车刀、非矩形车槽刀和螺纹车刀等。

（二）刀片选择

由于数控车刀主要采用机夹可转位车刀，因此选择的主要问题是刀片形状、角度、精度、材料、尺寸、厚度、圆角半径、断屑槽、刃口修磨等，要能满足各种加工条件的要求。

刀片是可转位车刀的重要元件。按照《切削刀具用可转位刀片型号表示规则》（GB/T 2076—2007）规定，刀片可分为带圆孔、带沉孔及无孔三大类，形状有三角形、正方形、五边形、六边形、圆形以及菱形等共17种。

1. 刀片材料选择

目前，刀片材料应用最多的是硬质合金刀片和涂层硬质合金刀片。选择刀片材质的主要依据是：被加工工件的材料、被加工表面的精度、表面的质量要求、切削负荷的大小及切削过程中有无冲击和振动等。

2. 刀片尺寸选择

刀片尺寸的大小取决于有效切削刃长度。在具体选择时需综合考虑有效切削刃长度、背吃刀量及主偏角大小等因素。

3. 刀片形状选择

在选择刀片形状时，主要考虑被加工工件的表面形状、切削方法、刀具寿命和刀片的转位次数等因素。

（三）车刀的装夹

在实际切削中，车刀安装的高低及车刀刀杆轴线是否垂直，对车刀角度有很大影响。以车削外圆为例，当车刀刀尖高于工件轴线时，因其车削平面与基面的位置发生变化，使前角增大，后角减小；反之，则前角减小，后角增大。车刀安装的歪斜，对主偏角、副偏角影响较大,特别是在车螺纹时,会使牙形半角产生误差。因此,正确地安装车刀,且使刀具夹紧夹牢是保证加工质量、减小刀具磨损、延长刀具使用寿命的重要环节。

第三节　数控车床基本编程指令

一、准备功能 G 指令

(一)G00 快速点定位指令

编程格式:

G00　X(U)__　　Z(W)__;

格式中:X、Z 为绝对编程时,快速定位终点在工件坐标系中的坐标;U、W 为增量编程时,快速定位终点相对于起点的位移量。

G00 指令刀具相对于工件以各轴预先设定的速度,从当前位置快速移动到程序段指令的位置目标。

G00 指令中的快移速度由机床参数决定,"快移进给速度"对各轴分别设定,不能用 F __规定。G00 一般用于加工前快速定位或加工后快速退刀。

G00 为模态功能,可由 G01、G02、G03 或 G32 功能注销。

注意:在执行 G00 指令时,由于各轴以各自速度移动,不能保证各轴同时到达终点,因而联运直线轴的合成轨迹不一定是直线。操作者必须格外小心,以免刀具与工件发生碰撞。常见的做法是,将 *X* 轴移动到安全位置,再放心地运行 G00 指令。

(二)G01 线性进给指令

编程格式:

G01　X(U)__　　Z(W)__　　F __;

格式中:X、Z 为绝对编程时,快速定位终点在工件坐标系中的坐标;U、W 为增量编程时,快速定位终点相对于前一点的位移量;F 为合成进给速度。

G01 指令刀具以联动的方式,按 F 规定的合成进给速度,从当前位置按线性路线(联动直线轴的合成轨迹为直线)移动到程序段指令的终点。

G00 为模态功能,可由 G00、G02、G03 或 G32 功能注销。

【例 4-1】　如图 4-9 所示,用直线插补指令编程。

O4001;

N10　G50　X100.0　Z10.0;

N20　M03　S1000;

N30　G00　X16.0　Z2.0;

N40　G01　U10.0　W-5.0　F0.3;

N50　Z-48.0;

N60　U34.0　W-10.0;

N70　U20.0　Z-73.0;

N80　X90.0;

N90　G00　X100.0　Z10.0；

N100　M05；

N110　M30；

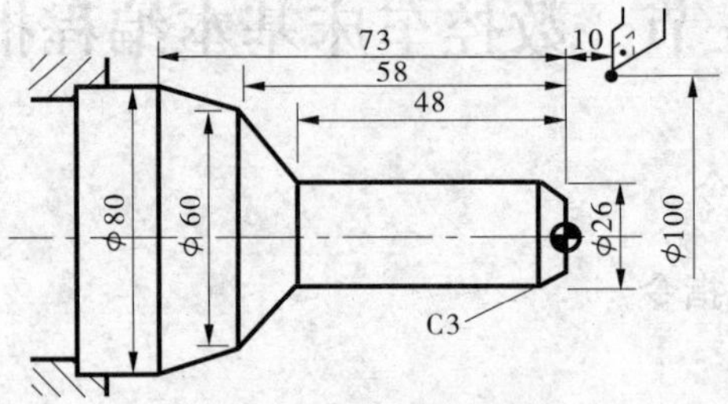

图 4-9　G01 编程实例

(三) G02/G03 圆弧进给指令

编程格式：

G02/G03　X(U)__　Z(W)__　R__　F__；

G02/G03　X(U)__　Z(W)__　I__　K__　F__；

格式中：G02 为顺时针圆弧插补（如图 4-10 所示）；G03 为逆时针圆弧插补（如图 4-10 所示）；X、Z 为绝对编程时，圆弧终点在工件坐标系中的坐标；U、W 为增量编程时，圆弧终点相对于圆弧起点的位移量；R 为圆弧半径；I、K 为圆心相对于圆弧起点的增加量（等于圆心坐标减去圆弧起点的坐标，如图 4-11 所示），在绝对、增量编程时都是以增量方式指定的，在半径、直径编程时，I 都是半径值；F 为被编程的两个轴的合成进给速度。

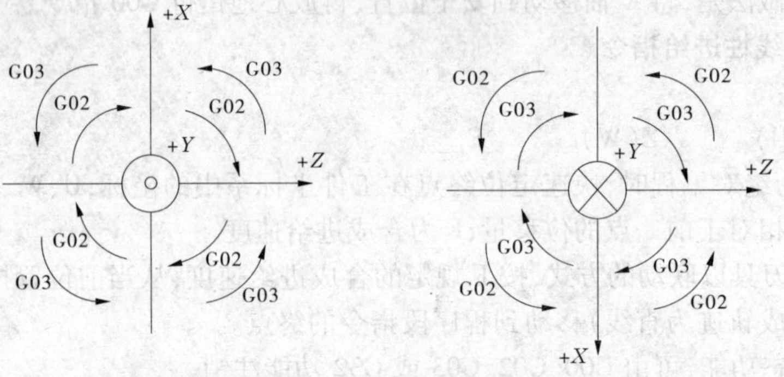

图 4-10　G02/G03 插补方向

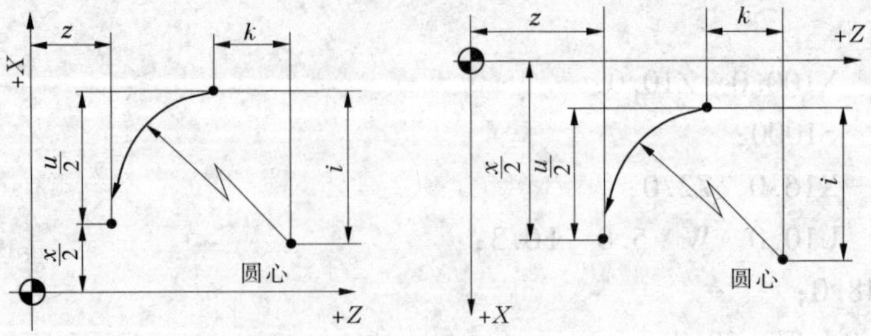

图 4-11　G02/G03 参数说明

G02/G03 指令刀具按顺时针/逆时针进行圆弧加工。

圆弧插补 G02/G03 的判断，是在加工平面内，根据其插补时的旋转方向为顺时针/逆时针来区分的。加工平面为观察者迎着 *Y* 轴的指向所面对的平面，见图 4-10。

注意：(1)顺时针或逆时针是从垂直于圆弧所在平面的坐标轴的正方向看到的回转方向；(2)同时编入 R 与 I、K 时，R 有效。

【例 4-2】 如图 4-12 所示，用圆弧插补指令编程。

```
O4002;
N10  G50  X100.0  Z5.0;
N20  M03  S400;
N30  G00  X0;
N40  G01  Z0  F0.3;
N50  G03  U24.0  W-24.0  R15.0;
N60  G02  X26.0  Z-31.0  R5.0;
N70  G01  Z-40.0;
N80  X40.0  Z5.0;
N90  M05;
N100  M30;
```

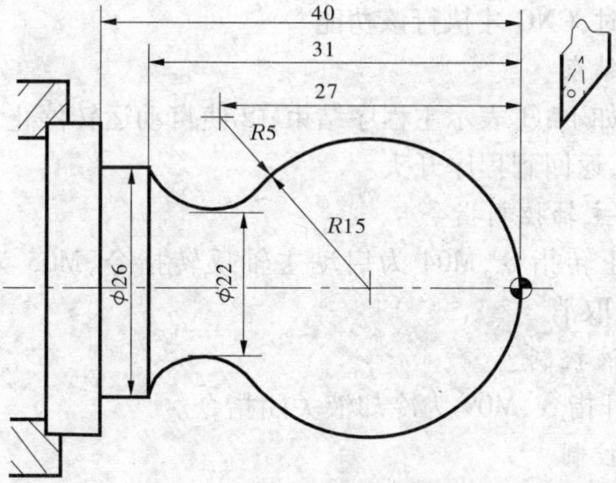

图 4-12　G02/G03 编程实例

(四) G04 暂停延时指令

编程格式：

G04　X __/P __;

说明：(1)该指令的功能是实现刀具做短时间的无进给光整加工，执行该程序段后暂停一段时间，当暂停时间过后，继续执行下一段程序。通常用于车槽、车平面、锪孔等场合，以提高表面质量。

(2)暂停时间的长短由指令后面的参数决定。其中，X 后面可用小数表示，单位为 s。P 后面只能跟一个整数表示停留时间，单位为 ms。例如，需要停留 2.5 s 时，程序段为：G04　X2.5；或 G04　P2500；表示前面的程序执行完后，要经过 2.5 s 的停留后，才能执行下面的程序。

二、M、F、S 指令

（一）辅助功能 M 指令

辅助功能 M 指令由地址符 M 和其后 2 位数字组成，主要用于控制零件程序的走向，以及机床各种辅助功能的开关动作。

使用 M 代码时应注意：一个程序段只能一个 M 指令有效，当程序段中出现 2 个或 2 个以上的 M 指令时，系统报警。

M 指令与执行移动功能指令共段时，执行的先后顺序如下：当 M 指令为 M00、M30、M98、M99 时，先移动，再执行 M 指令；当 M 指令为输出控制的 M 指令时，与移动同时执行。

1. M00 程序停止

执行完 M00 指令的程序段之后，自动运行停止，模态信息被保存。欲继续执行后续程序段时，须重按操作面板上循环启动键，则 CNC 继续自动运转。

当进行尺寸检验、排屑或插入必要的手工动作时，用此功能很方便。

2. M01 任选停止

与 M00 一样，执行完 M01 指令后，自动运行停止。但是，只有当机床操作面板上的"任选停止开关"有效时，CNC 才执行该功能。

3. M02、M30 程序结束

M02、M30 的功能如下：①表示主程序结束；②使自动运转停止，变为复位状态。

使用 M30 指令时，返回到程序开头。

4. M03、M04、M05 主轴控制指令

M03 为启动主轴正转指令，M04 为启动主轴反转指令，M05 为主轴停止转动指令。M03、M04、M05 可相互取消。

5. M08、M09 冷却液控制

M08 为冷却液打开指令，M09 为冷却液关闭指令。

6. M10、M11 尾座控制

M10 指令使尾座进，M11 指令使尾座退。

尾座在自动钻孔和深孔精加工时起稳定作用，其作用是固定较长、较重的工件，以发挥工作效率及提高精度。

7. M12、M13 卡盘控制

M12 指令使卡盘紧，M13 指令使卡盘松开。

8. M98、M99 子程序调用和返回

M98 为子程序调用指令，M99 为子程序返回指令。

（二）进给功能 F 指令

F 指令用于指定刀具的进给速度，指令格式是由地址符 F 和其后的数字组成。在使用时，为了进行有效的设置和控制，通常有以下三种使用形式。

1. 每转进给量（mm/r）

编程格式：

G99　F __;

该指令组合是用来设定主轴每转一转时刀具的进给量。

2. 每分钟进给量(mm/min)

该指令组合是用来设定每分钟刀具进给量的值。用 G98 和 G99 两种模式控制进给速度 F 时,每分钟的移动速率(mm/min)、每转位移速率(mm/r)和主轴转速 RPM 之间的关系如下:

每分钟的移动速率 = 每转位移速率 × 主轴转速

3. 螺纹切削进给速度(mm/r)

编程格式:

G32/G76/G92　X __　Z __　F __;

在 G98 或 G99 模式下,专门用来加工螺纹的指令(详细功能见螺纹加工指令小节)。通常接入电源时,系统默认 G99 指令,采用每转时给量模式。需要注意的是,在 G99 模式下切削螺纹时,快速进给的速度没有指定界限。

(三)主轴功能 S 的设定

数控车床通常用调整步幅和修改主轴转速的方法让速率划分成不同的区域(如低速区和高速区),在每一个区域的速率可以自由改变。S 指令是用于设定主轴转速的指令,指令格式由地址符 S 和其后面的数字组成,在使用当中也有以下三种使用形式。

1. G96 主轴恒线速度设定指令

编程格式:

G96　S __;

S 后面的数值表示线速度,单位为 m/min。所谓恒线速度控制,是指加工中 S 后面的线速度是恒定的,随着刀具位置发生的变化,根据线速度计算出主轴转速,并输出给主轴控制部分,使得刀具瞬间位置与工件表面保持线速度恒定,如 G96　S200　M03。

2. G97 主轴恒转速设定指令

编程格式:

G97　S __;

S 后面的数值表示主轴转速,单位为 r/min,如 G97　S1000　M03。

3. G50 主轴最高转速限定

编程格式:

G50　S __;

S 后面的数值表示主轴最高转速,单位为 r/min。如 G50 S6000 表示机床主轴最高转速被限制为 6 000 r/min。

当移动指令和 S 代码在同一程序段中指令时,移动指令和 S 指令同时开始执行。

第四节　数控车削的刀具补偿

数控车削的刀具补偿包括刀具位置补偿和刀尖圆弧半径补偿,在程序中分别用 T 指令和 G40、G41、G42 指令来设定。

一、刀具位置补偿指令

数控车削采用多把刀具。加工时,各把刀具在 X 和 Z 方向上的尺寸可能不同,选择其中一把刀具作为基准刀具,其他刀具与基准刀具在 X 和 Z 方向上的尺寸差值 ΔX 和 ΔZ,称为刀具位置偏差,如图 4-13 所示。在加工时采用刀具位置补偿来弥补刀具位置偏差。刀具位置补偿指令由刀具功能字 T 来设定。T 后跟四位数,其中前两位为刀具号,后两位为刀具位置补偿号,用于选择刀具和设定刀具位置补偿。一般规定,当后两位刀具位置补偿号为 0 时,表示撤销刀具位置补偿。其编程格式如下:

T× × × ×　　　建立刀具位置补偿;

T× ×00　　　　撤销刀具位置补偿。

另外,刀具在加工过程中也会有不同程度的磨损,为了减小加工误差,也应进行位置补偿。刀具在加工过程中除 X、Z 方向有不同程度的磨损外,刀尖也会磨损,可能出现小圆弧,必要时应考虑刀尖圆弧半径补偿。

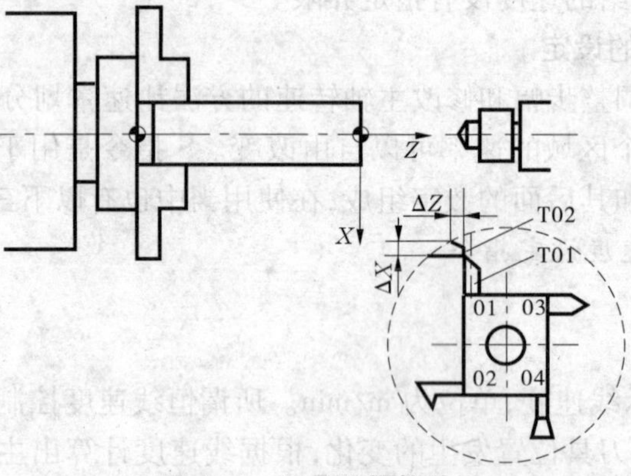

图 4-13　刀具位置偏差

二、刀尖圆弧半径补偿

(一)刀尖圆弧半径补偿的目的

数控车床的编程和对刀操作通常是以理想刀尖为基准的,为了提高刀具寿命和降低表面粗糙度值,实际加工中的车刀刀尖不是理想的尖锐,总是有个小圆弧,刀尖的磨损还会改变小圆弧半径。刀尖圆弧半径补偿的目的就是解决刀尖圆弧可能引起的加工误差。如图 4-14 所示,是一带圆弧的刀尖及切削位置。编程和对刀使用的是理想刀尖点 P,由于刀尖圆弧的存在,实际切削点是刀尖圆弧和加工表面的相切点。车端面时,刀尖圆弧的实际切削点与理想刀尖点 P 的 Z 坐标值相同;车内、外圆柱面时,实际切削点与理想刀尖点 P 的 X 坐标值相同。因此,车端面和内、外圆柱面时不需要对刀尖圆弧半径进行补偿。

当加工轨迹与坐标轴不平行(斜线或圆弧)时,实际切削点与理想刀尖点之间在 X、Z 轴方向都存在位置偏差。以理想刀尖点 P 编程的进给轨迹为实线 $P_1 \sim P_8$,刀尖圆弧的实际切削轨迹如图 4-15 中虚线所示,有 2 少切和过切现象,造成加工误差。刀尖圆弧半径越大,加工误差就越大。

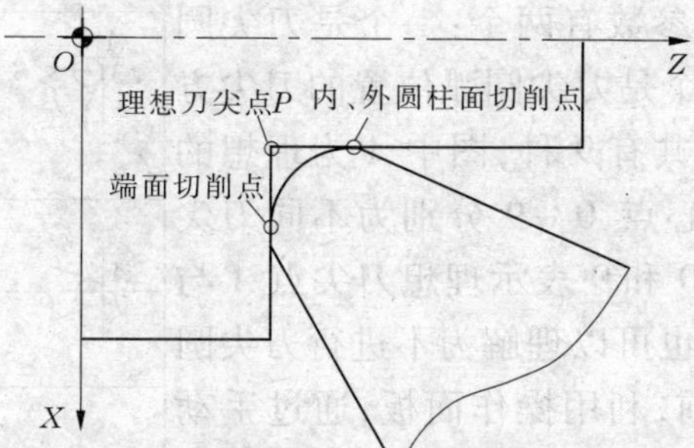

图 4-14　带圆弧的刀尖及时切削位置

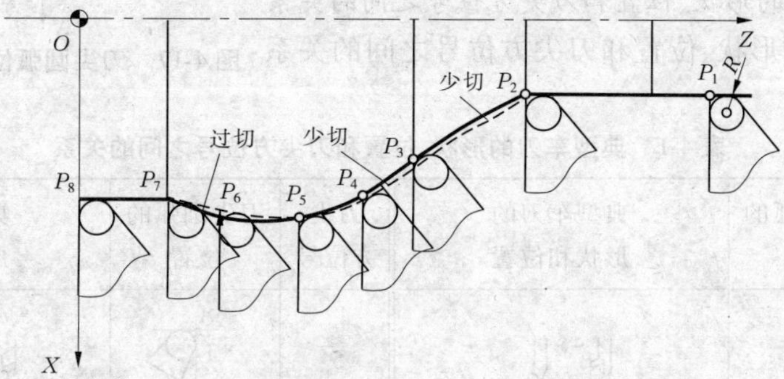

图 4-15　实际切削点与理想刀尖点之间存在的偏差

(二)刀尖圆弧半径补偿的基本原理

当编制零件加工程序时,不需要计算刀尖圆心的运动轨迹,使用刀尖圆弧半径补偿指令(刀具半径补偿指令),只需按零件轮廓编程,并在操作面板上手工输入刀尖圆弧半径值和刀具方位号,数控系统便能自动计算出刀尖圆弧圆心的轨迹,并按刀尖圆弧圆心的轨迹运动,即执行刀具半径补偿后,刀具自动偏离工件轮廓一个刀尖圆弧半径值,从而加工出所要求的工件轮廓,如图 4-16 所示。

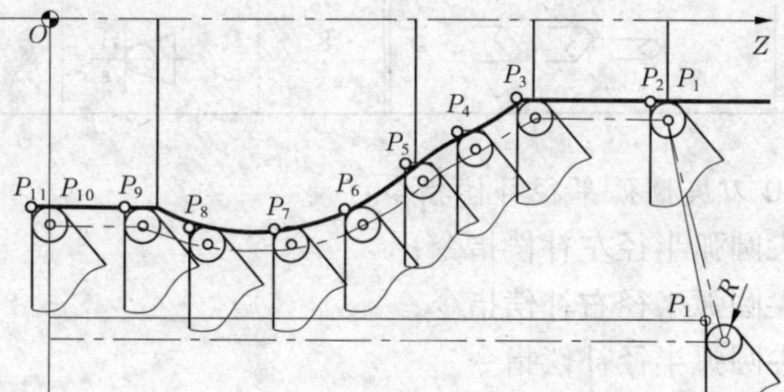

图 4-16　刀尖圆弧半径补偿原理

(三)刀尖圆弧半径补偿的方法

1. 刀尖圆弧半径补偿的参数

不仅刀尖圆弧半径值对加工精度有影响,刀尖圆弧的位置对加工精度也有影响。所以，刀尖圆弧半径补偿的参数有两个：一个是刀尖圆弧半径值 R 的大小；另一个是刀尖圆弧位置的刀尖方位号 T，如图 4-17 所示。共有 9 种，图中 A 为理想的刀尖点，S 为刀尖圆弧中心点，0 ~ 9 分别为不同刀尖圆弧位置的刀尖方位号，0 和 9 表示理想刀尖点 A 与刀尖圆弧中心点 S 重合，也可以理解为不进行刀尖圆弧半径补偿。在加工之前，利用操作面板，通过手动操作，将刀尖圆弧半径值和刀尖方位号 T 填写到刀具补偿表中即可。

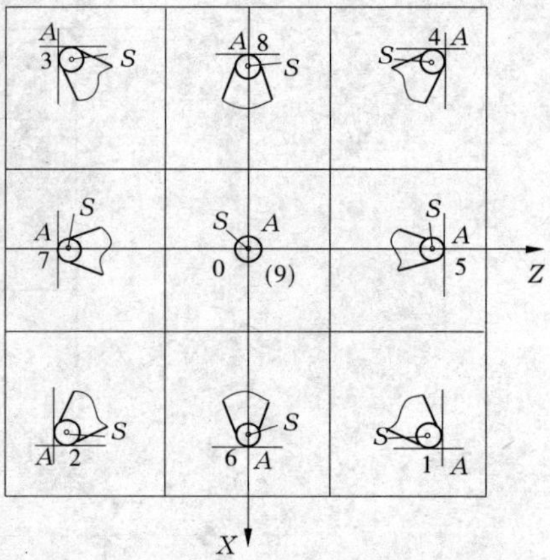

图 4-17 刀尖圆弧位置的刀尖方位号

2. 典型车刀的形状、位置和刀尖方位号之间的关系

典型车刀的形状、位置和刀尖方位号之间的关系如表 4-1 所示。

表 4-1 典型车刀的形状、位置和刀尖方位号之间的关系

刀尖方位号	刀尖圆弧的位置	典型车刀的形状和位置	刀尖方位号	刀尖圆弧的位置	典型车刀的形状和位置
1		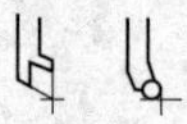	5		
2		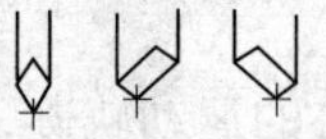	6		
3	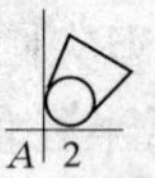		7		
4		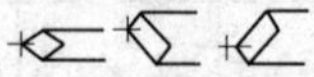	8	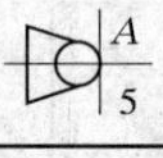	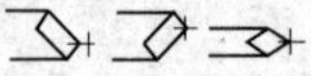

3. G41/G42/G40 刀尖圆弧半径补偿指令

G41 为建立刀尖圆弧半径左补偿指令；

G42 为建立刀尖圆弧半径右补偿指令；

G40 为撤销刀尖圆弧半径补偿指令。

编程格式：

G4l(G42)　G01(G00)　X__　Z__　F__；

G40　G01(G00)　X__　Z__　F__；

格式中：G41 或 G42 中的 X、Z 为建立刀尖圆弧半径补偿段的终点坐标；G40 中的 X、Z 为撤销刀尖圆弧半径补偿段的终点坐标。

如图 4-18 所示分别为刀架在前和刀架在后两种情况下 G41 和 G42 的用法。

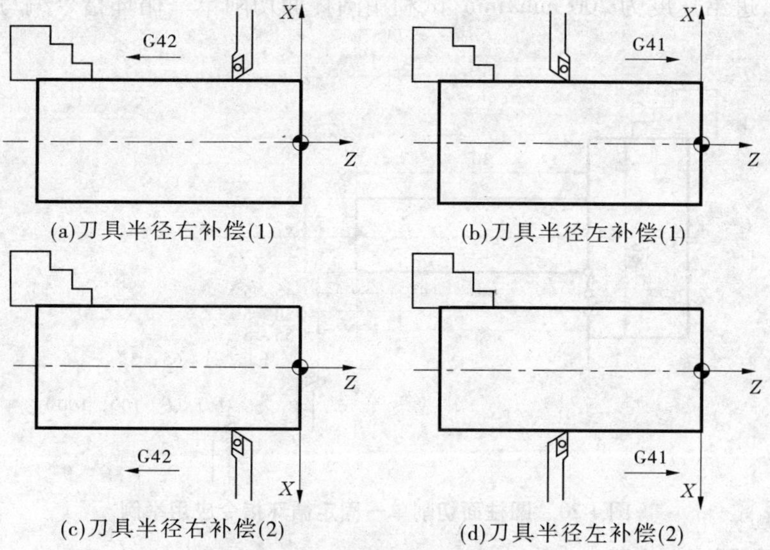

图 4-18　刀具半径补偿方式

第五节　单一固定循环指令

单一固定循环指令可以把一系列连续加工动作,如“切入—切削—退刀—返回”,用一个循环指令完成,从而简化编程。

一、G90 圆柱面和圆锥面切削单一循环指令(用于轴类零件)

(一)圆柱面切削单一固定循环指令

编程格式

G90　X(U)__　Z(W)　__　F__;

格式中:X、Z 为切削段的终点绝对坐标值;U、W 为切削段的终点相对于循环起点的增量坐标值;F 为进给速度,如图 4-19 所示,图中 R 表示快速走刀,F 表示进给速度走刀。

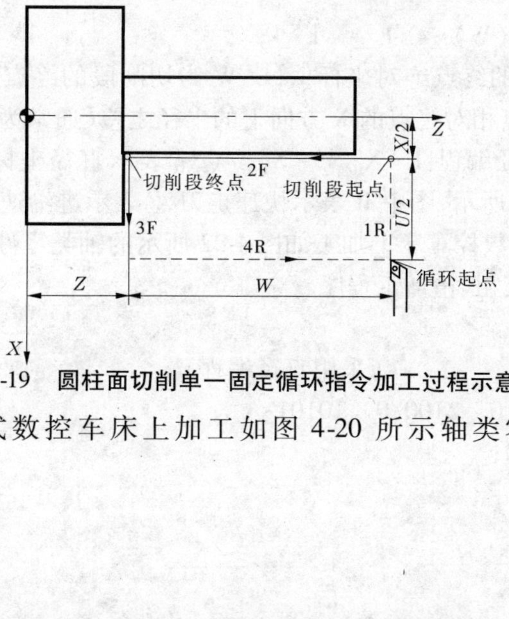

图 4-19　圆柱面切削单一固定循环指令加工过程示意图

【例 4-3】　在卧式数控车床上加工如图 4-20 所示轴类零件。若主轴转速为

1 000 r/min，进给速度为 200 mm/min，试利用圆柱面切削单一循环指令编写其粗、精加工程序。

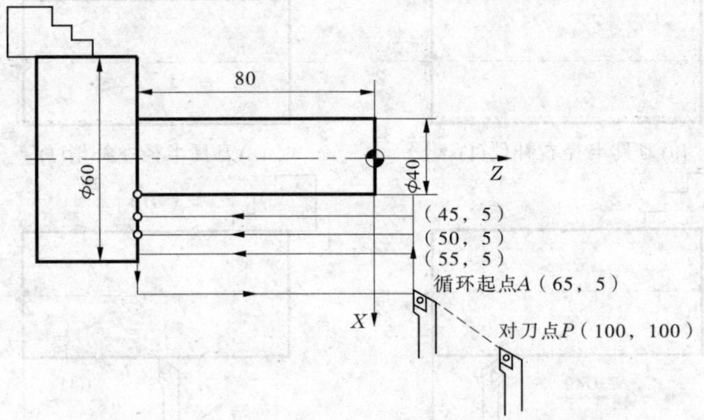

图 4-20　圆柱面切削单一固定循环指令应用举例

其程序如下：

```
O4003;
N10  G50  X100.0  Z100.0;
N20  M03  S1000;
N30  G00  X65.0  Z5.0  M08;
N40  G90  X55.0  Z-80.0  F0.2;
N50  X50.0;
N60  X45.0;
N70  X40.0;
N80  G00  X100.0  Z100.0  M09;
N90  M05;
N100  M30;
```

（二）圆锥面切削单一固定循环指令

编程格式：

G90　X(U)__　Z(W)__　I__　F__；

格式中：X、Z 为切削段的终点绝对坐标值；U、W 为切削段的终点相对于循环起点的增量坐标值；I 为切削段起点相对终点的 X 方向上的半径之差（通常为负值），即直径编程：$I=(X_{D起点}-X_{D终点})/2$，半径编程：$I=X_{R起点}-X_{R终点}$（X_D 表示直径坐标，X_R 表示半径坐标）；F 为进给速度，如图 4-21 所示，图中 R 表示快速走刀，F 表示进给速度走刀。

【例 4-4】　在卧式数控车床上加工如图 4-22 所示的轴类零件。试利用圆锥面切削单一固定循环指令编写其粗、精加工程序。

其程序如下：

```
O4004;                    （采用直径编程）
N10  G50  X100.0  Z100.0  T0101;
N20  M03  S1000;
```

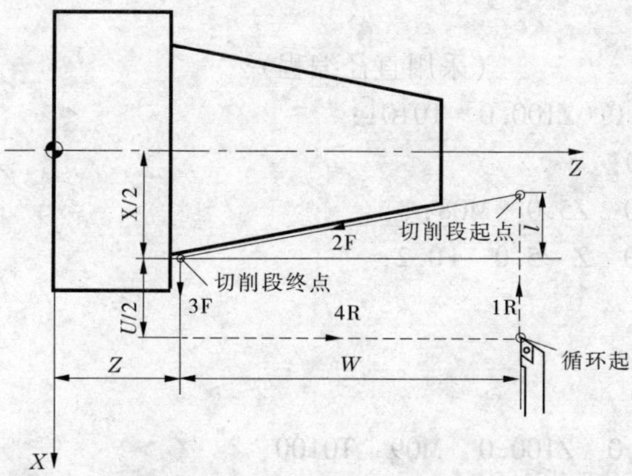

图 4-21　圆锥面切削单一固定循环指令加工过程示意图

N30　G00　X80.0　Z10.0　M08；

N40　G90　X75.0　Z－100.0　I－11.0　F0.2；

N50　X70.0；

N60　X65.0；

N70　X60.0；

N80　G00　X100.0　Z100.0　M09　T0100；

N90　M05；

N100　M30；

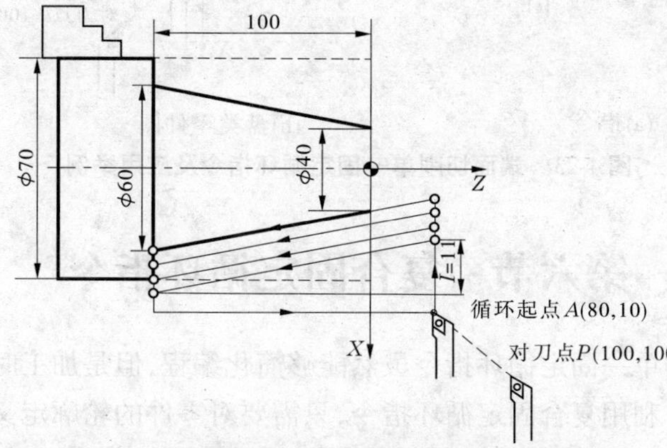

图 4-22　圆锥面切削单一固定循环指令应用举例

二、G94 端面切削单一固定循环指令(用于盘类零件)

编程格式:

G94　X(U)__　Z(W)__　F__;

格式中:X、Z 为切削段的终点绝对坐标值;U、W 为切削段的终点相对于循环起点的增量坐标值;F 为进给速度,如图 4-23(a)所示,图中 R 表示快速走刀,F 表示进给速度走刀。

【例 4-5】　在卧式数控车床上加工如图 4-23(b)所示的盘类零件。试利用端面切削单一固定循环指令编写其粗、精加工程序。

其程序如下：

```
O4005;                              (采用直径编程)
N10  G50  X100.0  Z100.0  T0101;
N20  M03  S1000;
N30  G00  X85.0  Z5.0  M08;
N40  G94  X30.0  Z-5.0  F0.2;
N50  Z-10.0;
N60  Z-15.0;
N70  Z-20.0;
N80  G00  X100.0  Z100.0  M09  T0100;
N90  M05;
N100  M30;
```

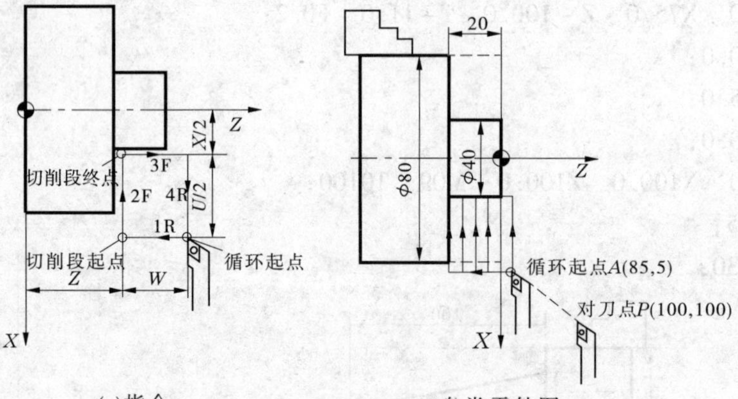

图 4-23　端面切削单一固定循环指令及应用举例

第六节　复合固定循环指令

本章第五节讲的单一固定循环指令虽然能够简化编程，但是加工时空行程较多，不利于提高加工生产率。利用复合固定循环指令，只需要对零件的轮廓定义之后，即可完成从粗加工到精加工的全过程，不但使编程得到简化，而且加工时空行程少，加工生产率也可以提高。

一、G71 内、外圆粗车复合固定循环指令

内、外圆粗车复合固定循环指令，适用于内、外圆柱面需要多次走刀才能完成的轴套类零件的粗加工，毛坯为圆柱棒料，如图 4-24 所示。

编程格式：

G71　U(Δd)　R(e)；

G71　P(ns)　Q(nf)　U(Δu)　W(Δw)　F(f)　S(s)　T(t)；

格式中：Δd 为背吃刀量（半径指定，无符号）；e 为退刀量（半径指定，无符号）；ns 为精加工程序段的开始程序段号；nf 为精加工程序段的结束程序段号；Δu 为 X 轴方向进给精加工留的余量（直径值，缺省输入时，系统按 $\Delta u = 0$ 处理），对于右手刀来讲，外形轮廓加工取正值，内孔镗削取负值；Δw 为 Z 轴方向进给精加工留的余量（直径值，缺省输入时，系统按 $\Delta w = 0$ 处理）；f 为粗加工时的进给速度；s 为粗加工时的主轴转速；t 为粗加工时使用的刀具号。

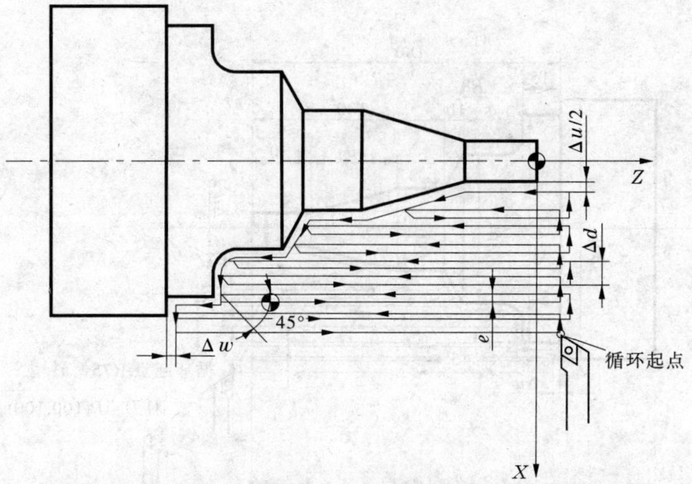

图 4-24　内、外圆粗车复合固定循环指令加工示意图例

说明：(1) 在使用 G71 进行粗加工循环时，只有含在 G71 程序段中的 F、S、T 功能才有效；而包含在 ns ~ nf 精加工形状程序段中的 F、S、T 功能，对粗车循环无效。

(2) 该指令适用于随 Z 坐标的单调增加或减小，X 坐标也单调变化的情况。

【例 4-6】　在卧式数控车床上加工如图 4-25 所示的轴类零件。若 $\Delta u = 0.5$ mm，$\Delta w = 0.2$ mm，$\Delta d = 3.0$ mm，$e = 1.0$ mm。坐标系、对刀点、循环起点如图 4-25 所示。试利用内、外圆粗车复合固定循环指令 G71 编写其粗加工程序。

其程序如下：

```
O4006;                    （采用直径编程）
N10  G50  X100.0  Z100.0  T0101;
N20  M03  S1000;
N30  G00  X75.0  Z5.0  M08;
N40  G71  U3.0  R1.0;
N50  G71  P60  Q150  U0.5  W0.2  F0.3;
N60  G00  X20.0  Z5.0;
N70  G01  Z-30.0  F0.5;
N80  X30.0  W-50.0;
N90  Z-100.0;
N100  X40.0  W-10.0;
N110  Z-157.0;
```

```
N120  G02  X56.0  W-8.0  R8.0;
N130  G01  X70.0;
N140  W-15.0;
N150  X75.0;
N160  G00  X100.0  Z100.0  T0100  M09;
N170  M05;
N180  M30;
```

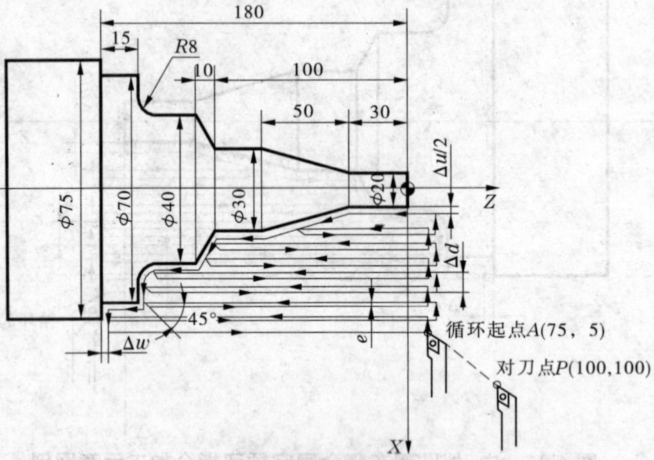

图 4-25　内、外圆粗车复合固定循环指令应用举例

二、G72 端面粗车复合固定循环指令

端面粗车复合固定循环指令适用于 X 轴方向尺寸较大而 Z 轴方向尺寸较小的盘类的粗加工，毛坯为圆柱棒料，如图 4-26 所示。

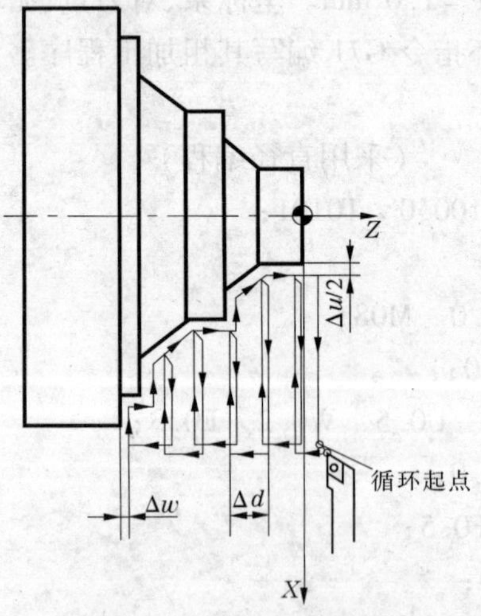

4-26　端面粗车复合固定循环指令加工示意图

编程格式：

G72　W(Δd)　R(e)；

G72　P(ns)　Q(nf)　U(Δu)　W(Δw)　F(f)　S(s)　T(t)；

格式中：Δd 为背吃刀量（半径指定，无符号）；e 为退刀量（半径指定，无符号）；ns 为精加工程序段的开始程序段号；nf 为精加工程序段的结束程序段号；Δu 为 X 轴方向进给精加工留的余量（直径值，缺省输入时，系统按 Δu＝0 处理），对于右手刀来讲，外形轮廓加工取正值，内孔镗削取负值；Δw 为 Z 轴方向进给精加工留的余量（直径值，缺省输入时，系统按 Δw＝0 处理）；f 为粗加工时的进给速度；s 为粗加工时的主轴转速；t 为粗加工时使用的刀具号。

说明：(1)在使用 G72 进行粗加工时，只有含在 G72 程序段中的 F、S、T 功能才有效，而包含在 ns～nf 程序段中的 F、S、T 功能即使被指定，对粗车循环也无效，但可以进行刀具补偿。

(2)该指令适用于随 Z 坐标的单调增加或减小，X 坐标也单调变化的情况。

【例 4-7】　在卧式数控车床上加工如图 4-27 所示的盘类零件。若 $\Delta u = 0.5$ mm，$\Delta w = 0.2$ mm，$\Delta d = 3.0$ mm，$e = 1.0$ mm。坐标系、对刀点、循环起点如图 4-27 所示。试利用端面粗车复合固定循环指令 G72 编写其粗加工程序。

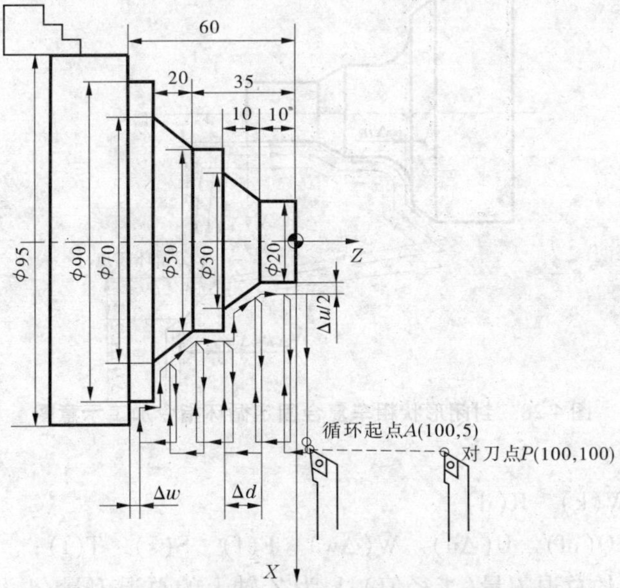

图 4-27　端面粗车复合固定循环指令应用举例

其程序如下：

```
O4007;                    （采用直径编程）
N10  G50  X100.0  Z100.0  T0101;
N20  M03  S1000;
N30  G00  X100.0  Z5.0  M08;
N40  G72  W3.0  R1.0;
N50  G72  P60  Q130  U0.5  W0.2  F0.3;
N60  G00  X100.0  Z-60.0;
```

N70　G01　Z－55.0　F0.5；
N80　X70.0；
N90　X50.0　Z－35.0；
N100　W15.0；
N110　X30；
N120　X20.0　W10.0；
N130　Z5.0；
N140　G00　X100.0　Z100.0　T0100　M09；
N150　M05；
N160　M30；

三、G73 封闭（或固定）形状粗车复合固定循环指令

封闭（或固定）形状粗车复合固定循环指令，适用于铸件、锻件或毛坯粗加工，如图 4-28所示。

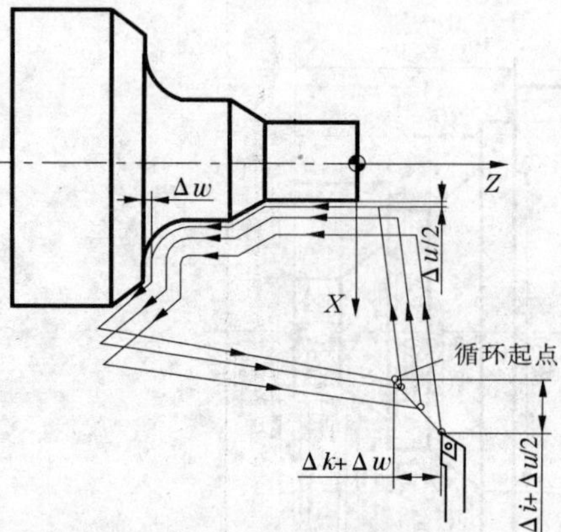

图 4-28　封闭形状粗车复合固定循环指令加工示意图

编程格式：

G73　U(i)　W(k)　R(d)；

G73　P(ns)　Q(nf)　U(Δu)　W(Δw)　F(f)　S(s)　T(t)；

格式中：i 为 X 轴上的总退刀量（半径值）；k 为 Z 轴上的总退刀量；d 为重复加工次数；ns 为精加工程序段的开始程序段号；nf 为精加工程序段的结束程序段号；Δu 为 X 轴方向进给精加工留的余量（直径值，缺省输入时，系统按 Δu＝0 处理），对于右手刀来讲，外形轮廓加工取正值，内孔镗削取负值；Δw 为 Z 轴方向进给精加工留的余量（直径值，缺省输入时，系统按 Δw＝0 处理）；f 为粗加工时的进给速度；s 为粗加工时的主轴转速；t 为粗加工时使用的刀具号。

说明：所谓封闭（或固定）形状粗车复合固定循环，就是按照一定的切削形状逐渐地接近最终形状。所以，它适用于毛坯轮廓形状与零件轮廓形状基本相似的粗车加工。因此，这种加工方式对于铸造或锻造毛坯的粗车是一种效率很高的方法。

【例 4-8】　在卧式数控车床上加工如图 4-29 所示的轴类零件。若 $\Delta u = 0.5$ mm，

$\Delta w = 0.5$ mm，$i = 15.0$ mm，$k = 15.0$ mm，$R = 3$ 次。坐标系、对刀点、循环起点如图 4-29 所示。试利用封闭（或固定）形状粗车复合固定循环指令 G73 编写其粗加工程序。

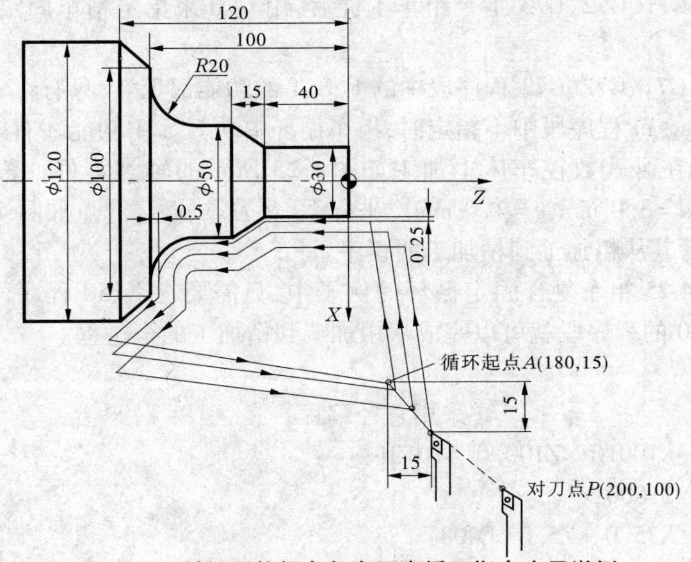

图 4-29　封闭形状粗车复合固定循环指令应用举例

程序如下：

```
O4008;                    （采用直径编程）
N10   G50   X200.0   Z100.0   T0101;
N20   M03   S1000;
N30   G00   X180.0   Z15.0   M08;
N40   G73   U15.0   W15.0   R3;
N50   G73   P60   Q120   U0.5   W0.5   F0.3;
N60   G00   X30.0   Z3.0;
N70   G01   Z-40.0   F0.5;
N80   X50.0   W-15.0;
N90   Z-70.0;
N100   G02   X80.0   W-30.0   R20.0;
N110   X100.0;
N120   X120.0   Z-120.0;
N130   G00   X100.0   Z100.0   M09   T0100;
N140   M05;
N150   M30;
```

四、G70 精车复合固定循环指令

编程格式：

G70　P(ns)　Q(nf);

格式中:ns 为精加工程序段的开始程序段号;nf 为加工程序段的结束程序段号。

说明:(1)G70 指令不能单独使用,只能配合 G71、G72、G73 指令使用,完成精加工固定循环,即当用 G71、G72、G73 指令粗车工件后,用 G70 来指定精车固定循环,切除粗加工留下的余量。

(2)在这里 G71、G72、G73 程序段中的 F、S、T 的功能都无效,只有在 ns ~ nf 程序段中的才有效。当 ns ~ nf 程序段中不指定时,粗车循环中的 F、S、T 功能才有效。

【例 4-9】 在卧式数控车床上加工如图 4-25 所示的轴类零件。若 $\Delta u = 0.5$ mm, $\Delta w = 0.2$ mm, $\Delta d = 3.0$ mm, $e = 1.0$ mm。坐标系、对刀点、循环起点如图 4-25 所示。试利用 G71、G70 编写其从粗加工到精加工的程序。

说明:在图 4-25 粗车复合固定循环的例子中,只需要在 N150 程序段后再加上一个 G70 P60 Q150 的程序段就可以完成从粗加工到精加工的全过程。

程序如下:

```
O4009;                    (采用直径编程)
N10  G50  X100.0  Z100.0  T0101;
N20  M03  S1000;
N30  G00  X75.0  Z5.0  M08;
N40  G71  U3.0  R1.0;
N50  G71  P60  Q150  U0.5  W0.2  F0.3;
N60  G00  X20.0  Z5.0;
N70  G01  Z-30.0  F0.2;
N80  X30.0  W-50.0;
N90  Z-100.0;
N100  X40.0  W-10.0;
N110  Z-157.0;
N120  G02  X56.0  W-8.0  R8.0;
N130  G01  X70.0;
N140  W-15.0;
N150  X75.0;
N160  G70  P60  Q150;
N170  G00  X100.0  Z100.0  T0100  M09;
N180  M05;
N190  M30;
```

五、G74 端面切槽、深孔加工循环

G74 指令主要用于在工件端面加工环形槽或中心深孔。加工中轴向断续切削起到及时断屑、排屑的作用。

编程格式:

```
G74  R(e);
G74  X(U)__  Z(W)__  P(Δi)  Q(Δk)  R(Δd)  F__;
```

格式中：e 为退刀量，无符号；X(U)、Z(W)为切削终点的坐标值，即最后一次轴向进刀的终点；Δi 为 X 方向每次循环的进刀量，单位为 0.001 mm，无符号，直径指定；Δk 为 Z 方向每次循环的进刀量，单位为 0.001 mm，无符号；Δd 为切削到轴向切削终点后，沿 X 方向的退刀量，单位为 mm，直径指定，Δd 的符号总是"＋"，但缺省 X(U)和 Δi，则视为 0；F 为切削进给速度。

G74 指令的循环轨迹如图 4-30 所示。执行该指令时，系统根据程序段所确定的切削终点以及 e、Δi、Δk 和 Δd 的值来决定刀具的运行轨迹；从起始点轴向（Z 轴方向）进给、回退、再进给……直至切削到与切削终点 Z 轴坐标相同的位置，然后径向（X 轴方向）退刀、轴向回退至与起始点 Z 轴坐标相同的位置，完成一次轴向切削循环；径向再次进刀后，进行下一次轴向切削循环；切削到切削终点（B_f 点）后，返回起始点（G74 的起始点和终点相同），完成循环加工。图中 A_n 为轴向切削循环起始点，B_n 为轴向进给终点，C_n 为径向退刀终点，D_n 为轴向切削循环终点，其中 $n=1,2,3,\cdots$

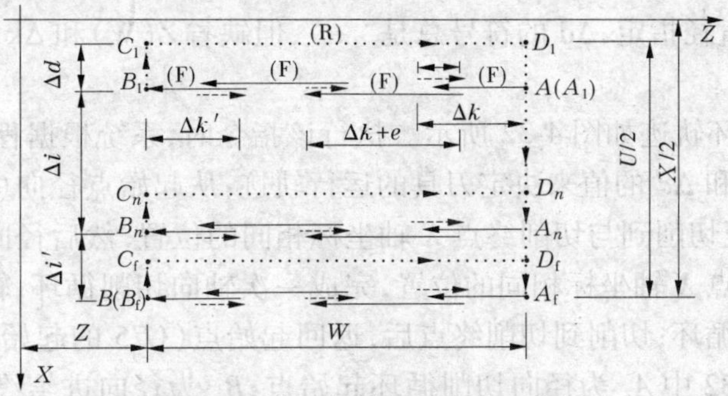

图 4-30 端面切槽循环指令示意图

以上各点坐标值分析：A_n 的 Z 轴坐标与起始点 A 相同，A_n 与 A_{n-1} 的 X 轴坐标的差值为 Δi。第一次轴向切削循环起始点 A_1 与起始点 A 为同一点，最后一次轴向切削循环起始点（A_f 点）的 X 轴坐标与切削终点相同；B_n 的 Z 轴坐标与切削终点相同，B_n 的 X 轴坐标与 A_n 相同，最后一次轴向进刀终点（B_f 点）与切削终点为同一点；C_n 的 Z 轴坐标与切削终点相同，C_n 与 A_n 的 X 轴坐标的差值为 Δd；D_n 的 Z 轴坐标与起始点相同，D_n 的 X 轴坐标与 C_n 相同；G74 的径向进刀和轴向进刀方向由切削终点 $X(U)$、$Z(W)$与起始点的相对位置决定。

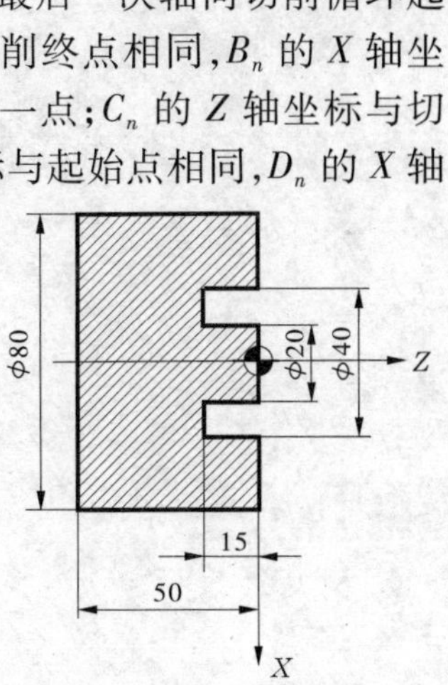

图 4-31 G74 指令举例

【例 4-10】 用 G74 指令编写如图 4-31 所示零件上端面槽的加工程序。切槽刀 T0303。

程序如下：

```
O4010;
N10  G50  X100  Z100  T0303;
N20  M03  S400  M08;
N30  G00  X40.0  Z2.0;
N40  G74  R1.0;
N50  G74  X20.0  Z-15.0  P2000  Q2500  F0.2;
N60  G00  Z100.0;
N70  X100.0  T0300;
```

N80　M05;

N90　M30;

六、G75 外圆切槽循环

G75 指令主要用于加工径向环形槽。加工中径向断续切削起到及时断屑、及时排屑的作用。

编程格式:

G75　R(e);

G75　X(U)__　Z(W)__　P(Δi)　Q(Δk)　R(Δd)　F__;

格式中:e 为退刀量,无符号;X(U)、Z(W)为切削终点的坐标值,即最后一次径向进刀的终点;Δi 为 X 方向每次循环的进刀量,单位为 0.001 mm,无符号,直径指定;Δk 为 Z 方向每次循环的进刀量,单位为 0.001 mm,无符号;Δd 为切削到径向切削终点后,沿 Z 方向的退刀量,单位 mm,直径指定,Δd 的符号总是"+",但缺省 Z(W)和 Δk,则视为 0;F 为切削进给速度。

G75 指令的循环轨迹如图 4-32 所示。执行该指令时,系统根据程序段所确定的切削终点以及 e、Δi、Δk 和 Δd 的值来决定刀具的运行轨迹:从起始点径向(X 轴方向)进给、回退、再进给……直至切削到与切削终点 X 轴坐标相同的位置,然后径向(Z 轴方向)退刀、径向回退至与起始点 X 轴坐标相同的位置,完成一次轴向切削循环;轴向再次进刀后,进行下一次径向切削循环;切削到切削终点后,返回起始点(G75 的起始点和终点相同),完成循环加工。图 4-32 中 A_n 为径向切削循环起始点,B_n 为径向进给终点,C_n 为轴向退刀终点,D_n 为径向切削循环终点,其中 $n=1,2,3,\cdots$,G75 的轴向进刀和径向进刀方向由切削终点 $X(U)$、$Z(W)$与起始点的相对位置决定。

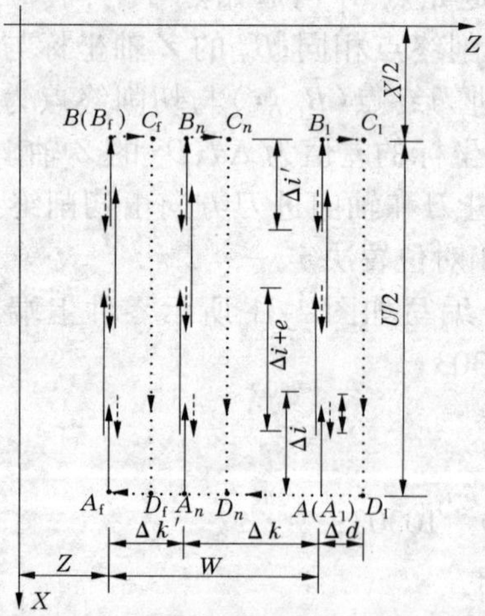

图 4-32　外圆切槽循环指令加工示意图

【例 4-11】　用 G75 指令编写图 4-33 所示零件上端面槽的加工程序。切槽刀 T0303。

(1)加工前的工艺分析。

加工工艺过程:车端面—车 $\phi30$ mm 外圆—车 4 槽—切断。

外圆车刀 T0101，切槽刀 T0303，宽度为 2 mm。

(2)程序如下：

```
O4011;
N10  G50  X100.0  Z100.0  T0303;
N20  M03  S400  M08;
N30  G00  X65.0  Z-10.0;
N40  G75  R1.0;
N50  G75  X20.0  Z-45.0  P3000  Q2500  F0.2;
N60  G00  Z100.0;
N70  X100.0  T0300;
N80  M05;
N90  M30;
```

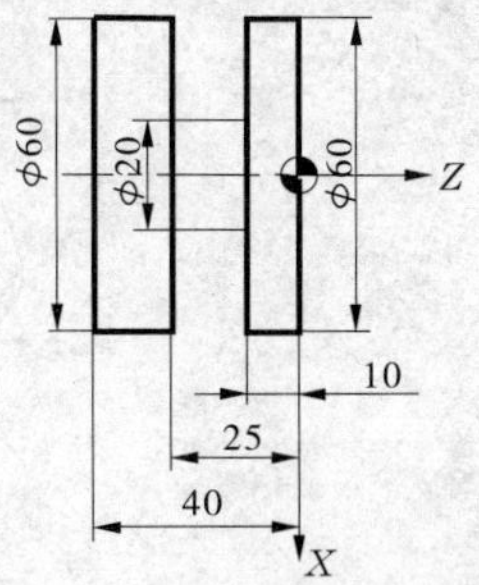

图 4-33　G75 指令应用举例

七、复合循环指令编程的注意事项

在使用复合循环指令编程时，应注意以下几点：

(1)在指定复合形状固定循环的程序段中，*R*、*P*、*Q*、*X*、*Z*、*U*、*W* 等必要的参数，在每个程序段中必须正确。

(2)在 G71、G72、G73 指令的程序段中，如果有 P 指令的顺序号，那么对应此顺序号的程序段必须指令 01 组 G 代码的 G00 或 G01，否则报警。

(3)在 MDI 方式中，不能执行 G70、G71、G72、G73 指令，否则报警，而 G74、G75 指令可以执行。

(4)在指令 G70、G71、G72、G73 的程序段以及这些程序段中的 P 和 Q 顺序号之间的程序段中，不能指令 M98、M99。

(5)在 G70、G71、G72、G73 程序段中，用 P 和 Q 指令顺序号的程序段范围内，不能有 G00、G01、G02、G03 以外的 01 组代码。

(6)在执行复合固定循环(G70 ~ G76)中，可以使动作停止插入手动运动，但要再次开始执行复合固定循环时，必须返回到插入手动运动前的位置。如果不返回就再开始，手动的移动量不会加在绝对值上，后面的动作将错位，其值等于手动的移动量。

(7)执行 G70、G71、G72、G73 时，用 P 和 Q 指定的顺序号在这个程序段范围内不能重复。

第七节　螺纹加工编程指令

螺纹加工是数控车床的一个重要内容。加工时，螺纹车刀的进给运动是严格根据输入的螺纹导程进行的。用数控车床可以加工圆柱面螺纹、圆锥面螺纹以及端面螺纹，尤其是普通车床不能加工的特殊螺距的螺纹、变螺距的螺纹。本节主要讲解单段车削螺纹加工指令、单一固定循环车削螺纹加工指令、复合固定循环车削螺纹加工指令。车削螺纹时应注意以下两个问题：

(1)车削螺纹时一定要有切入段 δ_1 和切出段 δ_2，如图 4-34 所示。

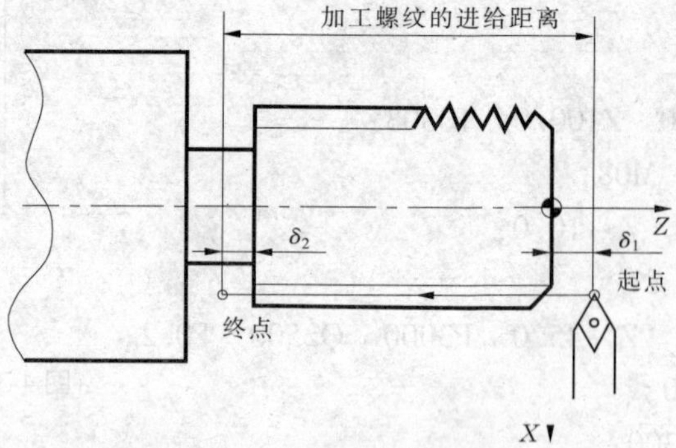

图 4-34　加工螺纹的切入段和切出段

在数控车床上加工螺纹时沿螺距方向进给速度与主轴转速之间有严格的匹配关系(即主轴转一转，刀具移动一个导程)，为避免在进给机构加速和减速过程中加工螺纹产生螺距误差，加工螺纹时一定要有切入段 δ_1 和切出段 δ_2。另外，留有切入段 δ_1，可以避免刀具与工件相碰；留有切出段 δ_2，可以避免螺纹加工不完整。切入段 δ_1 和切出段 δ_2 的大小与进给系统的动态特性和螺纹精度有关。一般 $\delta_1 = 2 \sim 5$ mm，$\delta_2 = 1.5 \sim 3$ mm。

(2)螺纹加工一般需要多次走刀，各次的切削深度应按递减规律分配，如图 4-35 所示。

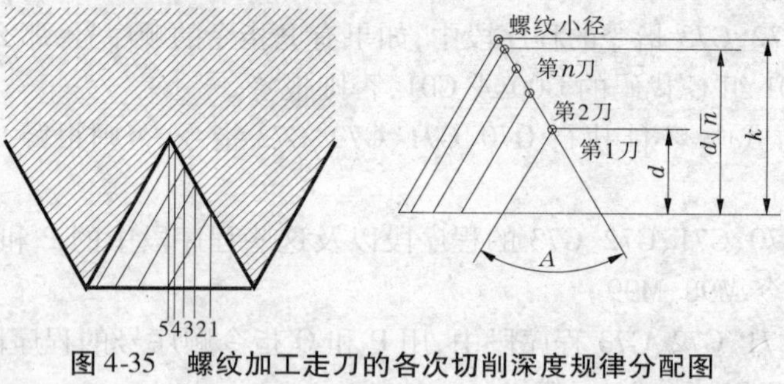

图 4-35　螺纹加工走刀的各次切削深度规律分配图

由图 4-35 不难分析出，如果各次的切削深度不按递减规律分配，就会使切削面积逐渐增大，而使切削力逐渐增大，从而影响加工精度。所以，各次的切削深度应按递减规律分配。常用普通公制螺纹及英制螺纹加工走刀次数与分层切削深度参见表 4-2。

一、G32 单段车削螺纹加工指令

G32 又称单行程螺纹切削指令，它既可以加工圆柱面螺纹，如图 4-36 所示，也可以加工圆锥面螺纹，还可以加工端面螺纹。

编程格式：

G32　Z(W)__　　F__；(圆柱面螺纹)

G32　X(U)__　　Z(W)__　F__；(圆锥面螺纹)

G32　X(U)__　　F__；(端面螺纹)

格式中：X(U)、Z(W)为加工螺纹段牙底的终点坐标值(X、Z 为绝对坐标值，U、W 为增量坐标值)；F 为加工螺纹的导程(对于单头螺纹 F 为螺距)。

表 4-2　常用普通公制螺纹及英制螺纹加工走刀次数与分层切削深度

普通公制螺纹

螺距(mm)		1.0	1.5	2.0	2.5	3.0	3.5	4.0
牙型高度(mm)		0.649	0.977	1.299	1.624	1.949	2.273	2.598
走刀次数及分层切削深度	1次	0.7	0.8	0.9	1.0	1.2	1.5	1.5
	2次	0.4	0.6	0.6	0.7	0.7	0.7	0.8
	3次	0.2	0.4	0.6	0.6	0.6	0.6	0.6
	4次		0.16	0.4	0.4	0.4	0.6	0.6
	5次			0.1	0.4	0.4	0.4	0.4
	6次				0.15	0.4	0.4	0.4
	7次					0.2	0.2	0.4
	8次						0.15	0.3
	9次							0.2

英制螺纹

牙(in)		24	18	16	14	12	10	8
牙型高度(mm)		0.678	0.904	1.016	1.126	1.355	1.626	2.033
走刀次数及分层切削深度	1次	0.8	0.8	0.8	0.8	0.9	1.0	1.2
	2次	0.4	0.6	0.6	0.6	0.6	0.7	0.7
	3次	0.16	0.3	0.4	0.5	0.6	0.6	0.6
	4次		0.11	0.14	0.3	0.4	0.4	0.5
	5次				0.13	0.21	0.4	0.5
	6次						0.16	0.4
	7次							0.2

注:1 in = 2.54 cm。

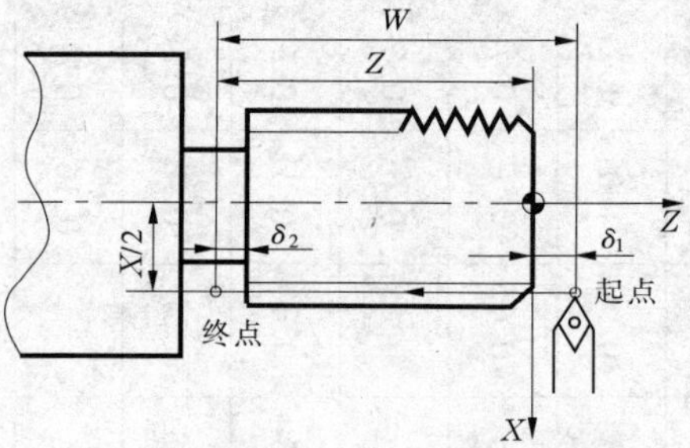

图 4-36　单段车削圆柱面螺纹指令

【例 4-12】　利用 G32 指令，加工如图 4-37 所示的 M30×1.5 的圆柱面螺纹。试编写其加工程序。

M30×1.5 的螺纹的螺距为 1.5 mm，由表 4-2 可知，分 4 次走刀，其各次切削深度(直径值)分别为：$d_1=0.8$ mm、$d_2=0.6$ mm、$d_3=0.4$ mm、$d_4=0.16$ mm；坐标系、对刀点、切入距离和切出距离如图 4-37 所示。

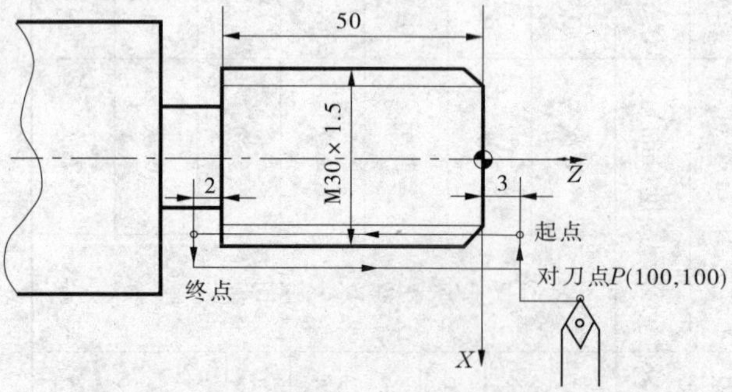

图 4-37　单段车削圆柱面螺纹指令应用举例

程序如下：

```
O4012;
N10   G50   X100.0   Z100.0   T0303;
N20   M03   S200;
N30   G00   Z3.0;
N40   X29.2   M08;       (d1 =0.8 mm)
N50   G32   Z-52.0   F1.5;      (第 1 刀车削螺纹)
N60   G00   X32.0;
N70   Z3.0;
N80   X28.4;      (d2 =0.6 mm)
N90   G32   Z-52.0   F1.5;      (第 2 刀车削螺纹)
N100   G00   X32.0;
N110   Z3.0;
N120   X24.4;      (d3 =0.4 mm)
N130   G32   Z-52.0   F1.5;      (第 3 刀车削螺纹)
N140   G00   X32.0;
```

N150　Z3.0；

N160　X22.8；　　(d4 =0.16 mm)

N170　G32　Z -52.0　F1.5；　　(第 4 刀车削螺纹)

N180　G00　X100.0　M09；

N190　Z100.0　T0300；

N200　M05；

N210　M30；

二、G92 单一固定循环车削螺纹加工指令

单一固定循环车削螺纹加工指令可以把一系列连续加工动作,如“切入—切削—退刀—返回”,用一个循环指令完成,从而简化编程。

编程格式:

G92　X(U)__　Z(W)__　F__；

格式中:X、Z 为车削螺纹段的终点绝对坐标值:U、W 为车削螺纹段的终点相对于循环起点的增量坐标值;F 为螺纹的导程(单头为螺距),如图 4-38 所示,图中 R 表示 G00 快速走刀,F 表示进给方式走刀。

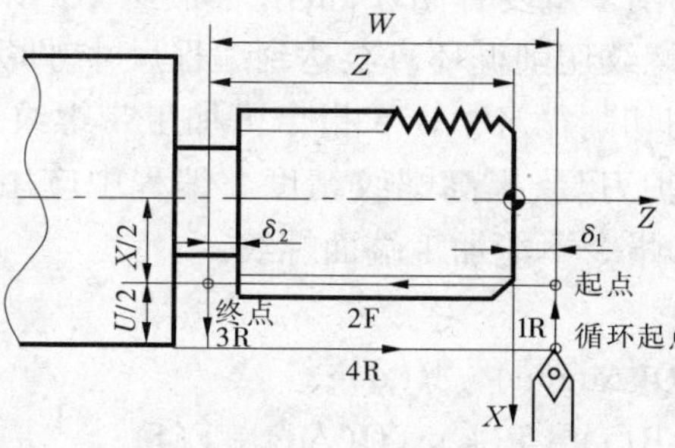

图 4-38　封闭形状粗车复合固定循环指令应用举例

【例 4-13】　利用 G92 指令,加工如图 4-39 所示 M30 ×1.5 圆柱面螺纹。试编写其加工程序。

螺距为 1.5 mm,由表 4-2 可知,分 4 次走刀,其各次切削深度(直径值)分别 d_1 =0.8 mm、d_2 =0.6 mm、d_3 =0.4 mm、d_4 =0.16 mm;坐标系、循环起点、对刀点、切入距离和切出距离如图 4-39 所示。

程序如下:

O4013;　　　　(采用直径编程)

N10　G50　X100.0　Z100.0　T0303;

N20　M03　S1000;

N30　G00　X40.0　Z3.0　M08;

N40　G92　X27.2　Z -52.0　F1.5;　　(d1 =0.8 mm,第 1 刀车削螺纹)

N50　X26.6;　　(d2 =0.6 mm,第 2 刀车削螺纹)

N60　X26.2;　　(d3 =0.4 mm,第 3 刀车削螺纹)

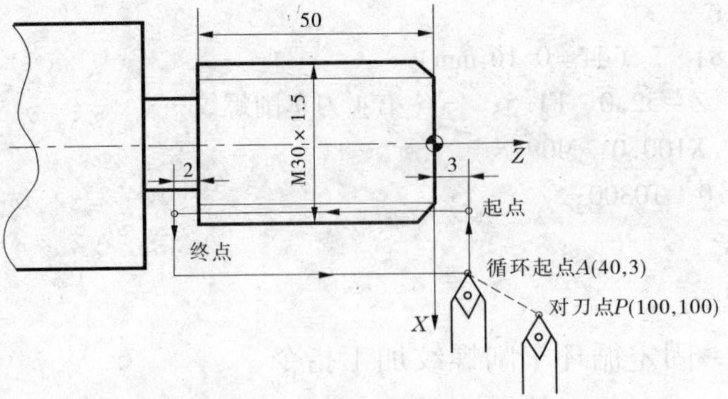

图 4-39　圆柱面单一固定循环螺纹加工指令应用举例

Y70　X26.04;　　(d4 = 0.16 mm,第 4 刀车削螺纹)

N80　G00　X100.0　Z100.0　M09　T0300;

N90　M05;

Nl00　M30;

三、G76 复合固定循环车削螺纹加工指令

G76 指令是执行螺纹切削多重复合循环,根据地址参数所给的数据,自动地计算中间点坐标,控制刀具进行多次螺纹切削循环直至达到编程尺寸,即完成由进刀、切螺纹、退出和返回动作组成的多次走刀切削循环。G76 指令可加工带螺纹退尾的直螺纹和锥螺纹,吃刀量逐渐减少,有利于保护刀具、提高螺纹精度。编程中应用 G76 指令就可以直接完成螺纹切削加工程序。G76 指令不能加工端面螺纹。

编程格式:

G76　P(m)(r)(α)　Q(Δdmin)　R(d);

G76　X(U)　Z(W)　R(i)　P(k)　Q(Δd)　F(f);

格式中:m 为精加工最终重复次数(1 ~99);r 为倒角量,其值可设置为(0.01 ~9.9)L,系数应为 0.1 的整数倍,用 00 ~99 之间的两位整数表示,L 为导程;α 为刀尖的角度,可选择 80°、60°、55°、30°、29°和 0°等 6 种,角度数值用 2 位数表示,m、r、α 可用地址一次指定,如 m =3、r =1.2P、α =60°,可写成 P031260;Δdmin 为最小切入量(用半径值指定);d 为精加工余量;X(U)、Z(W)为螺纹切削终点坐标(绝对坐标或相对坐标);i 为螺纹锥度,即螺纹部分半径差,当为圆柱螺纹时,i =0 或缺省;k 为螺纹牙型的高度(用半径值指令 X 轴方向的距离);Δd 为第一次的切入量(半径值,无符号);F 为螺纹的导程。

螺纹循环切削运动轨迹如图 4-40 所示。每一次螺纹粗车循环、精车循环中实际开始螺纹切削的点,表示为 B_n 点(n 为切削循环次数),B_1 为第 1 次螺纹粗车切入点,B_f 为最后一次螺纹粗车切入点,B_e 为螺纹精车切入点。

【例 4-14】　如图 4-41 所示,用螺纹切削复合循环指令 G76 编程。加工螺纹为 M68 × 6,螺纹刀 T0303。

程序如下:

O4014;

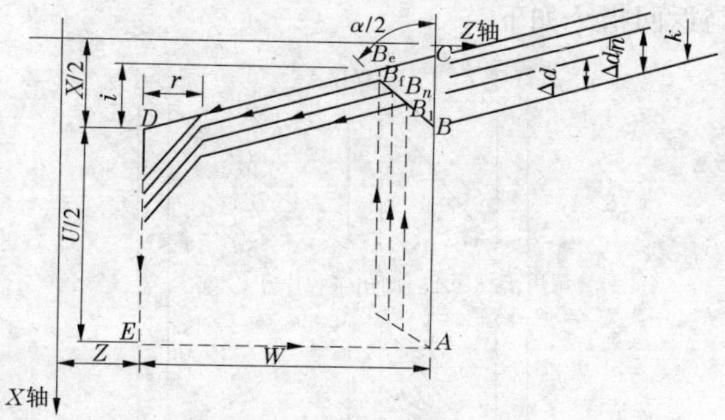

图 4-40　G76 指令运动轨迹

```
N10  G50  X100.0  Z200.0  T0303;
N20  M03  S1000;
N30  G00  X80.0  Z130.0  M08;
N40  G00  X80.0  Z130.0;
N50  G76  P011060  Q100  R200;
N60  G76  X60.64  Z250.0  P3680  Q1800  F6.0;
N70  G00  X100.0  Z200.0  M09;
N80  M05;
N80  M30;
```

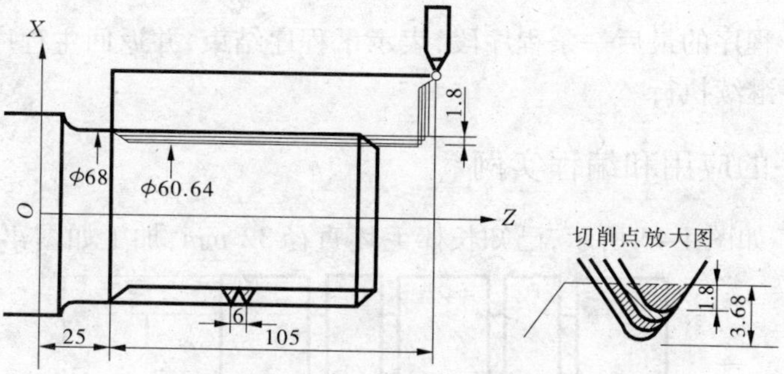

图 4-41　G76 指令编程实例

第八节　子程序的应用

一、子程序的概念

在程序中把某些固定顺序或重复出现的程序单独抽出来，编成一个程序供主程序调用，这类程序叫子程序。

二、子程序的调用

子程序可以被主程序调用，同时子程序也可以调用另一个子程序。具体可调用的次数，不同的系统的调用次数是不同的，可查系统说明。子程序调用执行情况如图 4-42 所示，子程序的调用与返回指令如下。

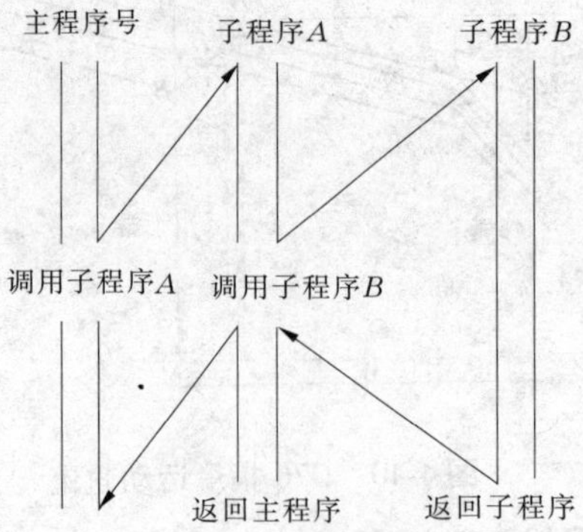

图 4-42　子程序调用

（一）M98 子程序的调用

编程格式：

M98　P__　L__；

格式中：P 为子程序号；L 为重复调用子程序的次数，若为 1 次，可省略。

此指令用于主程序中调用子程序。如 M98　P0020　L3 表示调用 O0020 子程序3 次。

（二）M99 子程序的返回

编程格式：

M99；

M99 作为子程序的最后一条程序段，表示子程序结束，并返回主程序中相对应的 M98 指令下一条程序继续执行。

三、子程序的应用和编程实例

【例 4-15】　如图 4-43 所示，已知长棒毛坯直径 32 mm，加工如图 4-43 所示的零件。

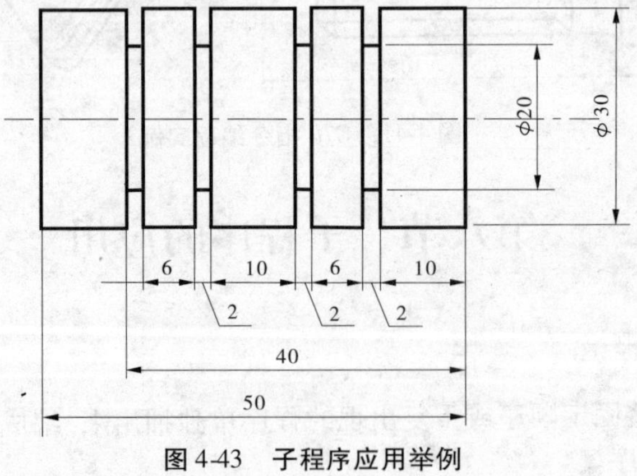

图 4-43　子程序应用举例

（1）加工前的工艺分析。

加工工艺过程：车端面—车 ϕ30 mm 外圆—车 4 槽—切断。

（2）程序如下：

O3011；

```
N10  G50  X100  Z100  T0101;
N20  M03  S600;
N30  M08;
N40  G00  X35.0  Z0;
N50  G01  X-1.0  F0.2;
N60  G00  Z2.0;
N70  G00  X30.0;
N80  G01  Z-55.0  F0.2;
N90  X35.0;
N100  G00  X100.0  Z80.0;
N110  M03  S400  T0303;
N120  X35.0  Z0;
N130  M98  P20500;
N140  G00  W-12.0;
N150  G01  X-1.0  F0.15;
N160  G04  X0.5;
N170  G00  X100.0  Z80.0  M09;
N180  M05;
N190  M30;
O0500;
N200  G00  W-12.0;
N210  G01  U-15.0  F0.15;
N220  G04  X0.5;
N230  G00  U15.0;
N240  W-8.0;
N250  G01  U-15.0  F0.15;
N260  G04  X0.5;
N270  G00  U15.0;
N280  M99;
```

第九节　FANUC 0i 数控系统的操作

一、机床控制面板介绍

(一)CRT/MDI 面板介绍

数控车床的控制面板一般由显示器 CRT/MDI 面板(见图 4-44)和机床控制面板构成。操作面板上的各种功能键严格分组,通过键与按钮的组合可执行基本操作,各功能键有与其对应的功能,如表 4-3 所示。

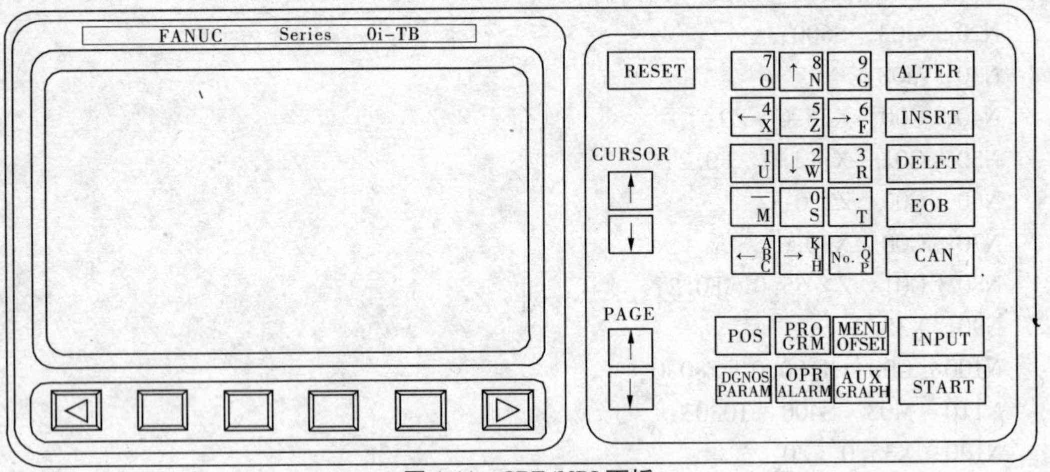

图 4-44 CRT/MDI 面板

表 4-3 CRT/MDI 面板控制键功能

名称	功能
RESET 复位键	解除报警,终止当前一切操作,CNC 复位
INPUT 输入键	把输入域内的数据输入参数页面或者输入一个外部的数控程序。参数偏置等输入,还用于输入输出设备的开始 MDI 方式指令输入
地址数值键	地址数值键用于输入数据到输入域。输入数据到输入域时,系统自动判别取字母还是数字
ALTER 替代键	用输入域内的数据替代光标所在的数据
DELETE 删除键	删除光标所在的数据或删除一个数控程序或者全部数控程序
INSRT 插入键	把输入域中的数据插入到当前光标之后的位置
CAN 修改键	消除输入域内的数据
EOB 回车换行键	结束一行程序的输入并且换行
CURSOR 光标移动	CURSOR 向下或向上移动光标
PAGE 翻页按钮	PAGE 向下或向上翻页
POS 键	位置显示页面,显示当前位置坐标
PROGRM 键	数控程序显示与编辑页面
MENU OFSET	参数输入页面——偏置量显示屏。按第一次进入坐标系设置页面,按第二次进入刀具补偿参数页面。进入不同的页面以后,用 PAGE 按钮切换
DGNOS PARAM	进行参数设置,诊断数据显示
OPR ALARM	进行报警号显示

(二)机床控制面板介绍

机床控制面板位于窗口的右下侧,主要用于控制机床的运动和选择机床运行状态,由模式选择旋钮、数控程序运行控制开关等多个部分组成,每一部分的详细说明如表 4-4 所示。

表 4-4　机床控制面板控制键功能

名称		功能
 模式旋钮	REF. R	原点回归模式
	RJOG	快速进给操作模式
	JOG	手动进给操作模式
	MPG	手轮进给操作模式
	MDI	手动资料输入、立即执行模式
	AUTO	自动加工模式
	EDIT	编辑模式
	DNC	从计算机输入一个数控程序
 急停按钮		在任何紧急情况下，按一下急停按钮，机床和 CNC 装置随即处于急停状态。消除此紧急状态，顺着按钮上的 RESET方向旋转按钮使按钮弹起即可
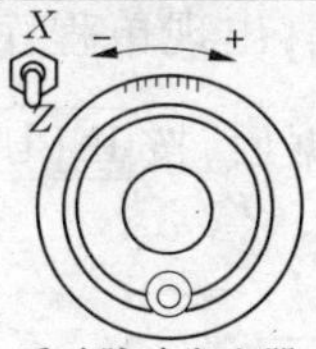 手动脉冲发生器		手动进给操作柄，用于能过手轮控制进给
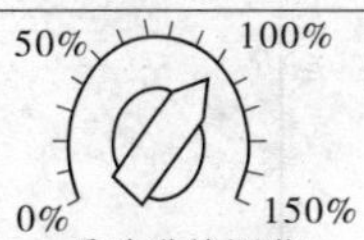 手动进给调节		调节数控程序运行中的进给速度，调节范围从 0% ~ 150%
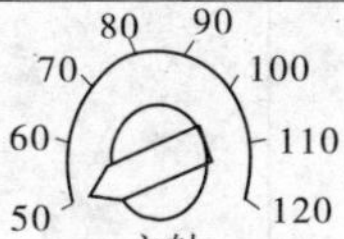 主轴		调节主轴速度，速度调节范围从 50% ~120%
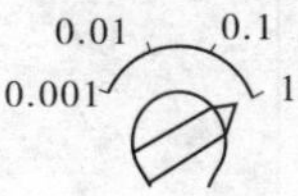 mm/脉冲		选择手动台面时每一步的距离，×1 为 0.001 mm，×10 为 0.01 mm，×100 为 0.1 mm
SBK 键		程序单步执行控制，每次执行一条数控指令
OSP 键		计划停止（与 M01 代码配合使用）
MLK 键		机床锁开关，程序运行机床各轴不运动
DRN 键		机床空转，各轴以固定的速度运动
CYCLE 循环控制		START 循环启动键，STOP（HOLD）循环停止键，使机床处于暂停状态

二、基本操作步骤

机床使用时，首先必须把主电源开关扳到“ON”，向机床供电，然后打开 CNC 装置电源，机床使用完毕，先关 CNC 电源再关主电源开关。

（一）机械原点回归（亦称机床回零）——打开机床，首先做机械原点回归

1. 刀架在机床机械原点位置（但是原点回归指示灯不亮）

首先将模式选择开关选择为手动模式，然后将进给模式选择开关选择为 ×1、×10、×100中的一种方式，用手动脉冲发生器将刀架沿 X 轴、Z 轴负方向移动一段距离（大约 −100），将模式选择开关选择为 REF. R 原点回归模式，将进给模式选择为 25%、50%、100%，最后进行原点回归。

2. 后刀架超出机床限定行程的位置

因超行程面出现警报 ALARM 时用手动方式回零，可以先按下复位按钮 RESET，首先使报警信息 ALARM 消失，然后按照上面所描述的方法，使原点回归。

（二）MDI 数据手动输入

首先将模式开关旋转置于“MDI”状态，然后按 PROGRAM 键，出现单程序输入界面，如图 4-45 所示，按 LIB 软键进入 MDI 状态。输入所需输入的数据后，按 INPUT 键输入完成，按 START 键即可运行，按 RESET 键可重新输入。

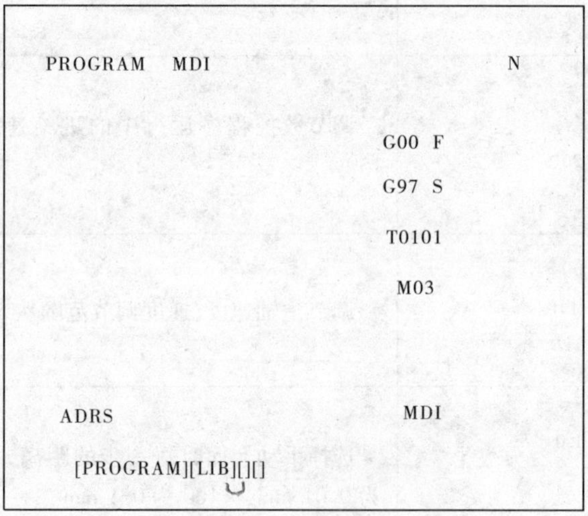

图 4-45 MDI 界面

例如，主轴正转 500 r/min：G97。

输入过程：依次输入 G97 INPUT S500 INPUT M03 INPUT，最后按 INPUT 键即可运行。

（三）选择一个数控程序

从内存中选择一个数控程序，通常有两种方法进行选择。

1. 按编号搜索

将选择模式旋钮旋转在 EDIT 或 AUTO 位置,然后键入字母"O"和搜索的号码××××,按 CURSOR 开始搜索;找到后,"O××××"显示在屏幕右上角程序编号位置,NC 程序显示在屏幕上。

2. 按 CURSOR 键搜索

将选择模式旋钮旋转在 EDIT 或 AUTO 位置,然后按 PROGRAM 键,进入程序控制方式界面,键入字母"O"后,按 CURSOR 开始搜索,每按一下,跳到下一个 NC 程序。

(四)删除一个数控程序

将选择模式旋钮旋转在 EDIT,然后按 PROGRAM 键,进入程序控制方式界面,键入字母"O",键入要删除的程序的号码××××,然后按 DELET 键删除全部数控程序。

(五)搜索一个指定的代码

一个指定的代码可以是一个字母或一个完整的代码,如"N0010"、"M"、"F"、"G03"等。搜索在当前数控程序内进行。操作步骤如下:

选择模式在 AUTO 或 EDIT 下,按 PROGRAM 键选择一个 NC 程序,输入需要搜索的字母或代码,按 CURSOR 开始在当前数控程序中搜索。

(六)编辑 NC 程序(删除、插入、替换操作)

选择模式在 EDIT 下,按下 PROGRAM 键,选择被编辑的 NC 程序。移动光标可用 PAGE ↓ 或 ↑ 按钮来翻页,可用 CURSOR ↓ 或 ↑ 按钮来移动光标,也可用搜索一个指定代码的方法来移动光标。

(1)输入数据。用光标点击数字/字母键,数据被输入到输入域。CAN 键用于删除输入域内的数据。

(2)删除数据。按 DELET 键,删除光标所在处的代码。

(3)插入数据。按 INSRT 键,把输入域的内容插入到光标所在处代码后面。

(4)替代数据。按 ALTER 键,把输入域的内容替代光标所在处的代码。

(七)通过控制箱操作面板手工输入 NC 程序

置模式开关在 EDIT,按 PROGRAM 键,进入程序页面。键入字母"O"和程序编号,但不可以与已有程序的编号重复,按 INSRT 键,开始程序输入。

输入程序时,每次可以输入一个代码;方法见编辑 NC 程序中的输入数据操作和删除、插入、替换操作。用回车换行键 EOB 结束一行的输入后换行,再继续输入。

(八)程序的执行

首先通过手动或自动方式使机床回归机械原点,将模式旋钮旋转在 EDIT 模式上;然后调出所需运行的程序,按 RESET 键使光标位于程序的开始位置;最后将模式旋钮旋转在 AUTO 模式上,按 CYCLE START 键,运行当前程序。

(九)输入刀具补偿参数

置 MODE 开关在 AUTO,按[MENU OFSET]键进入参数设定页面,用 PAGE [↓]或[↑]键选择半径补偿参数页面,如图 4-46 所示。

用 CURSOR [↓]或[↑]键选择补偿参数编号输入补偿值到输入域,方法参考“输入数据”操作,按[INPUT]键,把输入域中间的补偿值输入到指定的位置。

(十)位置显示

按[POS]键切换到位置显示页面,用 PAGE [↓]或[↑]键或者软键切换。位置显示有 3 种方式,如图 4-47 所示。

工具补正　　　　　　O000　N0000

NO.	X	Z	R	T
01	0.000	0.000	0.000	5
02	0.000	0.000	0.000	0
03	0.000	0.000	0.000	0
04	-140.000	140.000	0.000	0
05	-140.000	140.000	0.000	0
06	0.000	0.000	0.000	0

现在位置(相对位置)

U　-340.000 W　-400.000

NUM　X　　　S　0　T　0

REF

[补正] [　] [工件移] [MACRO] [　]

图 4-46　补偿参数

现在位置　　　　　O0000　N0000

(相对坐标)	(绝对坐标)
U　-340.000	X　340.000
W　-400.000	Z　400.000
(机械坐标)	(余移动量)
X　340.000	X　340.000
Z　400.000	Z　400.000

加工产品数　0

运行时间　0H00M　切削时间　0H00M00S

ACT · F　0MM/分　S　0　T　0

REF

[绝对] [相对] [综合] [　] [　]

图 4-47　零件坐标

(1)零件坐标系(绝对坐标系)位置。显示刀位点在当前零件坐标系中的位置。

(2)相对坐标系位置。显示操作者预先设定为零的相对位置。

(3)综合显示。同时显示当时刀位点在以下坐标系中的位置。

第十节　数控车床的对刀操作

一、对刀的方法

在数控加工中,工件坐标系确定后,还要确定刀具的刀尖点在工件坐标系中的位置,即对刀。数控机床上,有各种对刀方法,目前常用的对刀方法为手动试切对刀法和机外对刀仪对刀法两种。

(一)手动试切对刀

数控车床对刀方法基本相同,首先将工件在三爪卡盘上装夹好之后,用手动方法操作机床,具体步骤如下。

1. 回参考点操作

采用 REF. R(回参考点)方式进行回参考点的操作,建立机床坐标系。此时 CRT 上将显示刀架中心(对刀参考点)在机床坐标系中当前位置的坐标值。

2. 试切对刀

先对 X 轴:用已选好的刀具将工件外圆表面车一刀(5 ~ 10 mm),保持 X 向尺寸不变，$+Z$ 向退出工件，然后停止主轴，测量工件外圆直径 D。按 MENU OFSET 键进入刀具补偿界面，按形状补偿按钮，然后在对应的补偿号中输入 MXD（D 为所测得的直径值），再按 INPUT 键。

然后对 Z 轴：将工件端面车一刀，刀具 Z 轴向不动，$+X$ 向退出工件，按 MENU OFSET，按形状补偿按钮，然后在对应的补偿号中输入 M0（零），然后按 INPUT 键，系统内部完成了编程零点的设置功能。

3. 建立工件坐标系

刀尖（车刀的刀位点）当前位置就在编程零点（即工件原点）上。

（二）机外对刀仪对刀

机外对刀的本质是测量出刀具假想刀尖到刀具基准点之间在 X 向和 Z 向的长度。利用机外对刀仪可将刀具预先在机床外校对好，以便装上机床即可使用。

机外对刀仪一般安装在对刀刀具台上，适用于各种数控车床。对刀刀具台与刀座的连接结构、尺寸及制造精度应与刀架相应结构、尺寸及制造精度相同。机外对刀的大体顺序是：将刀具随同刀座一起紧固在对刀刀具台上，摇动 X 向和 Z 向进给手柄，使移动部件载着投影放大镜沿着两个方向移动，直至假想刀尖点与放大镜十字线交点重合，这时 X 向和 Z 向的长度值就是这把刀具的对刀长度。使用时只要将这把刀连同刀座一起装到机床某刀位上，并将对刀长度输入到相应刀具补偿号中就可以了。

二、操作要点

工件的加工程序编制完成后，就可以操作车床对工件进行加工，其操作要点如下。

（一）电源通电前后的检查

检查机床的防护门、电箱门等是否关闭，润滑装置上油标的液面位置、切削液的液面位置和车床上各表的读数是否正常等。

（二）手动操作车床

当车床按照加工程序对工件进行自动加工时，车床的操作基本上是自动完成的。而在其他一些情况下，则需要手动操作，如手动返回机床参考点、滑板的手动进给、主轴的操作、刀架的转位、手动尾座的操作等。

（三）车床的急停

车床无论是在手动还是在自动运转状态下，遇到不正常情况时，根据不同的需要可以有几种不同的紧急停止方式，如按下紧急停止按钮、按下复位键、按下 NC 装置电源断开键和按下进给保持按钮等。

（四）程序的输入、检查和修改

将编制好的工件加工程序输入到数控系统中，并对输入的程序进行检查，发现错误必须进行修改。只有加工程序完全正确，才能进行空运行操作。

（五）刀具补偿值的输入和修改

为保证加工精度和方便编程，在加工过程中需要进行刀具补偿。每把刀具的补偿量需要在空运行前输入到数控系统中，在程序的运行中自动进行刀具补偿。

(六)机床的运转

工件的加工程序输入到数控系统后,经检查无误且各刀具的位置补偿值和刀尖圆弧半径补偿值已输入到相应的存储器中,便可进行车床的空运行和实际切削。

1. 车床的空运行

数控车床的空运行是指在不安装工件的情况下,自动运行加工程序。在车床空运行之前,操作者必须完成下面的准备工作:装夹各刀具;输入各刀具的补偿值;调整进给倍率到适当位置(一般为100%);打开单步运行开关;设置M01有效(OPTINAL STOP);锁定机床滑板(MACHINE LOCK);置F代码无效(DRY RUN为ON);将尾座退回原位,并使套筒退出;卡盘夹紧。完成上述操作后,便可执行加工程序。

2. 车床的实际切削

当车床的空运行完成,加工程序控制的车床加工过程正确时,就可以进行车床的实际切削。经实际切削证明工件的加工程序正确,且加工出的工件符合零件图纸要求,便可继续执行程序,进行工件的正式加工。

第十一节　SIEMENS系统数控车床基本编程指令

SIEMENS系统数控车床基本编程指令及程序段内各字符的含义见表4-5。

表4-5　SIEMENS系统数控车床系统指令

指令代码	组别	功能及说明	指令格式
G0		快速点定位	G0　X __　Z __;
G1▲		直线插补	G1　X __　Z __　F __;
G2		顺时针方向圆弧插补	G2/G3　X __　Z __　CR = __　F __; G2/G3　X __　Z __　I __　K __　F __;
G3		逆时针方向圆弧插补	G2/G3　X __　Z __　AR = __　F __;
CIP	1	通过中间点的圆弧插补	CIP　X __　Z __　I1 __　K1 __　F __;
CT		带切线过渡的圆弧插补	CT　X __　Z __　F __;
G33		恒螺距的螺纹切削	G33　Z __　K __;(圆柱面螺纹) G33　X __　I __;(端面螺纹)
G34		螺纹切削,螺距不断增大	G34　X __　Z __　F __;
G35		螺纹切削,螺距不断减小	G35　X __　Z __　F __;
G4		暂停指令	G04　F __; G04　S __;
G74	2	返回参考点	G74　X1 = 0　Z1 = 0;
G75		返回固定点	G75　X1 = 0　Z1 = 0;

续表 4-5

指令代码	组别	功能及说明	指令格式
G25	3	主轴转速下限	G25 S __;
G26		主轴转速上限	G26 S __;
TRANS		可编程的零点偏置	TRANS X __ Z __;(可编程的零点偏置) TRANS;(取消可编程的零点偏置)
SCALE		可编程比例缩放	SCALE X __ Z __;(可编程的比例缩放) SCALE;(取消可编程的比例缩放)
G17	6	选择 *XY* 平面	G17;
G18▲		选择 *ZX* 平面	G18;
G19		选择 *YZ* 平面	G19;
G40▲	7	取消刀尖半径补偿	G40;
G41		刀尖半径左补偿	G41 G1 X __ Z;
G42		刀尖半径右补偿	G42 G1 X __ Z;
G500▲	8	取消零点偏置	G500;
G54 ~ G59		设置零点偏置	G54;或 G55;等
G53	9	取消零点偏置	G53;
G153		取消零点偏置	G153;
G70	13	英制尺寸数据输入	G70;
G700		英制尺寸数据输入,也用于进给率 *F*	G700;
G71		米制尺寸数据输入	G71;
G710		米制尺寸数据输入,也用于进给率 *F*	G710;
G90▲	14	绝对尺寸输入	G90 G01 X __ Z __ F __;
AC			G90 G01 X __ Z = AC(__) F __;
G91		增量尺寸输入	G91 G01 X __ Z __ F __;
IC			G90 G01 X __ Z = IC(__) F __;
G94	15	每分钟进给	G94;(单位:mm/min)
G95▲		每转进给	G95;(单位:r/min)
G96		恒线速度切削	G96 S __ LIMS = __ F __; (F 单位:mm/r, S 单位:m/min)
G97		取消恒线速度切削	G97 S __;
DIAMOF	29	半径量方式	DIAMOF
DIAMON		直径量方式	DIAMON

注:当电源接通或复位时,CNC 进入清除状态,此时的默认指令在表中用符号▲表示,但此时,原来的 GTO/G71/G710 保持有效。

一、系统指令

（一）绝对和增量位置数据（G90、G91、AC、IC）

1. 功能

G90 和 G91 指令分别对应着绝对位置数据输入和增量位置数据输入。其中，G90 表示坐标系中目标点的坐标尺寸，G9l 表示待运行的位移量。G90/G9l 适用于所有坐标轴。

在位置数据不同于 G90/G91 的设定时，可以在程序段中通过 AC/IC 以绝对尺寸/增量尺寸方式进行设定：这两个指令不决定到达终点位置的轨迹，轨迹由 G 功能组中的其他 G 功能指令（G0、G1、G2、G3 等）决定。

2. 编程

G90；绝对尺寸。

G91；增量尺寸。

X = AC（__）；某轴以绝对尺寸输入，程序段方式。

X = IC（__）；某轴以增量尺寸输入，程序段方式。

3. 编程举例

N10　G90　X20　Z90；	绝对尺寸
N20　X75　Z = IC（ −32）；	X 仍然是绝对尺寸，Z 是增量尺寸
…	
N100　G91　X40　Z20；	转换为增量尺寸
N110　X12　Z = AC（17）；	X 仍然是增量尺寸，Z 是绝对尺寸

（二）米制尺寸/英制尺寸（G71、G70、G710、G700）

1. 功能

工件所标注尺寸的尺寸系统可能不同于系统设定的尺寸系统（英制或米制），但这些尺寸可以直接输入到程序中，系统会完成尺寸的转换工作。

2. 编程

G70；英制尺寸。

G71；米制尺寸。

G700；英制尺寸，也适用于进给率 *F*。

G710；米制尺寸，也适用于进给率 *F*。

3. 编程举例

N10　G70　X10　Z30；	英制尺寸
N20　X40　Z50；	G70 继续生效
…	
N80　G71　X19　Z17；	开始米制尺寸
…	

4. 使用说明

系统根据所设定的状态把所有的几何值转换为米制尺寸或英制尺寸（这里刀具补偿值可设定零点偏置值也可作为几何尺寸）。同样，进给率 *F* 的单位分别为 mm/min 或

in/min。基本状态可以通过机床数据设定。

用 G70 或 G71 编程所有与工件直接相关的几何数据，例如：在 G0、G1、G2、G3、G33、CIP、CT 功能下的位置数据（X,Z），插补参数（J,K），螺距，圆弧半径 CR，可编程的零点偏置（TRANS、ATRANS）。所有其他与工件没有直接关系的几何数值，诸如进给率、刀具补偿、可设定的零点偏置，它们与 G70/G71 的编程无关。

但是 G700/G710 用于设定进给率 F 的尺寸系统（in/min，in/r 或者 mm/min，mm/r）。

（三）半径/直径数据尺寸（DIAMOF、DIAMON）

1. 功能

车床中加工零件时通常把 X 轴（横向坐标轴）的位置数据作为直径数据编程，控制器把所输入的数值设定为直径尺寸，这仅限于 X 轴。程序中在需要时也可以转换为半径尺寸。

2. 编程格式

DIAMOF；半径数据尺寸。

DIAMON；直径数据尺寸。

3. 编程举例

```
N10   DIAMON   X44   Z30;          X 轴直径数据方式
N20   X48   Z25;                   DIAMON 继续生效
N30   Z10;
…
N100   DIAMOF   X22   Z30;         X 轴开始转换为半径数据方式
N110   X24   Z25;
N130   Z10;
```

（四）可编程的零点偏置（TRANS、ATRANS）

1. 功能

如果工件在不同的位置有重复出现的形状或结构，或者选用了一个新的工件坐标系的零点，在这种情况下就需要使用可编程零点偏置。由此就产生了一个当前工件坐标系，新输入的尺寸均是在该坐标系中的数据尺寸，可以在所有坐标轴中进行零点偏置。

在 X 坐标轴上，由于使用直径编程（DIAMON）和恒定切削速度（G96），因此工件零点位于旋转中心，所以在 X 坐标轴上没有或者只有较少的偏置（比如作为加工余量）。

2. 编程格式

TRANS　Z __；可编程的偏置，清除所有有关偏置、旋转、比例系数、镜像等指令。

ATRANS　Z __；可编程的偏置，附加于当前的指令。

TRANS；不带数值，清除所有有关偏置、旋转、比例系数、镜像的指令。

3. 编程举例

```
N10;
N20   TRANS   Z5;        可编程的零点偏置
N30   L10;        子程序调用，其中包含待偏置的几何量
N70   TRANS;        取消偏置
```

(五)可编程的比例系数(SCALE、ASCALE)

1. 功能

用 SCALE、ASCALE 可以为所有坐标轴编程一个比例系数,按此比例使所给定的轴放大或缩小,从而以同一程序加工出不同大小的相似零件。SCALE、ASCALE 以当前设定的坐标系用做比例缩放的参照标准,如图 4-48 所示。

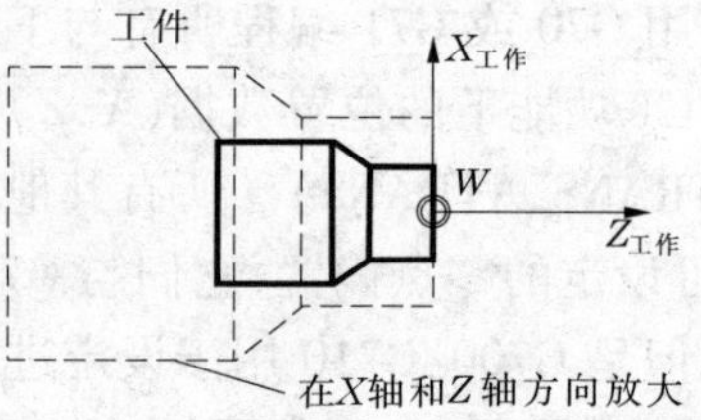

图 4-48　SCALE/ASCALE 可编程比例系数

2. 编程格式

SCALE　X __　Z __;可编程的比例系数,清除所有有关偏置、旋转、比例系数、镜像的指令。

ASCALE　X __　Z __;可编程的比例系数,附加于当前的指令。

SCALE;不带数值,清除所有有关偏置、旋转、比例系数、镜像的指令。

SCALE、ASCALE 指令要求一个独立的程序段。

3. 编程举例

N20　L10;	编程的轮廓——原尺寸
N30　SCALE　X2　Z2;	X 轴和 Z 轴方向的轮廓放大两倍
N40　L10;	
…	

(六)可编程的工作区域限制(G25、G26、WALIMON、WALIMOF)

1. 功能

可以用 G25/G26 定义所有轴的工作区域,规定哪些区域可以运行,哪些区域不可以运行,从而确定机床在一定条件下的实际允许工作范围,如图 4-49 所示。一旦工作区域限制范围设定有效,则机床只能在该设定范围内工作。当刀具长度补偿有效时,刀尖必须在此规定区域内;当没有刀具长度补偿时,刀具相关点必须在此区域内。WALIMON/WALIMOF 使能或取消 G25/G26,可以设定 G25/G26 是否有效。

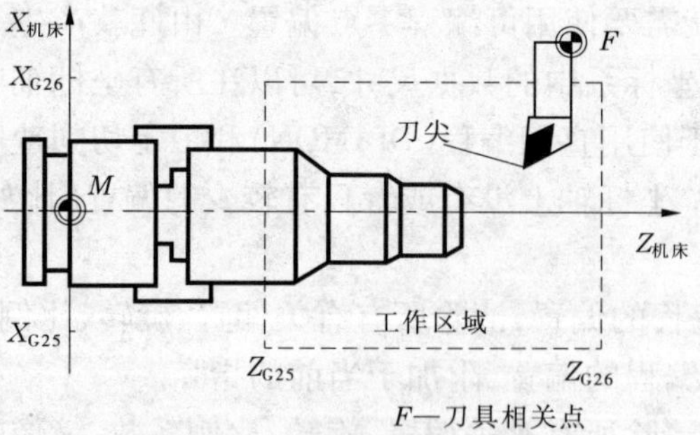

图 4-49　可编程工作区域限制

2. 编程格式

G25　X __　Z __;工作区域下限。

G26　X __　Z __;工作区域上限。

WALIMON;工作区域限制使能。

WALIMOF;工作区域限制取消。

3. 编程举例

N10　G25　X0　Z40;　　　　　　工作区域限制下限值

N20　G26　X80　Z160;　　　　　工作区域限制上限值

N30　T1;

N40　G0　X70　Z150;

N50　WALIMON;　　　　　　　　工作区域限制使能

…　　　　　　　　　　　　　　　仅在工作区域内

N90　WALIMOF;　　　　　　　　工作区域限制取消

4. 使用说明

可编程工作区域限制通常用于某些特定情况下限制机床的实际运行范围,防止在工作范围外的障碍物造成意外干涉,从而起到安全保护的作用。因此,它通常称为软限位,也称为软保护。可编程工作区域限制是以机床坐标系为参照系而设定的,因此只有在坐标回过参考点后,即建立机床坐标系后才能有效。除通过 G25/G26 在程序中编程这些值外,也可以通过操作面板在设定数据中输入这些值。

二、坐标轴运动指令

(一)通过中间点进行圆弧插补

1. 功能

在编制圆弧程序时,如果不知道圆弧的圆心、半径和张角,但已知圆弧轮廓上三个点的坐标,如图 4-50 所示,则可以使用 CIP 功能。通过起始点和终点之间位置确定圆弧的方向。CIP 一直有效,直到被 G 功能中的其他功能指令(G0、G1、G2、G3 等)取代。

说明:可设定的位置数据输入 G90 或 G91 指令对终点和中间点有效。

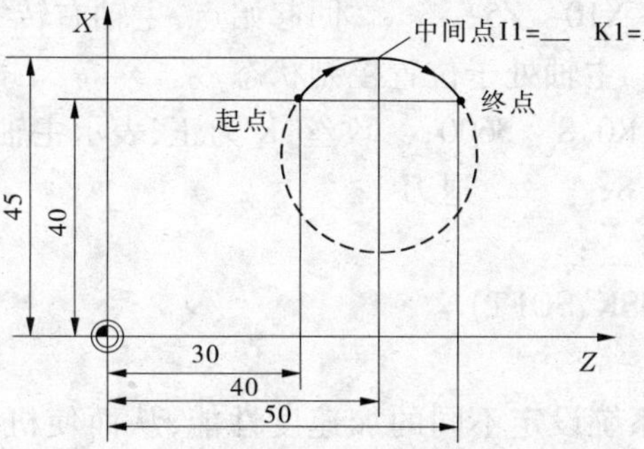

图 4-50　已知终点和中间点的圆弧插补

2. 编程格式

CIP　X __　Z __　IX = __　KZ = __;

格式中:X、Z 为圆弧终点坐标;IX、KZ 为圆弧中间点坐标。

3. 编程举例

N5　G90　X40　Z30;　　　　　　用于 N10 的圆弧起始点

N10　CIP　X40　Z50　IX = 45　KZ = 40;　　终点和中间点

（二）切线过渡圆弧（CT）

1. 功能

用 CT 和编程的终点可以在当前平面（G17 ~ G19）中生成一段圆弧，并使其与前一段轮廓（圆弧或直线）切线连接。圆弧半径和圆心坐标由前一段轮廓与编程的圆弧终点的几何关系决定，如图 4-51 所示。

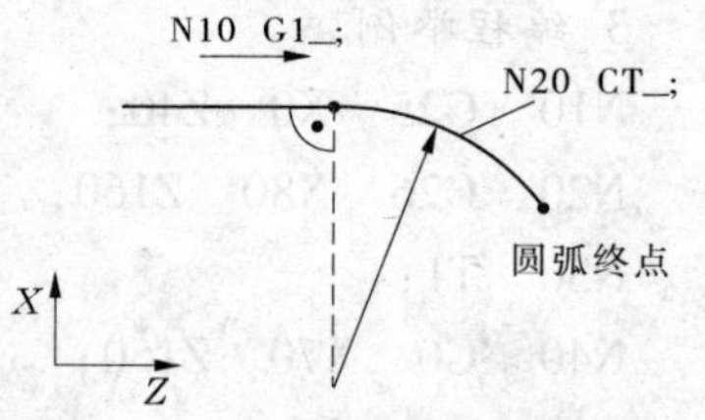

图 4-51　CT 切线过渡圆弧插补

2. 编程举例

N10　G1　X__　Z__；　直线插补，X、Z 为直线的终点坐标

N20　CT　X__　Z__；　与直线相切的圆弧，X、Z 为圆弧的终点坐标

（三）螺纹插补（G331、G332）

1. 功能

采用 G331、G332 指令，要求主轴必须是位置控制的主轴，且具有位置测量系统。如果主轴和坐标轴的动态性能许可，可以用 G331/G332 进行不带补偿夹具的螺纹切削。如果在这种情况下还是使用了补偿夹具，则由补偿夹具接受的位移差会减少，从而可以进行高速主轴攻丝。用 G331 加工螺纹，用 G332 退刀。攻丝深度由一个轴指令给定，比如 *Z* 轴，螺距则由 *K*（插补参数）指令规定。

在 G332 中编程的螺距与在 G331 中编程的螺距一样，主轴自动反向。主轴转速用 S 编程，不带 M3/M4。在攻丝之前，必须用 SPOS = ________ 指令使主轴处于位置控制运行状态。螺距的符号确定主轴方向，正号表示右旋螺纹（同 M3），负号表示左旋螺纹（同 M4）。

2. 编程举例

米制螺纹 5，螺距 0.8 mm/r，孔已经预制。

N5　G54　G0　G90　X10　Z5；　　回起始点，主轴右转

N10　SPOS = 0；　　主轴处于位置控制状态

N20　G331　Z－25　K0.8　S600；　攻丝，K 为正，表示主轴右旋，终点 －25 mm

N30　G332　Z5　K0.8；　　退刀

N50　G0　X____　Z__；

（四）加速度性能（BRISK、SOFT）

1. 功能

BRISK/SOFT 可以对系统设定不同的加速度性能，从而使机床根据实际需要按不同的加速规律运行，如图 4-52 所示。

BRISK 是直线加速度。机床坐标轴按最大加速度的轨迹运行，直至达到所要求的进给率。提供时间最优化的加工过程，从而可以在很短时间之内就可以达到设定速度，但必须注意到在加速过程中会出现一些跳动。

SOFT 是指数加速度。机床坐标轴按上升加速度的轨迹运行，直至达到所要求的进给率。SOFT 加速性能避免了加速度的突变，从而使产生的轨迹精度更高，并减轻对机床的负担，在制动时也是一样。数控加工时一般采用此种加工速度。

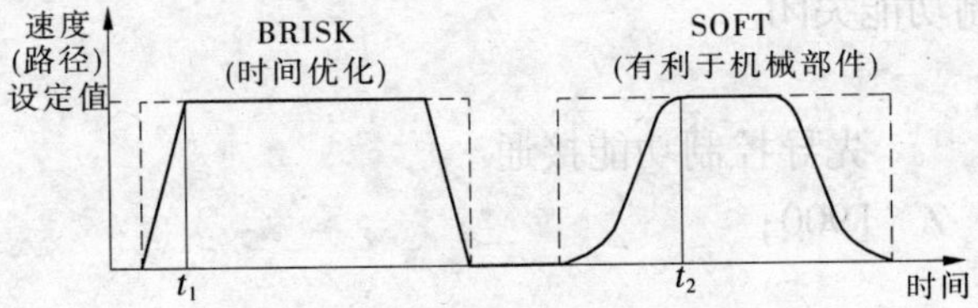

图 4-52　BRISK、SOFT 加速性能

2. 编程格式

BRISK;直线加速度。

SOFT;指数加速度。

3. 编程举例

N10　SOFT　G1　X30　Z84　F650;　　指数加速度

N90　BRISK　X87　Z104;　　直线加速度

(五)比例加速度补偿(ACC)

1. 功能

在有些情况下,对某些加工程序段,如果机床数据中设定的进给轴或主轴加速度不理想,可以利用 ACC 功能编程对加速度比例补偿。补偿可以在 0% ~200% 范围内进行。基准值(100%)为用于加速度的有效机床数据值(取决于进给轴或主轴,若是主轴,则还与齿轮级和定位方式或速度方式相关)。

2. 编程格式

ACC[轴名称] = 百分值;进给轴加速度补偿比例设定。

ACC[s] = 百分值;主轴加速度补偿比例设定。

3. 编程举例

N10　ACC[X] =80;　X 轴为 80% 的加速度值

N20　ACC[s] =50;　主轴为 50% 的加速度值

…

N100　ACC[X] =100;　取消 X 轴的加速度补偿

N110　ACC[s] =100;　取消主轴的加速度补偿

4. 应用说明

极限值的限制适用于自动方式和 MDA 方式下各种插补方式,但对 JOG 方式和回参考点方式不适用。ACC[__] =100 时取消加速度的补偿,用复位方式及程序结束也可以同样取消加速度的补偿。在空运行时编程的补偿也一样有效。

只有当驱动具有相应的驱动能力时编程值大于 100% 才可以执行,否则将发出报警。

(六)带先导控制功能运行(FFWON、FFWOF)

1. 功能

通过先导控制功能可以把轨迹运行时速度相关的随动误差减小到零。利用先导控制功能,可以使轨迹运行精度更精确,从而使加工结果更令人满意。

2. 编程格式

FFWON;先导控制功能接通。

FFWOF;先导控制功能关闭。

3. 编程举例

N10　FFWON;　　　先导控制功能接通

N20　G1　X＿　Z　F900;

…

第十二节　SIEMENS 802D 常用循环指令

循环是指用于特定加工过程的工艺子程序,比如钻孔、车槽等。循环在于用于各种具体加工过程中,只要改变定义参数就可以。编辑程序时在面板上调用相应的循环指令,根据图形显示,修改参数即可。SIEMENS 802D 常用循环指令见表 4-6。

表 4-6　SIEMENS 802D 常用循环指令

指令代码	功能	格式	说明
CYCLE81	钻削、中心孔钻循环	CYCLE81(RTP, RFP, SDIS, DP, DPR)	RTP:返回平面(绝对坐标) RFP:参考平面(绝对坐标) SDIS:安全高度(无符号输入) DP:最后钻孔深度 DPR:相对参考平面的最后钻孔深度(无符号输入)
CYCLE82	钻孔、锪平面循环	CYCLE82(RTP, RFP, SDIS, DP, DPR,DTB)	RTP:返回平面(绝对坐标) RFP:参考平面(绝对坐标) SDIS:安全高度(无符号输入) DP:最后钻孔深度 DPR:相对参考平面的最后钻孔深度(无符号输入) DTB:到达最后钻孔深度时的停顿时间(断屑)
CYCLE83	深度钻孔循环	CYCLE83(RTP, RFP, SDIS, DP, DPR,FDEP,FDPR, DAM, DTB, DTS, FRF,VARI)	RTP:返回平面(绝对坐标) RFP:参考平面(绝对坐标) SDIS:安全高度(无符号输入) DP:最后钻孔深度 DPR:相对参考平面的最后钻孔深度(无符号输入) FDEP:第一次钻孔深度(绝对坐标) FDPR:相对参考平面的第一次钻孔深度(无符号输入) DAM:递减量(无符号输入) DTB:最后钻孔深度的停顿时间(断屑) DTS:起始点处和用于排屑的停顿时间 FRF:第一次钻孔深度的进给率数值范围为 0.001 ~1 VARI:加工类型。断屑 =0,排屑 =1

续表 4-6

指令代码	功能	格式	说明
CYCLE84	刚性攻螺纹循环	CYCLE84(RTP, RFP, SDIS, DP, DPR,DTB,SDAC, MPIT,PIT,POSS, SST,SST1)	RTP:返回平面(绝对坐标) RFP:参考平面(绝对坐标) SDIS:安全高度(无符号输入) DP:最后钻孔深度 DPR:相对参考平面的最后钻孔深度(无符号输入) DTB:最后钻孔深度的停顿时间(断屑) SDAC:循环结束后的旋转方向值3、4或5(用于M3、M4或M5) MPIT:螺距由螺纹尺寸决定(有符号),数值范围为3(M3)~48(M48),符号决定了在螺纹中的旋转方向 PIT:螺距由数值决定(有符号),数值范围为0.001~2 000.000 mm,符号决定了在螺纹中的旋转方向 POSS:循环中定位主轴的位置(以度为单位) SST:攻丝速度 SST1:退回速度
CYCLE840	带补偿夹具攻螺纹循环	CYCLE840(RTP, RFP, SDIS, DP, DPR,DTB,SDR, SDAC,ENC, MPIT,PIT)	RTP:返回平面(绝对坐标) RFP:参考平面(绝对坐标) SDIS:安全高度(无符号输入) DP:最后钻孔深度 DPR:相对参考平面的最后钻孔深度(无符号输入) DTB:最后钻孔深度的停顿时间(断屑) SDR:退回时的旋转方向值0(旋转方向自动颠倒)3或4(M3或M4) SDAC:循环结束后的旋转方向值3、4或5(用于M3、M4或M5) ENC:带/不带编码器攻丝值,0=带编码器,1=不带编码器 MPIT:螺距由螺纹尺寸决定(有符号),数值范围为3(M3)~48(M48),符号决定了在螺纹中的旋转方向 PIT:螺距由数值决定(有符号),数值范围为0.001~2 000.000 mm,符号决定了在螺纹中的旋转方向
CYCLE85	镗孔(铰孔)循环	CYCLE85(RTP, RFP, SDIS, DP, DPR, DTB, FFR, RFF)	RTP:返回平面(绝对坐标) RFP:参考平面(绝对坐标) SDIS:安全高度(无符号输入) DP:最后钻孔深度 DPR:相对参考平面的最后钻孔深度(无符号输入) DTB:最后钻孔深度的停顿时间(断屑) FFR:进给率 RFF:退回进给率

续表 4-6

指令代码	功能	格式	说明
CYCLE86	精镗孔循环	CYCLE86(RTP,RFP,SDIS,DP,DPR,DTB,SDIR,RPA,RPO,RPAP,POSS)	RTP:返回平面(绝对坐标) RFP:参考平面(绝对坐标) SDIS:安全高度(无符号输入) DP:最后钻孔深度 DPR:相对参考平面的最后钻孔深度(无符号输入) DTB:最后钻孔深度的停顿时间(断屑) SDIR:旋转方向。3 表示 M3,4 表示 M4 RPA:平面中第一轴上的返回路径(增量,带符号输入) RPO:平面中第二轴上的返回路径(增量,带符号输入) RPAP:镗孔轴上的返回路径(增量,带符号输入) POSS:循环中定位主轴的位置(以度为单位)
CYCLE87	镗孔循环	CYCLE87(RTP,RFP,SDIS,DP,DPR,DTB,SDIR)	RTP:返回平面(绝对坐标) RFP:参考平面(绝对坐标) SDIS:安全高度(无符号输入) DP:最后钻孔深度 DPR:相对参考平面的最后钻孔深度(无符号输入) DTB:最后钻孔深度的停顿时间(断屑) SDIR:旋转方向。3 表示 M3,4 表示 M4
CYCLE88	镗孔循环	CYCLE88(RTP,RFP,SDIS,DP,DPR,DTB,SDIR)	RTP:返回平面(绝对坐标) RFP:参考平面(绝对坐标) SDIS:安全高度(无符号输入) DP:最后钻孔深度 DPR:相对参考平面的最后钻孔深度(无符号输入) DTB:最后钻孔深度的停顿时间(断屑) SDIR:旋转方向。3 表示 M3,4 表示 M4
CYCLE93	切槽循环	CYCLE93(SPD,DPL,WIDG,DIAG,STA1,ANG1,ANG2,RCO1,RCO2,RCI1,RCI2,FAL1,FAL2,IDEP,DTB,VARI)	SPD:横向坐标轴起始点 DPL:纵向坐标轴起始点 WIDG:切槽宽度(无符号输入) DIAG:切槽深度(无符号输入) STA1:轮廓和纵向轴之间的角度,范围为 0≤STA1≤180° ANG1:侧面角 1,在切槽一边,由起始点决定。范围为 0≤ANG1≤89.999° ANG2:侧面角 2,在切槽另一边。范围为 0≤ANG2 < 89.999° ROC1:半径/倒角 1,外部,位于起始点决定的一边 ROC2:半径/倒角 2,外部 RCI1:半径/倒角 1,内部,位于起始点侧 RCI2:半径/倒角 2,内部 FAL1:槽底的精加工余量 FAL2:侧面的精加工余量 IDEP:进给深度(无符号输入) DTB:槽底停顿时间 VARI:加工类型。范围为 1 ~ 8 和 11 ~ 18

续表 4-6

指令代码	功能	格式	说明
CYCLE94	E 型和 F 型退刀槽切削循环	CYCLE94(SPD, DPL,FORM)	SPD:横向坐标轴起始点 DPL:纵向坐标轴起始点 FORM:形状的定义。E(用于形状 E)F(用于形状 F)
CYCLE96	螺纹退刀槽切削循环	CYCLE96 (DIATH,DPL, FORM)	DIATH:螺纹的公称直径 DPL:纵向坐标轴的起始点(无符号输入) FORM:形状的定义。A(A 型)B(B 型)C(C 型)D(D 型)退刀槽
CYCLE95	毛坯切削循环	CYCLE95(NPP, MID,FALZ, ALX,FAL,FF1, FF2,FF3,VARI, DT,DAM,VRT)	NPP:轮廓子程序名称 MID:进给深度(无符号输入) FALZ:在纵向轴的精加工余量(无符号输入) ALX:在横向轴的精加工余量(无符号输入) FAL:根据轮廓的精加工余量(无符号输入) FF1:非退刀槽的进给率 FF2:进入凹凸切削时的进给率 FF3:精加工的进给率 VARI:加工类型。范围为 1 ~ 12 DT:粗加工时用于断屑的停顿时间 DAM:粗加工因断屑而中断时所经过的路径长度 VRT:粗加工时从轮廓的退回行程,增量(无符号输入)
CYCLE97	螺纹切削循环	CYCLE97(PIT, MPIT,SPL, FPL,DM1, DM2,APP, ROP,TDEP, FAL,IANG, NSP,NRC, NID,VARI, NUMT)	PIT:螺距(无符号输入) MPIT:螺纹尺寸。范围为 3(M3)~60(M60) SPL:螺纹位于纵向轴上起始点 FPL:螺纹位于纵向轴上终点 DM1:起始点的螺纹直径 DM2:终点的螺纹直径 APP:空刀导入量(无符号输入) ROP:空刀退出量(无符号输入) TDEP:螺纹深度(无符号输入) FAL:精加工信息量(无符号输入) IANG:切入进给角。"+"用于在侧面的侧面进给,"-"用于交互的侧面进给 NSP:首圈螺纹的起始点偏移(无符号输入) NRC:粗加工切削数量(无符号输入) NID:停顿时间(无符号输入) VARI:定义螺纹的加工类型。范围为 1 ~ 4 NUMT:螺纹头数(无符号输入)

一、切槽循环(CYCLE93)

1. 功能

切槽循环可以用于纵向和表面加工,对任何垂直轮廓单元进行对称和不对称的切槽,并且可以进行外部和内部切槽。

2. 编程格式

CYCLE93(SPD,DPL,WIDG,DIAG,STA1,ANG1,ANG2,RCO1,RCO2,RCI1,RCI2,FAL1,FAL2,IDEP,DTB,VARI);

3. 参数说明

图 4-53 所示为切槽循环 CYCLE93 参数示意图。

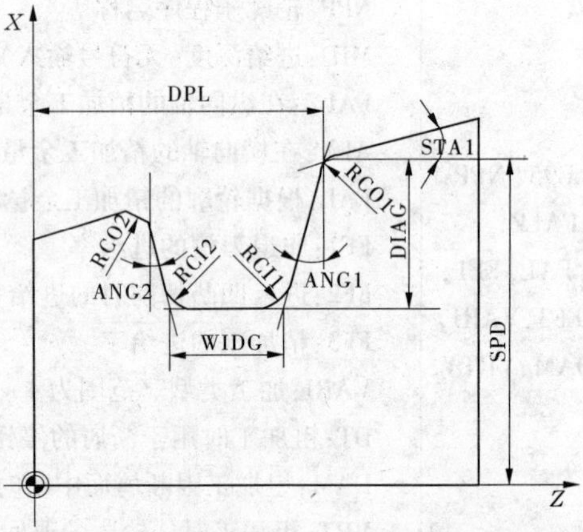

图 4-53　切槽循环 CYCLE93 参数示意图

4. 使用说明

(1)槽的加工类型由参数 VARI 的单位数定义,如图 4-54 所示。参数的十位数表示倒角是如何考虑的。VARI1 ~8,倒角被考虑成 CHF;VARI11 ~18,倒角被考虑成 CHR。

(2)调用切槽循环之前,必须使用一个双刀刃刀具。两个切削沿的偏移值必须以两个连续刀具补偿号保存,而且在首次循环调用之前必须激活第一个刀具补偿号。循环本身定义将使用的那一个加工步骤和那一个刀具补偿值,并自动全能。循环结束后,在循环调用之前编程的刀具补偿号重新有效。当循环调用时,如果刀具补偿未编刀具补偿号,循环执行将终止并出现报警信号 61000"无效的刀具补偿"。

5. 编程实例

如图 4-55 所示零件,该零件在纵向 X 轴方向的斜线处进行外部攻槽。起始点在(X35,Z60)的右侧。循环将使用刀具 T5 的刀具补偿 D1 和 D2。循环参数的含义及取值见表 4-7。

程序编制:

```
N10  G54  G90  G95  F0.2  T5  D1  S400  M3;
N20  G0  Z65  X50;
N30  CYCLE93(35,60,30,25,5,10,20,0,0,-2,-2,1,1,10,1,5);
N40  G0  G90  X50  Z65;
N50  M2;
```

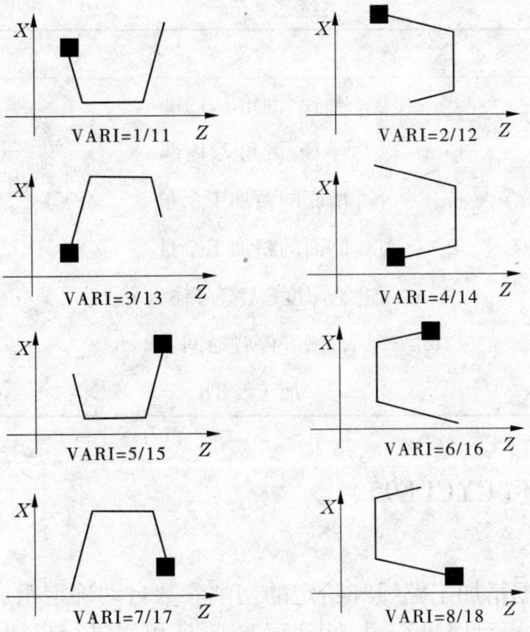

图 4-54　槽的加工类型

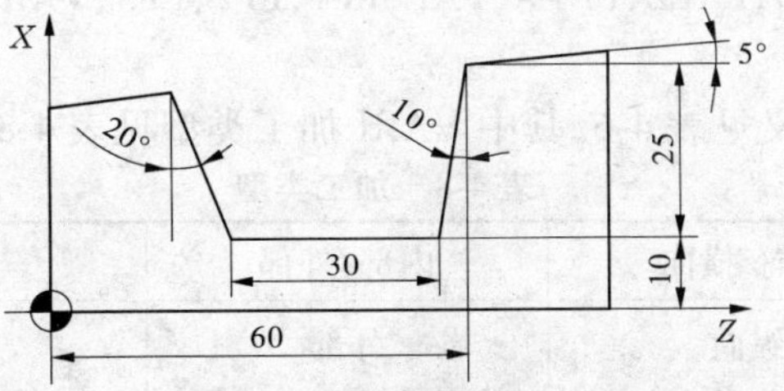

图 4-55　切槽循环实例

表 4-7　切槽循环 CYCLE93 参数的含义及取值

参数	含义	取值
SPD	横向坐标轴起始点	35
DPL	纵向坐标轴起始点	60
WIDG	切槽宽度	30
DIAG	切槽深度	25
STA1	轮廓和纵向轴之间的角度	5
ANG1	侧面角 1	10
ANG2	侧面角 2	20
RCO1	半径/倒角 1,外部	0
RCO2	半径/倒角 2,外部	0

续表 4-7

参数	含义	取值
RCI1	半径/倒角 1,内部	-2
RCI2	半径/倒角 2,内部	-2
FAL1	槽底的精加工余量	1
FAL2	侧面的精加工余量	1
IDEP	进给深度(无符号输入)	10
DTB	槽底停顿时间	1
VARI	加工类型	5

二、毛坯切削循环(CYCLE95)

1. 功能

毛坯切削循环会根据精加工路线和给定的切削参数自动确定粗加工的加工路线。它可以进行纵向和横向加工,也可以进行内、外轮廓加工,还可以进行粗加工和精加工。

2. 指令格式

CYCLE95(NPP,MID,FALZ,FALX,FAL,FF1,FF2,FF3,VARI,DT,DAM,VRT);

3. 参数说明

格式中各代码的含义见表 4-6,其中 VARI 加工类型见表 4-8。

表 4-8　加工类型

序号	纵向/横向	内部/外部	粗/精/综合加工
1	纵向	外部	粗加工
2	横向	外部	粗加工
3	纵向	内部	粗加工
4	横向	内部	粗加工
5	纵向	外部	精加工
6	横向	外部	精加工
7	纵向	内部	精加工
8	横向	内部	精加工
9	纵向	外部	综合加工
10	横向	外部	综合加工
11	纵向	内部	综合加工
12	横向	内部	综合加工

4. 程序的执行过程

循环开始前所到达的起始位置可以是任意位置，但须保证从该位置回轮廓起始点时不发生刀具碰撞。循环起始点在内部被计算出，并使用 G0 在两个坐标轴方向同时回该起始点。循环形成以下动作顺序。

1）无凹凸切削的粗加工

（1）内部计算出到当前深度的近轴进给，并用 G0 返回。

（2）使用 G1 进给率为 FFl 回到轴向粗加工的交点。

（3）使用 G1/G2/G3 和 FFl 沿轮廓 + 精加工余量进行平行于轮廓的倒圆切削。

（4）每个轴使用 G0 退回在 VRT 下所编程的量。

（5）重复此顺序直至到达加工的最终深度。

（6）进行无凹凸切削成分的粗加工时，坐标轴依次返回循环的起始点。

2）粗加工凹凸成分

（1）坐标轴使用 G0 依次回到起始点，以便进行下一步的凹凸切削，此时需遵守一个内部循环的安全间隙。

（2）使用 G1/G2/G3 和 FFl 沿轮廓 + 精加工余量进给。

（3）使用 G1 和进给率 FFl 回到轴向粗加工的交点。

（4）沿轮廓进行倒圆切削，和第一次加工一样进行后退和返回。

（5）如果还有凹凸切削成分，为每个凹凸切削重复此顺序。

3）精加工

（1）以 G0 方式按不同的坐标轴分别回循环加工起点。

（2）以 G0 方式在两个坐标轴方向上同时回轮廓起点。

（3）以 G1/G2/G3 方式按精车进给率进行精加工。

（4）以 G0 方式在两个坐标轴方向回循环加工起点。

5. 编程实例

零件如图 4-56 所示，毛坯为 ϕ60 mm × 100 mm。

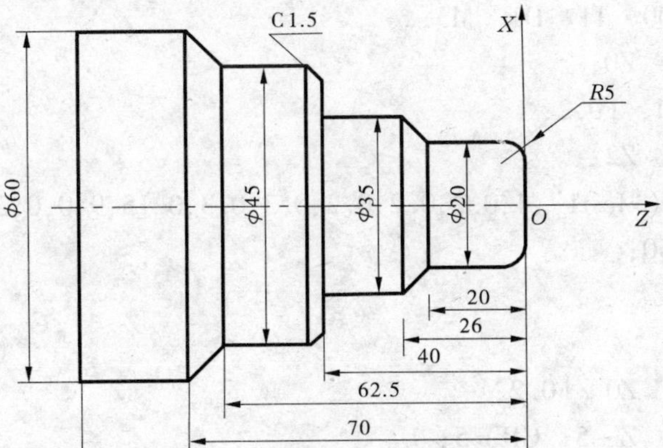

图 4-56　毛坯切削循环

1）分析

（1）确定装夹方式。采用卡盘夹紧工件左端，同时将工件原点设在工件右端面与中心线的交点上。

（2）选择刀具。选用90°的右偏刀。

（3）CYCLE95 中用到的参数见表 4-9。

表 4-9　CYCLE95 切削循环实例取值

代码	含义	取值
NPP	轮廓子程序名	text1
MID	最大背吃刀量	4
FALZ	沿 Z 轴的精加工余量	0.2
FALX	沿 X 轴的精加工余量	0.2
FAL	沿轮廓的精加工余量	0.2
FF1	无下切的粗加工进给率	0.3
FF2	进入凹槽的进给率	0.3
FF3	精加工进给率	0.15
VARI	加工类型	9
DT	粗切削的暂停时间	0
DAM	粗加工中断路径、断屑	0
VRT	从轮廓返回的路径	2

2）程序编制

```
N10  G54  S600  T1  D1  M3;
N20  G0  X65  Z0;
N30  G1  X-1  F0.2;
N40  G0  X65  Z2;
N50  CYCLE95("text1",4,0.2,0.2,0.2,0.3,0.3,0.15,9,0,0,2);
N60  X100  Z50;
N70  M5  M2;
text1;
N10  G1  X10  Z0  F0.2;
N20  G3  X20  Z-5  CR=5;
N30  G1  Z-20;
N40  X35  Z-26;
N50  Z-40;
```

N60　X42;

N70　X45　Z－41.5;

N80　Z－62.5;

N90　X60　Z－70;

N100　M2;

三、螺纹切削循环(CYCLE97)

1.功能

使用螺纹切削循环可以获得在纵向和表面加工中具有恒螺距的圆形和锥形的内外螺纹。螺纹可以是单头螺纹和多头螺纹。多螺纹加工时,每具螺纹依次加工,自动执行进给。可以在每次恒定进给量切削或恒定切削截面积进给中选择。右旋或左旋螺纹是由主轴的旋转方向决定的,该方向必须在循环执行前编程好。攻螺纹时,在进给程序块中进给和主轴修调都不起作用。

2.编程格式

CYCLE97(PIT,MPIT,SPL,FPL,DM1,DM2,APP,ROP,TDEP,FAL,IANG,NSP,NRC,NID,VARI,NUMT);

3.参数说明

螺纹切削循环 CYCLE97 参数含义见表 4-6,图 4-57 为螺纹切削循环参数示意图。

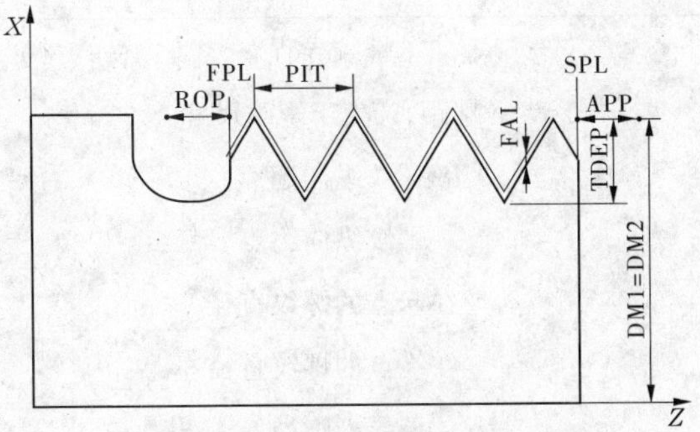

图 4-57　螺纹切削循环参数示意图

4.动作过程

循环启动前到达的位置任意,但必须保证刀尖没有碰撞地回到所编程序的螺纹起始点,并导入空刀量。该循环有如下的动作过程:

(1)用 G0 回第一条螺纹线空刀导入量起始处。

(2)按照参数 VARI 定义的加工类型进行粗加工进刀。

(3)根据编程的粗切削次数重复螺纹切削。

(4)用 G33 切削精加工余量。

(5)根据停顿次数重复此操作。

(6)对于其他的螺纹线重复整个过程。

5. 编程举例

如图 4-58 所示螺纹，毛坯直径为 26 mm，假设螺纹的基体圆柱已经加工，退刀槽也已切好。

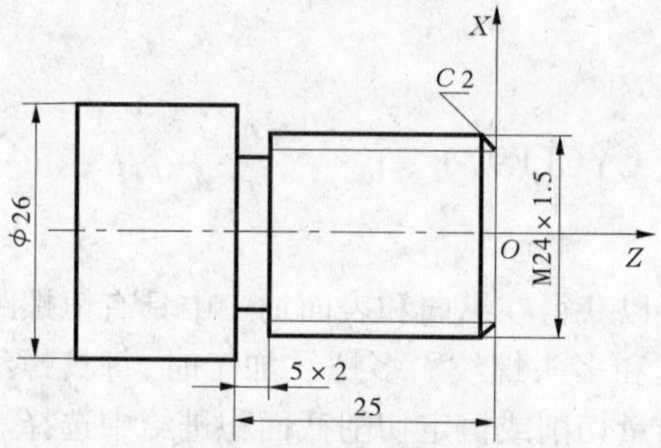

图 4-58 螺纹切削循环示意图

1）分析

（1）用卡盘夹紧工件左端，工件原点设在右端面上。

（2）选用 60°的螺纹刀。

（3）参数设置见表 4-10。

表 4-10 螺纹切削循环实例参数设置

代码	含义	取值
PIT	螺纹导程	1.5
MPIT	螺距，产生于螺纹尺寸	1
SPL	螺纹纵向起点	0
FPL	螺纹纵向终点	-20
DM1	在起点的螺纹直径	24
DM2	在终点的螺纹直径	24
APP	导入路径	3
ROP	导出路径	3
TDEP	螺纹深度	0.97
FAL	精加工余量	0.02
IANG	进给角度	0
NSP	首圈螺纹的起始点偏移	0
NRC	粗加工次数	10
NID	停顿数量	0
VARI	螺纹加工类型	1
NUMT	螺纹头数	1

2)程序编制

```
N10   G54   G90   M04   S600;
N20   T3   D1;
N30   G0   X6   Z2;
N40   CYCLE97(1.5,1,0,-20,24,24,3,3,0.97,0.02,0,0,10,0,1,1);
N50   G0   X100   Z100;
N60   M5;
N70   M2;
```

第十三节　SIEMENS 系统数控车床操作

一、SIEMENS 系统操作设备

在 SIEMENS 系统中,因产品的系统、型号、规格不同,所以在使用功能、操作方法及面板设置上也各不相同,本节以 SIEMENS 802D 为例,介绍数控车床的操作。

SIEMENS 802D 数控车床的机床总面板由操作面板、控制面板、CRT 显示屏等三部分组成,如图 4-59 所示。

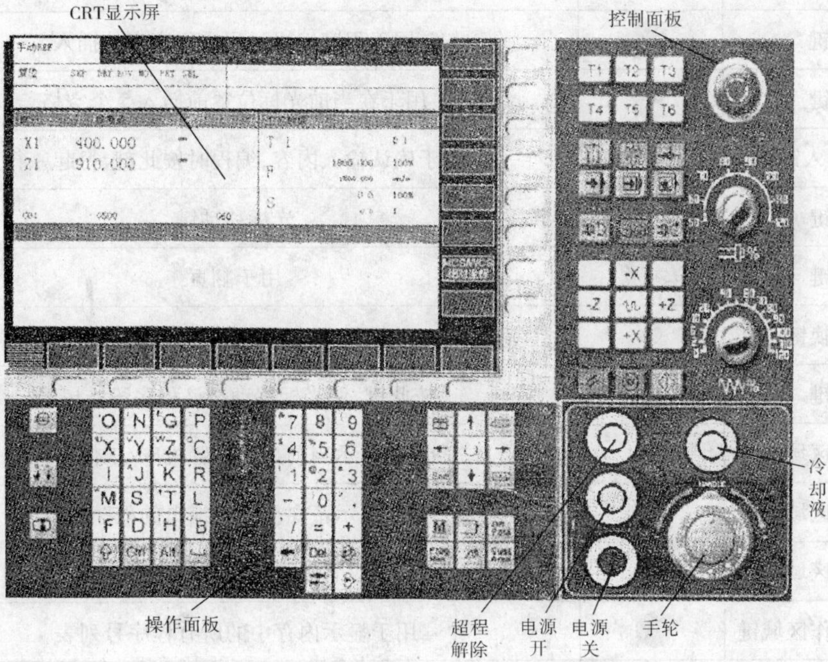

图 4-59　SIEMENS 802D 数控车床总面板图

(一)操作面板

操作面板中各按钮的含义见表 4-11。

表 4-11　操作面板中各按钮的含义

名称	按钮图	功能
报警应答键		用于消除数控系统(包括机床)的一些报警信息
通道转换键		用于通道转换
信息键		为操作者提供报警信息与帮助
字母键	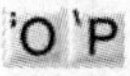	用于字母及字符输入
上档键		用于输入上档字符
控制键		为控制键
Alt 键		用于程序编辑过程中程序字的替代
空格键		用于在光标处插入一个空格
数控键		用于数字及字符的输入
退格键		用于删除光标前的一个字符
删除键		用于删除光标当前位置的一个字符
插入键		用于程序编辑过程中程序字的插入
制表键		用于在当前光标位置前插入 5 个空格
回车/输入键		用于确认输入内容,编程时按此键,另起一行
光标键		光标移动键
翻页键		用于翻页
选择转换键		用于机床模式的选择与转换
结束键		按此键,使光标移动至该程序段结尾处
加工操作区域键		按此键,显示当前加工位置机床/工件坐标值
程序操作区域键		用于显示正在执行或编辑的程序内容
参数操作区域键		用于设置刀具、刀具偏置、R 等参数
程序管理操作区域键		用于显示内存中的所有程序号列表
报警/系统操作区域键		用于显示各种系统报警信息

(二)控制面板

控制面板中各按钮的含义见表 4-12 中的具体说明。

表 4-12　控制面板中各按钮的含义

名称	按钮图		功能
带发光二极管的用户定义键	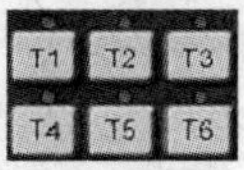		用户自定义用
紧急停止	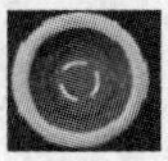		当出现紧急情况而按下急停按钮，屏幕上出现“EMG”字样，机床报警指示灯亮
模式选择按钮		点动	点动进给操作，反复按该键，使机床在“手动”和“点动”之间工换
		手动	在该模式下可进行手动切削进给、手动快速进给、程序编辑、对刀操作
		回原点	在该模式下进行回参考点操作
		自动	自动运行加工操作
		单段	自动运行模式下的单段运行
		MDA	手动数据（如参数）输入的操作
主轴功能		主轴正转	按此按钮，主轴正转
		主轴停止	按此按钮，主轴停转
		主轴反转	按此按钮，主轴反转
主轴倍率			旋转按钮，使主轴转速在 50% ~120% 范围内进行倍率的调整
“JOG”进给及进给方向		X 负向键	按下指定轴的方向键不松开，可使刀具沿指定的方向进行手动连续进给，进给速率可通过进给速率倍率旋钮进行调整。同时按下快速移动键和指定轴的方向键不松开，就可以实现该方向上的快速进给
		X 正向键	
		Z 负向键	
		Z 正向键	
		快速移动键	
进给倍率			旋转按钮，使进给量在 0% ~120% 范围内进行倍率调整
自动运行控制键		复位键	按此键，使系统返回初始状态
		进给停止键	进给停止
		循环启动键	循环启动

（三）CRT 显示屏

SIEMENS 802D 数控车床的 CRT 显示屏可分为状态区、应用区、说明及软键区 3 部分，各软键的功能将在后面具体操作过程中详细介绍。

二、开机、回参考点及关机

（一）开机

第 1 步：检查机床和 CNC 数控系统各部分初始状态是否正常。

第 2 步：将机床侧面电器柜上的电源开关打到“ON”位置，接通机床电源。

第 3 步：按下机床面板上的绿色“电源开”按钮，数控系统启动。

第 4 步：如屏幕右上角闪烁 003000 报警信息，应按复位键数次，003000 报警信号取消，系统复位。如按下复位键系统没有反应，则应检查一下急停键按钮是否被按下，如被按下，只需顺时针转动急停按钮使其向上弹起即可。

（二）回参考点

第 1 步：机床启动之后，在手动方式下单击回参考点按钮，进行回参考点操作。为了避免在回参考点的过程中刀架与机床发生碰撞，应先将 X 轴回参考点，再将 Z 轴回参考点。

第 2 步：单击+X按钮，刀架向 X 轴正向移动，使 X 轴回参考点。

第 3 步：单击+Z按钮，刀架向 Z 轴正向移动，使 Z 轴回参考点。

第 4 步：选择另外一种运行方式如 MDA、自动或 JOG 来结束回参考点操作。

注意事项如下：

（1）开机后，首先应进行回参考点操作，机床坐标系的建立必须通过此操作来完成。如机床未进行回参考点操作，则通过对刀建立的工件坐标系是错误的。

（2）在回参考点的过程中，如选错了回参考点的方向，则刀架不会移动。

（3）在机床操作过程中，如出现下列情况，必须重新回参考点：

①机床断电后重新接通电源；

②机床解除急停状态后；

③机床超程报警解除后。

（4）在回参考点的过程中，注意一定先回 X 轴，后回 Z 轴，以免发生任何碰撞。

（三）关机

第 1 步：回到主界面。

第 2 步：卸下工件和刀具。

第 3 步：在“JOG”方式下，将刀架移动到安全位置后按急停按钮。

第 4 步：按面板上的红色“电源关”按钮，关掉数控系统电源。

第 5 步：将机床侧面（或后面）电器柜上的电源开关打到“OFF”位置，关掉机床电源。

三、各种运行方式

（一）手动运行方式

单击机床控制面板上的键选择手动运行方式，在该方式下按住坐标轴的方向键

+X、-X、-Z、+Z之中的一个不松开,则坐标轴就一直连续不断地以设定数据中规定的速度运行,如果设定数据中此值为“零”,则按照机床数据中存储的值运行。必要时还可通过进行速率倍率旋钮,进行速度的调整。在“JOG”方式下,屏幕上显示位置、进给值、主轴值和刀具值等。

同时按住快速移动键和指定轴的方向键+X、-X、-Z、+Z之中的一个不松开,就可以实现该坐标轴方向上的快速进给。

(二)点动运行方式

点击机床控制面板上的按钮,选择步进时增量方式运行,坐标轴以所选择的步进增量行驶。反复点击点动按钮,可选择步进量的大小(1INC、10INC、100INC、1000INC),选择的步进量数值在屏幕左上角显示。

点动方式下,按下“手轮”垂直软键(见图4-60),进入到手轮操作窗口,使用垂直软件“X”或“Z”定位到所选择的坐标轴,则在相应位置弹出符号,这时,摇动手轮就可以使刀具沿坐标轴进给。

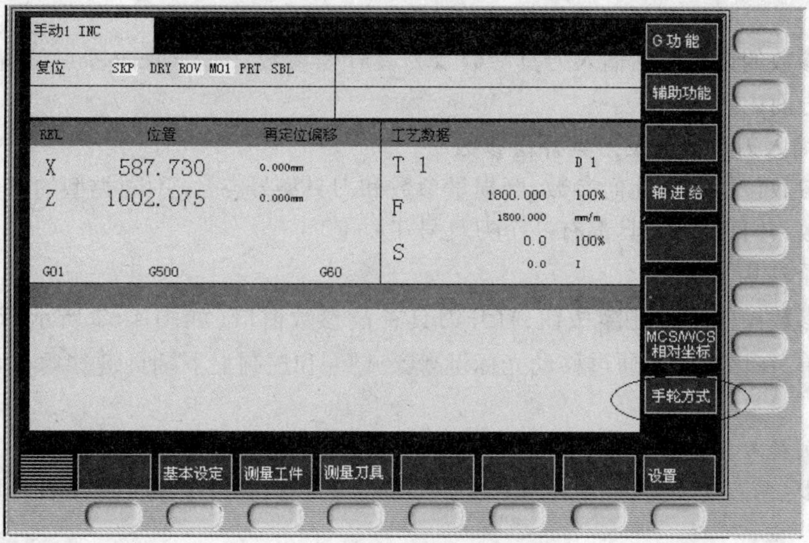

图4-60 点动运行方式显示窗口

(三)MDA 运行方式

单击机床控制面板上的按钮,选择 MDA 运行方式,在该方式下可以输入程序并执行其内容。按下加工操作区域M按钮,进入图4-61所示窗口。如在窗口中输入“T4;M03 S1000”,然后按循环启动按钮,则开始执行操作,刀架自动转换到4号刀位,系统同时自动调用相应的刀具参数,屏幕上的刀具显示也改为T4D1及S1000。

需要说明的是,在程序执行时不可以再对程序段进行编辑,并且执行完毕后输入区的内容仍保留,这样该程序段可以通过按数控启动键再次重新运行。

四、参数的设定

在 CNC 数控系统进行工作之前,必须通过参数的输入和修改对机床、刀具等进行调

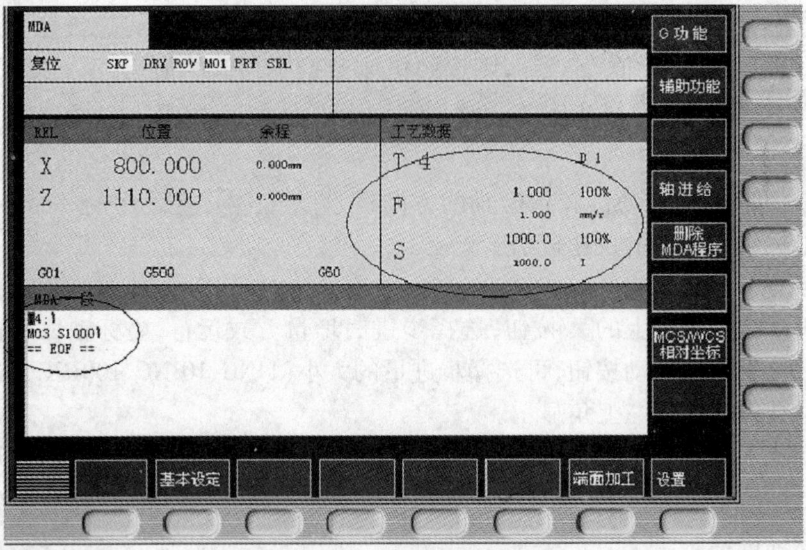

图 4-61　MDA 显示窗口

整。机床参数的设定包括输入刀具参数及刀具补偿参数、输入/修改零点偏置、输入设定数据等三方面内容。

(一)输入刀具参数及刀具补偿参数

刀具参数包括刀具几何参数、磨损量参数和刀具型号参数，不同类型的刀具均有一个确定的参数，并且每个刀具都有一个刀具号 T。

1. 选择刀具

按下参数操作区域键按钮，打开刀具补偿参数窗口(如图 4-62 所示)显示所使用的刀具清单，在该窗口中通过移动光标键和控制上下翻页键选出所要求的刀具。

2. 建立新刀具

第 1 步：在刀具表窗口(见图 4-62)中按下“新刀具”水平软键，则弹出刀具类型选择窗口。

第 2 步：选择刀具类型(如按下“车削刀具”软键，选择车刀)。

第 3 步：在如图 4-63 所示的窗口中将光标移动至刀具号位置输入刀具号(如输入 5)，接着将光标移动至刀沿位置，按选择/转换键按钮，选择刀沿位置号(如选择 3)，最后按下“确认”水平软键，即完成新刀具的建立操作。

3. 输入刀具半径补偿值

在如图 4-62 所示窗口中，选择需要输入刀具半径值的刀具，先在输入区定位光标，然后输入刀具半径数值，再按输入键即可。

4. 输入刀具长度补偿值

对刀操作的实质就是确定刀具的长度补偿值，如图 4-64 所示。

1) *Z* 方向对刀

第 1 步：单击机床控制面板上的键，选择“JOG”运行方式，开动机床主轴，车削工

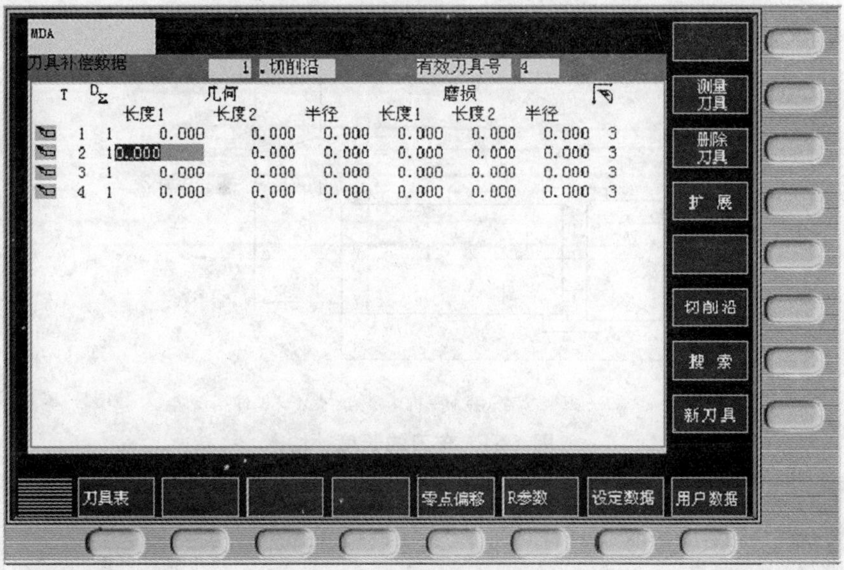

图 4-62 刀具列表显示窗口

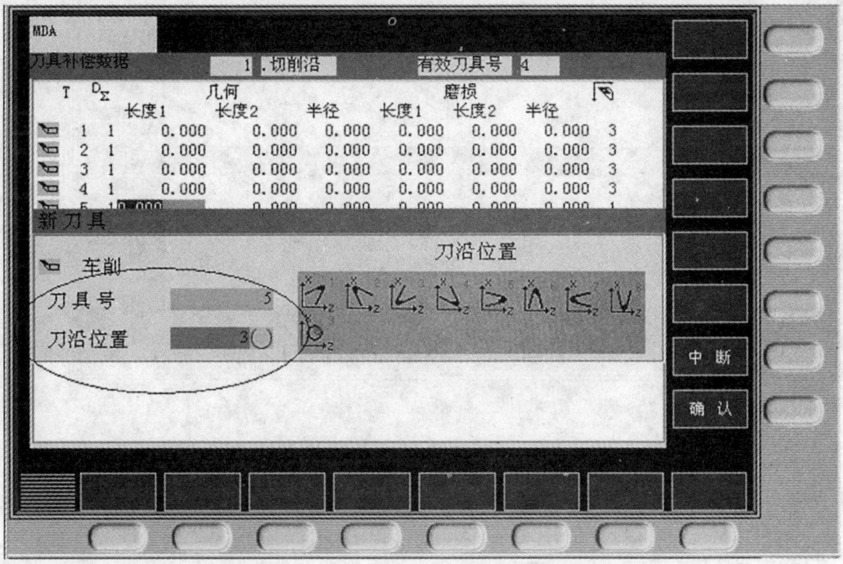

图 4-63 输入刀具号和刀沿位置号窗口

件端面，车削完端面后保持 Z 坐标值不变，沿 $+X$ 方向退出刀架。

第 2 步：打开如图 4-62 所示的刀具补偿参数窗口，按下“测量刀具”垂直软键，按下“手动测量”垂直软键，弹出如图 4-65 所示的窗口。

第 3 步：在图 4-65 所示窗口中向上或向下移动光标，在距离和 Z 轴后面都输入“0”，按下“设置长度 2”垂直软键，系统自动计算出 Z 向长度补偿值，并存入相应的刀补寄存器中，从而完成该刀具 Z 方向的对刀操作。

2) X 方向对刀

第 1 步：单击机床控制面板上的▒键，选择“JOG”运行方式，开动机床主轴，车削工

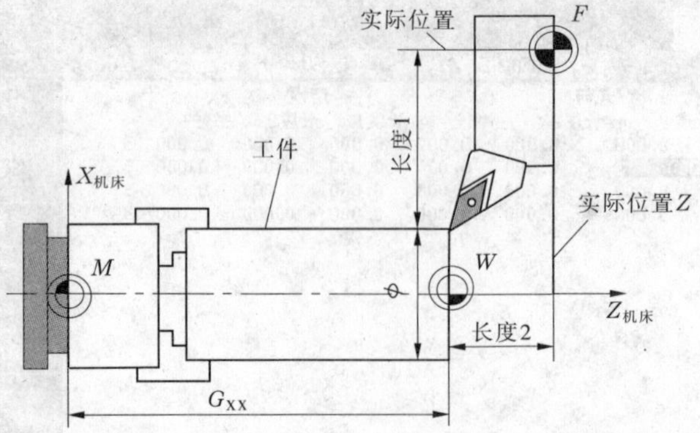

点F—刀架参考；点M—机床零点；点W—工件零点

图 4-64　车刀的长度补偿

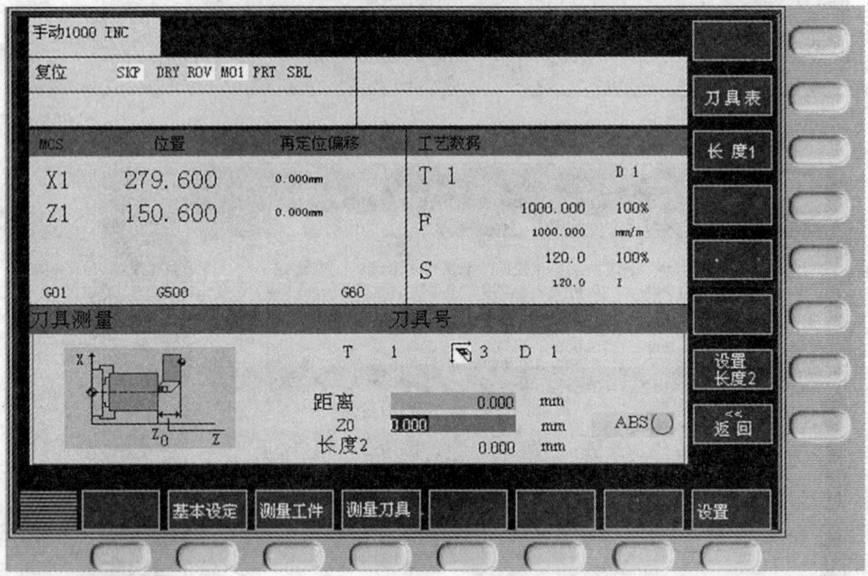

图 4-65　Z 向刀具长度补偿设置窗口

件外圆，车削长度一般为 5 ~ 10 mm，然后保持 X 坐标值不变，沿 + Z 方向退出刀架。

第 2 步：主轴停转，测量刚车出外圆表面的直径。

第 3 步：按下参数操作区域键Off Para按钮，打开刀具补偿参数窗口（如图 4-62 所示），按下“测量刀具”垂直软键，按下“手动测量”垂直软键，按下“长度 1”垂直软键，弹出如图 4-66所示的窗口。

第 4 步：在图示窗口中向下或向上移动光标，在距离后面输入“0”，在 ϕ 后输入刚刚测量的直径值。

第 5 步：按下“存储位置”垂直软键，再按下“设置长度 1”垂直软键，系统自动计算出 X 向刀具长度补偿值，并存入相应刀补寄存器中，从而完成该刀具 X 向对刀操作。

完成上述对刀操作后，通过打开图示刀具列表，可以看到刀具长度补偿值，如图 4-67 所示。

需要特殊说明的是，当有多把刀具需要对刀时，首先按上述操作完成第 1 把刀具的对

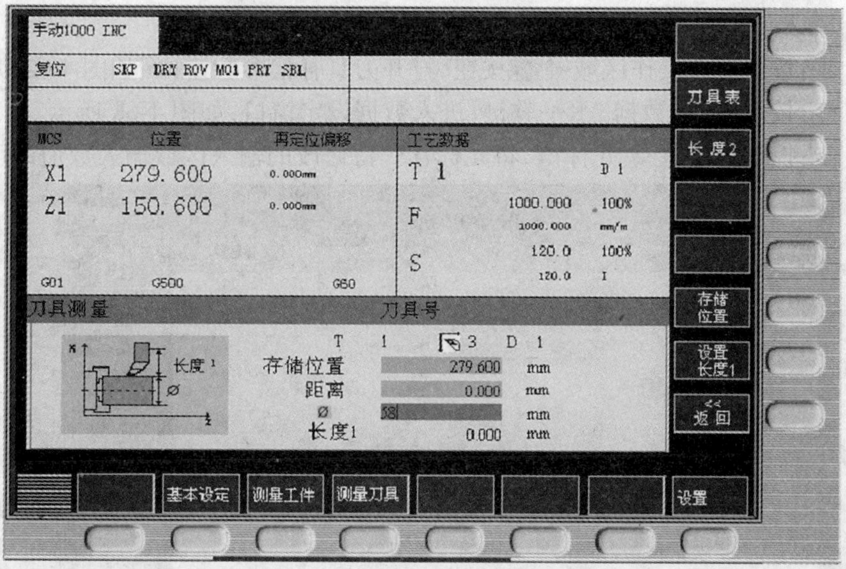

图 4-66　*X* 向刀具长度补偿设置窗口

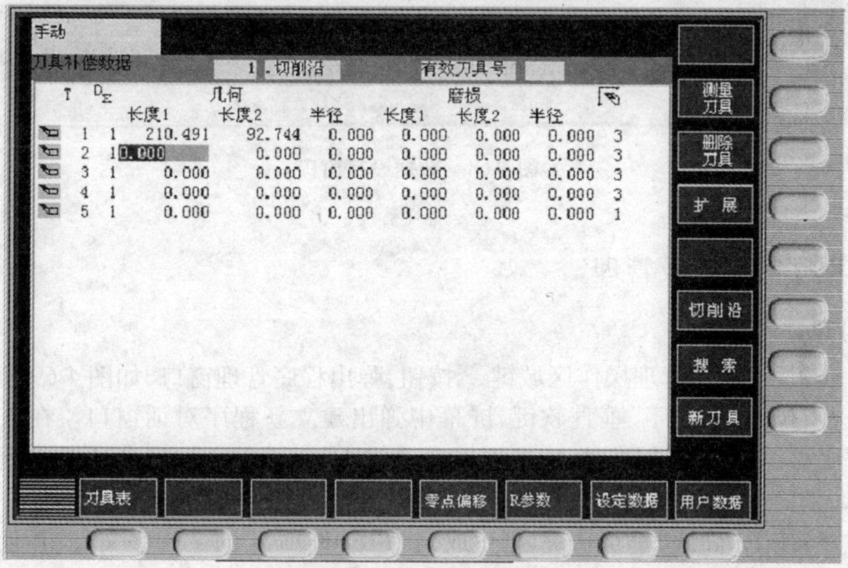

图 4-67　刀具补偿值设置窗口

刀。然后在“MDA”方式下依次换第 2 把刀、第 3 把刀等，各把刀具的对刀操作过程与第 1 把刀具的对刀过程基本相同，唯一的区别在于其余刀具对刀时不再切削工件表面，而是将刀尖接近工件的外圆（*X* 方向对刀）和端面（*Z* 方向对刀）即可。

（二）输入/修改零点偏置

第 1 步：按下参数操作区域键 Off Para 按钮，打开刀具补偿参数窗口。

第 2 步：按下“零点偏置”水平软键，进入零点偏置窗口。

第 3 步：控制 ← → ↑ ↓ 光标键，将光标移到待修改的输入区域输入数值即可。

（三）输入设定数据

第 1 步：按下参数操作区域键按钮，打开刀具补偿参数窗口（如图 4-62 所示）。

第 2 步：按下“设定数据”水平软键，进入数据设定窗口，如图 4-68 所示。

第 3 步：控制光标键，将光标移到待修改的输入区域输入数值即可。

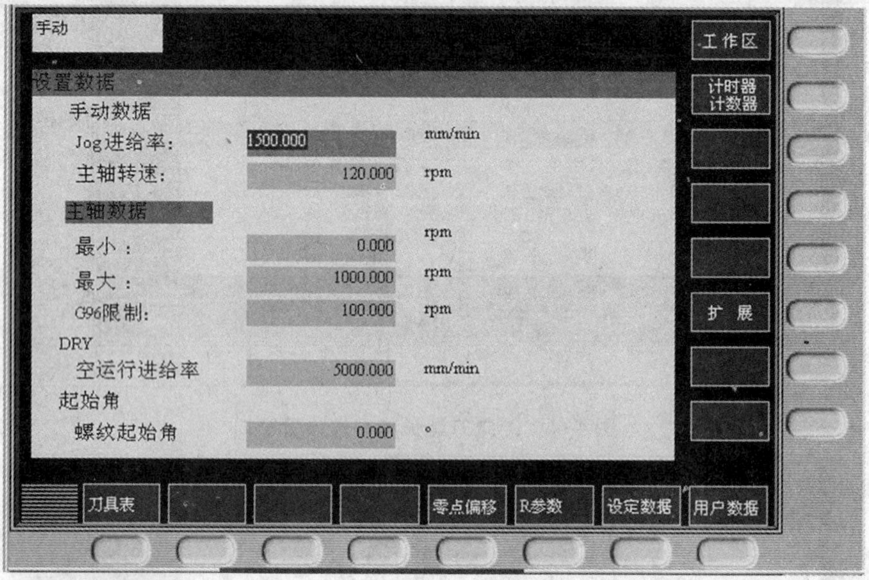

图 4-68　数据设定窗口

五、程序的编辑及管理

（一）建立新程序

第 1 步：按下程序管理操作区域键按钮，弹出程序管理窗口，如图 4-69 所示。

第 2 步：按下“新程序”垂直软键，屏幕中弹出建立新程序对话窗口。在该窗口中输入新程序名称，主程序扩展名为 MPF 可以自动输入，而子程序扩展名 SPF 必须与文件名一起输入，如输入主程序名“SHKONG”。

第 3 步：按下“确认”垂直软键，则生成名为“SHKONG”的主程序文件，并且自动转入程序编辑窗口对程序进行编辑操作。

（二）程序的执行、复制、打开、删除、重命名

第 1 步：按下程序管理操作区域键按钮，弹出程序管理窗口，如图 4-69 所示。

第 2 步：按下光标键，将光标定位到要操作处理的程序名上。

第 3 步：按下“执行”垂直软键，则在下次按数控启动键时启动该程序；按下“复制”垂直软键，则把选择的程序复制到另一个程序中；按下“打开”垂直软键，则打开该程序文件；按下“删除”垂直软键，则删除该程序文件；按下“重命名”垂直软键，则需要输入新的程序名并按确认键确认。

（三）程序的读入和读出

第 1 步：按下程序管理操作区域键按钮，弹出程序管理窗口，如图 4-69 所示。

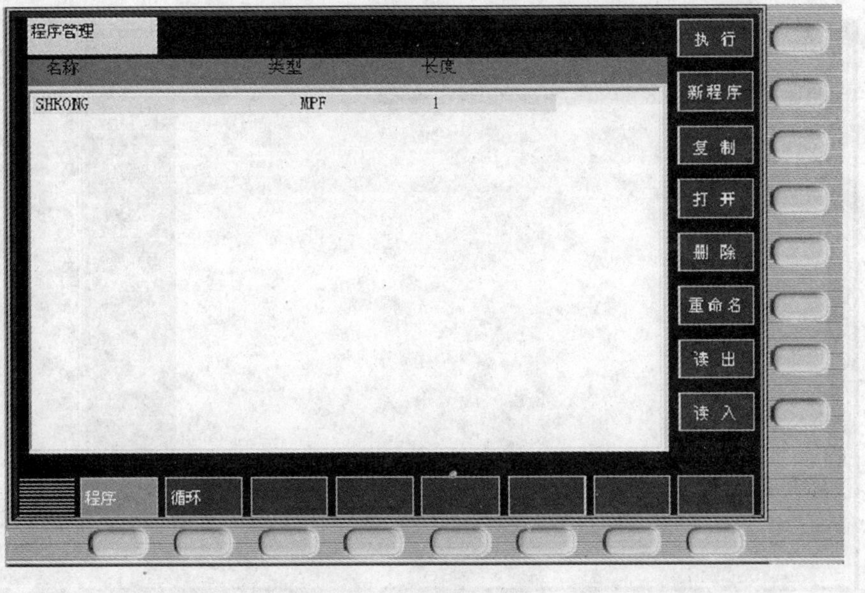

图 4-69　程序管理窗口

第 2 步：按下←→↑↓光标键，将光标定位到要操作处理的程序名上。

第 3 步：按下“读入”垂直软键，则通过 RS232 接口装载零件程序；按下“读出”垂直软键，则通过 RS232 接口对零件程序进行保护。需要注意的是，零件程序必须以文本的形式进行传送。

（四）程序的编辑

在程序管理方式下新建一个程序或打开一个源程序，即弹出程序编辑窗口，如图 4-70 所示。

在程序编辑过程中，按操作面板上的字母键、数字键等对程序进行输入或修改。如要删除某个字符，可将光标移至该字符的右侧，用←键删除光标前的字符，或者将光标移动至该字符上，用Del键删除光标当前位置的字符。如要插入一个空格，可按␣键在光标当前位置之前插入一个空格。

另外，在程序编辑过程中，按下“标记程序段”垂直软键，则选择一个文本程序段，直至当前光标位置；按下“复制程序段”软键，则把剪切板上的文本粘贴到当前光标位置；按下“删除程序段”软键，则删除所选择的文本程序段；按下“搜索”软键，并在输入窗口输入需要搜索的字符，按“确认”键则启动搜索指令。

（五）固定循环

加工循环可以在程序编辑窗口进行手动输入，但通过“屏幕格式”输入更加直观、方便，也更容易保证其正确性。以 CYCLE97 螺纹切削固定循环为例，说明其操作过程如下：

第 1 步：按下程序编辑窗口中的“车削”水平软键。

第 2 步：按下程序编辑窗口中的“螺纹”垂直软键；在弹出窗口中按下“螺纹切削”垂直软键，则弹出如图 4-71 所示窗口。

第 3 步：在对应的参数表格中输入相应的数值后按“确认”软键，返回程序编辑窗口，完成固定循环的输入与编辑。

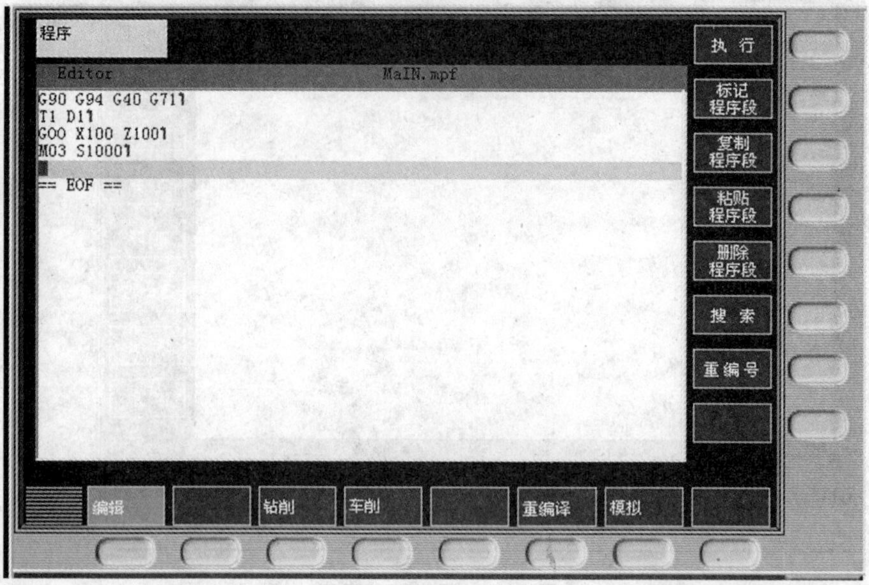

图 4-70　程序编辑窗口

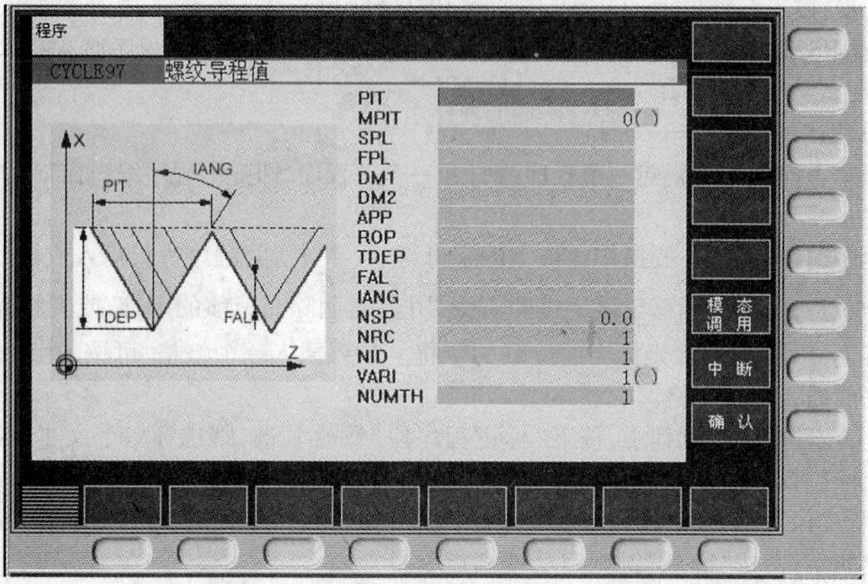

图 4-71　螺纹切削固定循环的屏幕显示格式

六、自动运行方式

(一)自动运行前的检查

在使用自动运行功能之前,一定要先做好以下各项检查工作:

(1)机床刀架必须回参考点;

(2)零件的加工程序已经输入且确认无误;

(3)机床各项参数的设置完成(如刀具补偿必须输入);

(4)必要的安全锁定装置已经开启。

只有上述检查工作全部完成,并确保无误,才可以进行自动加工操作。

(二)选择和启动零件程序

第1步:按自动方式键,选择自动工作方式。

第2步:按程序管理操作区域键按钮,列出系统中所有加工程序。

第3步:控制光标键,将光标移到所选择的程序名上。

第4步:按下"执行"水平软键,选择待加工的程序,弹出自动运行窗口,被选择的程序名就显示在屏幕区。

第5步:按下数控启动键,执行零件的加工程序。

在加工过程中,可以通过窗口观察到当前刀尖的坐标位置以及剩余行程、当前进给速度、主轴转速和当前的刀具情况,还可以观察正在执行及待执行的程序段。

(三)停止或中断零件程序

按下数控停止键,则停止加工零件的程序;按下数控启动键,则恢复被中断了的程序运行;按下复位键,则中断加工零件的程序;按下数控启动键重新启动,程序从头开始运行。

思考与练习题

1. 零件的工艺性分析包含哪些内容?
2. 制定零件数控车削加工顺序时一般应遵循哪些原则?
3. 切削用量的选择原则是什么?
4. 数控车床刀具的分类方法有哪些?
5. 数控车床工件坐标系如何建立?
6. 数控车床的参考点位于什么位置?参考点有何用途?
7. 数控车床编程有何特点?
8. 用多把刀加工时为什么必须建立刀具补偿?刀具位置补偿用什么指令建立?
9. 车削螺纹时为什么要有引入段和引出段?
10. G71、G72、G73指令分别适用于什么样零件的加工?
11. 采用G71粗车内、外圆复合固定循环指令对零件图样有什么要求?
12. 采用常用编程指令编写如图4-72所示零件的精加工程序。
13. 采用单一循环指令编写如图4-73所示零件的粗、精加工程序。
14. 采用螺纹加工单一固定循环指令编写如图4-74所示零件的螺纹加工程序。
15. 采用复合循环编程指令编写如图4-75所示零件的粗、精加工程序。
16. 编写如图4-76所示零件的粗、精加工程序。
17. 用子程序编写如图4-77所示零件的粗、精加工程序。
18. 编写如图4-78所示零件的粗、精加工程序。

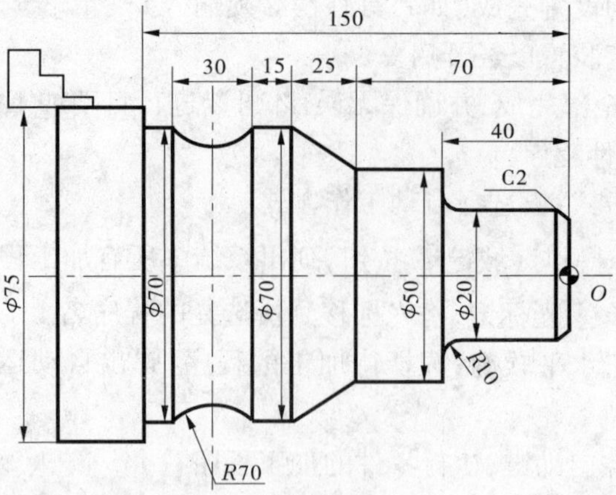

图 4-72

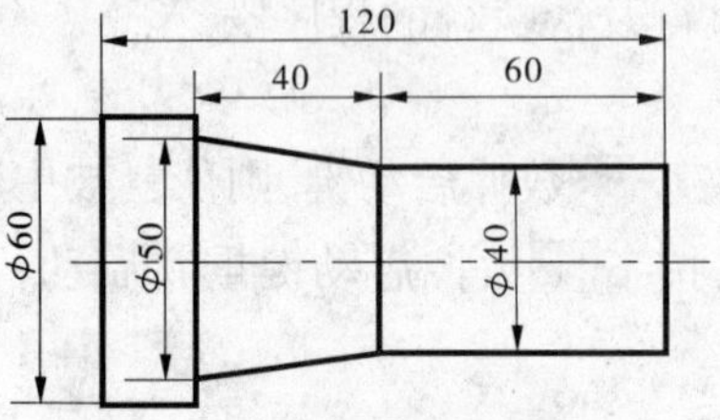

图 4-73

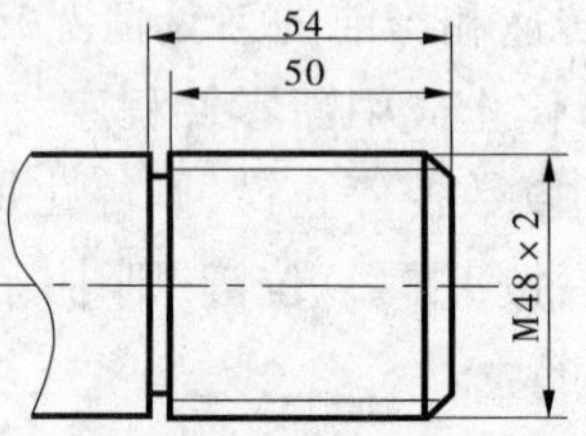

图 4-74

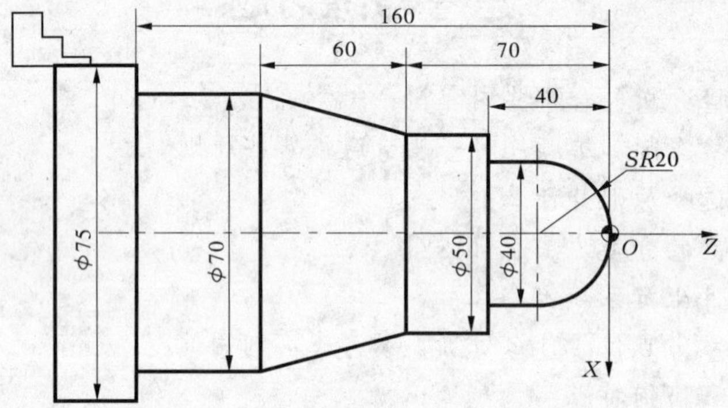

图 4-75

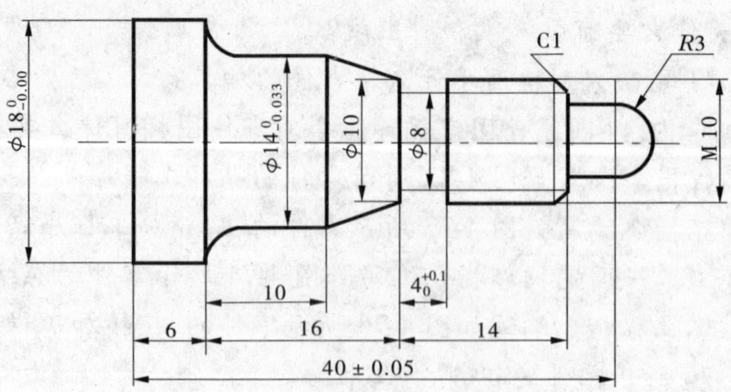

图 4-76

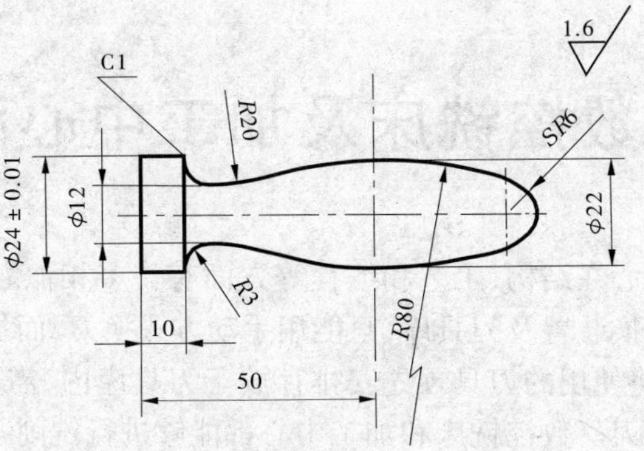

1.6
C1
R20
SR6
φ24 ± 0.01
φ12
φ22
R3
R80
10
50

图 4-77

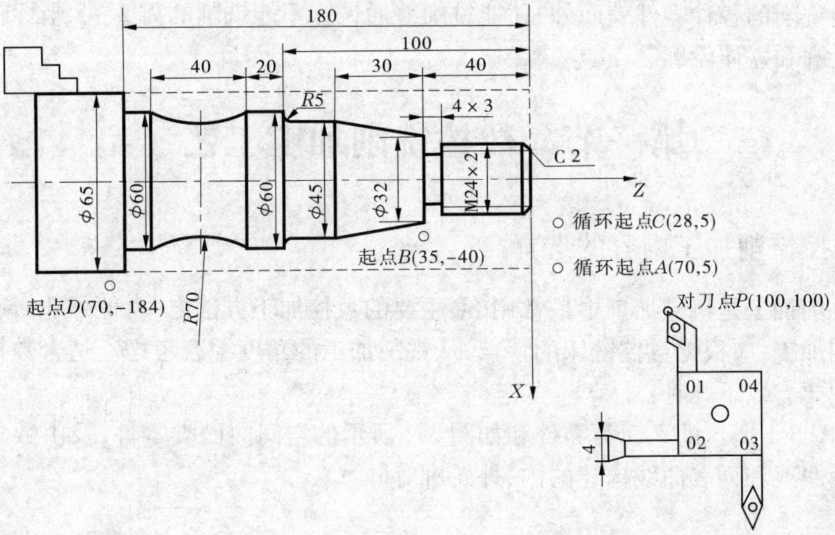

180
100
40
20
30
40
R5
4 × 3
C 2
Z
φ65
φ60
φ60
φ45
φ32
M24 × 2
循环起点C(28,5)
起点B(35,-40)
循环起点A(70,5)
起点D(70,-184)
R70
对刀点P(100,100)
X
01
04
02
03
4

图 4-78

第五章　数控铣床及加工中心程序编制

数控铣床和加工中心在结构、工艺和编程等方面有许多相似之处。区别主要在于数控铣床没有自动刀具交换装置及刀具库,只能用手动方式换刀,而加工中心因具备刀具交换装置及刀具库,故可将使用的刀具预先安排存放于刀具库内,需要时再通过换刀指令,由刀具交换装置自动换刀。数控铣床和加工中心都能够进行铣削、钻削、镗削以及攻螺纹等加工。数控铣削是机械加工中常用的数控加工方法,数控铣床和加工中心除能铣削普通铣床所能铣削的各种零件表面外,还能铣削普通铣床不能铣削的需 2 ~5 坐标轴联动的各种平面轮廓和立体轮廓。

第一节　数控铣削加工工艺

一、数控铣削加工内容的选择

数控铣削加工是机械加工中最常用、最主要的数控加工方法之一,但并非所有的零件都适合铣削加工,应根据数控铣床的特点,从铣削加工的角度综合考虑。适合数控铣削加工的情况主要有以下几种:

(1)如图 5-1 所示的平面类零件和如图 5-2 所示的空间曲面类零件,及由数学表达式给出的非圆曲线和列表曲线构建的内、外轮廓等。

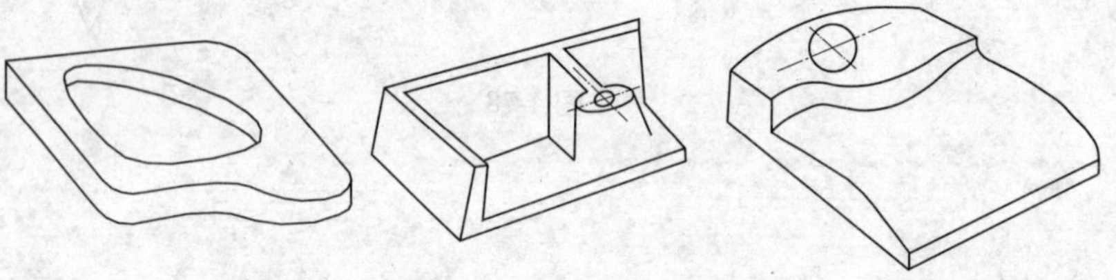

(a)　　(b)　　(c)

图 5-1　平面类零件

(2)给出数学模型的空间曲面或通过测量数据建立起来的空间曲面。

(3)形状复杂,尺寸繁多,零件画线和检测都比较困难的零件加工部位。

(4)能够在一次装夹中顺带铣削出来的简单表面或形状。

(5)用普通铣床加工时难以观察、控制及检测的内腔、箱体内部等。

(6)有严格位置尺寸要求的孔或平面。

不适合数控铣削加工的内容如下:

(1)简单的粗加工面和需要专用工件协调的加工内容。

(2)需要用较长时间占用机床调整的加工内容。

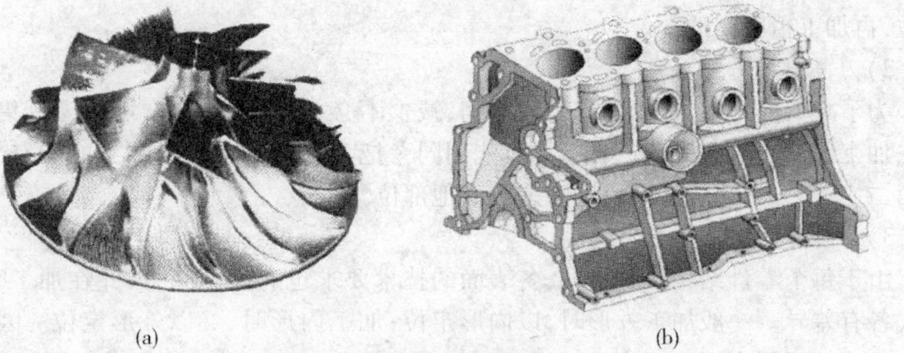

(a)　　　　　　　　　　　　　　(b)

图 5-2　空间曲面类零件

(3)不能在一次安装中加工完成的零星分散部位,采用数控铣削很不方便,效果不明显。

(4)零件毛坯上加工余量不大或者不太稳定的加工部位。

二、数控铣削加工工艺分析

加工工艺分析是数控加工前期的准备工作。工艺分析将直接影响到工艺制定是否合理,而工艺制定是否合理,对程序编制、铣床加工效率和零件的加工精度都有重要的影响。

(一)零件的工艺分析

1. 零件图的工艺分析

零件图上的尺寸标注方法应适应数控加工的特点,符合编程方便的原则。标注时应以同一基准标注尺寸或直接给出坐标尺寸,这种尺寸标注既便于编程,也便于尺寸之间的相互协调。

构成零件轮廓的几何要素的条件应充分,如构成零件轮廓的圆弧与直线、圆弧与圆弧之间的关系要明确。如果构成零件几何元素条件不充分,便无法进行编程。

2. 零件的结构工艺性分析

零件的内腔和外形最好采用统一的几何类型和尺寸,这样可以减少刀具规格、数量和换刀次数,方便编程,提高生产效率。

3. 定位基准选择

在数控加工工艺中,特别强调定位加工。若没有统一的定位基准,就会因工件的重新安装而导致加工后的两个面轮廓位置及尺寸不协调。因此,要避免上述问题的产生,保证两次装夹加工后相对位置的准确性,应采用统一的定位基准。

(二)工序与工步的划分

1. 工序的划分

工序是指一个或一组工人,在一个工作地对同一个或同时对几个工件所连续完成的那一部分工艺过程。划分工序的主要依据是工作地是否变动和工作是否连续。与普通铣床相比,在数控铣床上加工零件工序比较集中,在一次装夹中能够完成大部分或全部工序。数控铣削加工工序一般可按以下几种方法进行划分。

1)加工部位分序法

对于加工内容很多的零件,可按其结构特点将加工部位分成几个部分,如平面、曲面、孔等。一般先加工面,后加工孔;先加工简单的部位,再加工复杂的部位;先加工精度低的部位,再加工精度高的部位。

2)刀具集中分序法

为了减少换刀次数,压缩空行程时间,减少不必要的定位误差,可按刀具集中工序的方法加工零件,即在一次装夹中,尽可能用同一把刀具加工出可以加工的所有部位,然后用第二、三把刀具完成它们可以完成的其他部位。

3)零件定位方式分序法

由于每个零件结构形状不同,各表面的技术要求也有所不同,因此在加工时,其定位方式各有差异。一般加工外形时,以内形定位;加工内形时,又以外形定位。因而可根据定位方式的不同来划分工序。

4)粗、精加工分序法

根据零件的加工精度、刚度和变形等因素来划分工序时,可按粗、精加工分开的原则来划分工序,即先粗加工后精加工。此时可用不同的机床或不同的刀具进行加工,通常在一次安装中,不允许将零件某一部分表面加工完毕后,再加工零件的其他表面。否则,在对新的表面进行大切削量加工过程中,可能会因切削力太大而引起已完成精加工的表面变形。

2. 工步的划分

工步是指在加工表面不变、加工工具不变、切削用量不变的条件下所连续完成的那一部分工序。在一个工序内往往需要采用不同的刀具和切削用量,对不同的表面进行加工。为了便于分析和描述较复杂的工序,在工序内又细分为工步,工步的划分主要从加工精度和效率两方面考虑。工步划分的原则如下:

(1)同一表面按粗加工、半精加工和精加工依次完成,或全部加工表面按先粗后精加工分开进行。

(2)对于既有面又有孔的零件,可"先面后孔"。按此方法划分工步,可以提高孔的加工精度。因为铣削时切削力较大,工件易发生变形。先加工面后加工孔,可以使工件有一段恢复的时间,减少由变形引起的对孔的加工精度的影响。

(3)按刀具划分工步。某些铣床工作台回转时间比换刀时间短,可采用按刀具划分工步的方法,以减少换刀次数,提高工作效率。

三、数控铣削加工工艺路线的设计

在数控加工中,刀具的刀位点相对于工件运动的轨迹称为加工路线。所谓刀位点,是指刀具对刀时的理论刀尖点。

(一)确定加工路线的原则

编程时,确定加工路线的原则主要有以下几点:

(1)加工路线应保证被加工零件的精度和表面粗糙度,并保证较高的效率。

(2)应使数值计算简单,以减少编程工作量。

(3)应使加工路线最短,这样既可减少程序段,又可减少空刀时间。

(4)进、退刀位置应选在不太重要的位置,并且尽量使刀具沿切线方向进、退刀,避免因法向进、退刀和进给中途停顿而产生刀痕。

（二）铣削加工路线的确定

1. 顺铣和逆铣的确定

铣削分为顺铣和逆铣两种方式。顺铣是指铣刀的切削速度方向与工件进给运动方向相同时的铣削，逆铣是指铣刀的切削速度方向与工件进给运动方向相反时的铣削。当工件表面无硬皮，铣床进给机构无间隙时，应采用顺铣，按照顺铣安排加工路线。因为采用顺铣加工后，零件已加工表面质量好，刀齿磨损小。精铣时，尤其当零件材料为铝镁合金、钛合金或耐热合金时，应尽量采用顺铣。当工件表面有硬皮，机床的进给机构有间隙时，应采用逆铣，按照逆铣安排加工路线。因为逆铣时，刀齿是从已加工表面切入，不会崩刃，机床进给机构的间隙不会引起振动和爬行。

2. 铣削外轮廓的加工路线

铣削平面零件外轮廓时，一般采用立铣刀侧刃铣削。当刀具切入零件时，应沿切削起始点延伸线或切线方向逐渐切入零件，如图5-3(a)所示，应避免沿零件外轮廓的法向切入，从而保证零件曲线的平滑过渡，以免在切入处产生刀具的划痕。同样，在切离零件时，也要沿着切削终点延伸或切线方向逐渐切离工件，避免在切削终点处直接抬刀。

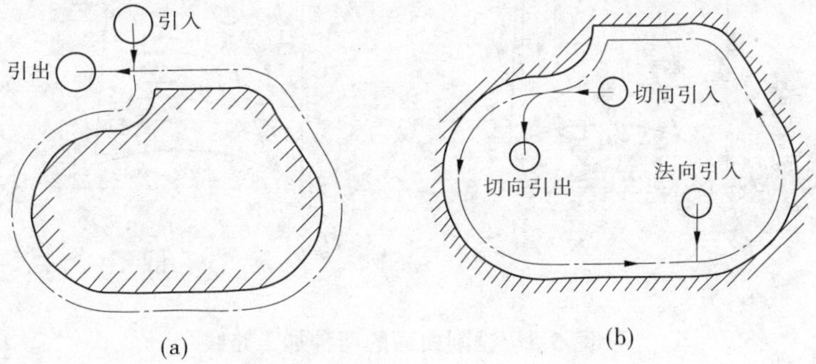

图5-3　铣削内、外轮廓的加工路线

3. 铣削内轮廓的加工路线

铣削封闭的内轮廓表面同铣削外轮廓一样，刀具同样不能沿轮廓曲线的法向切入和切出，此时刀具可以沿一过渡圆弧切入或切出，工件轮廓如图5-3(b)所示。

4. 铣削内槽的加工路线

内槽是指以封闭曲线为边界的平面凹槽。铣削时采用平底立铣刀加工，刀具圆角半径应符合内槽的图样要求。如图5-4所示为加工内槽的三种加工路线。图5-4(a)是行切法加工内槽的加工路线，采用这种加工路线会在每两次进给的起点与终点间留下残留面积，达不到所要求的表面粗糙度；图5-4(b)为采用环切法加工内槽的加工路线，采用这种加工路线获得的表面粗糙度要好于行切法，但环切法需要逐次向外扩展轮廓线，刀位点计算稍微复杂一些；综合行切法、环切法的优点即形成图5-4(c)所示的加工路线，即先用行切法切去中间部分余量，最后用环切法切一刀，既能使总的加工路线较短，又能获得较好的表面粗糙度。

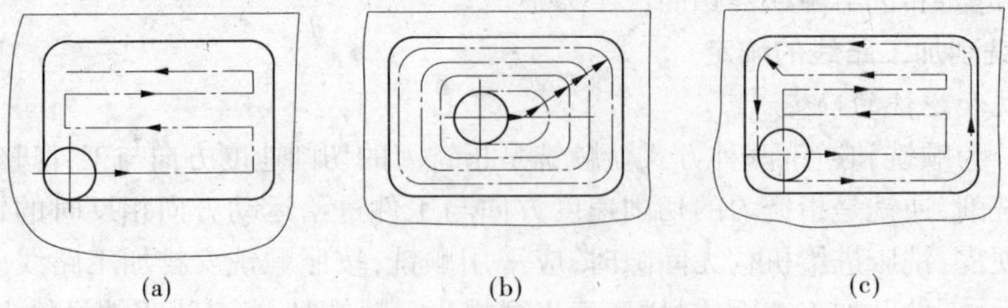

图 5-4　铣削内槽的三种加工路线

5. 铣削曲面的加工路线

对于边界敞开的曲面铣削，常用球头刀加工。如图 5-5 所示的叶片类零件可采用两种加工路线，即沿曲面的 Y 向行切或 X 向行切。由于曲面零件的边界是敞开的，没有其他表面限制，因此曲面边界可以延伸，球头刀应由边界外开始加工。当边界不敞开时，要重新确定加工路线，另行处理。

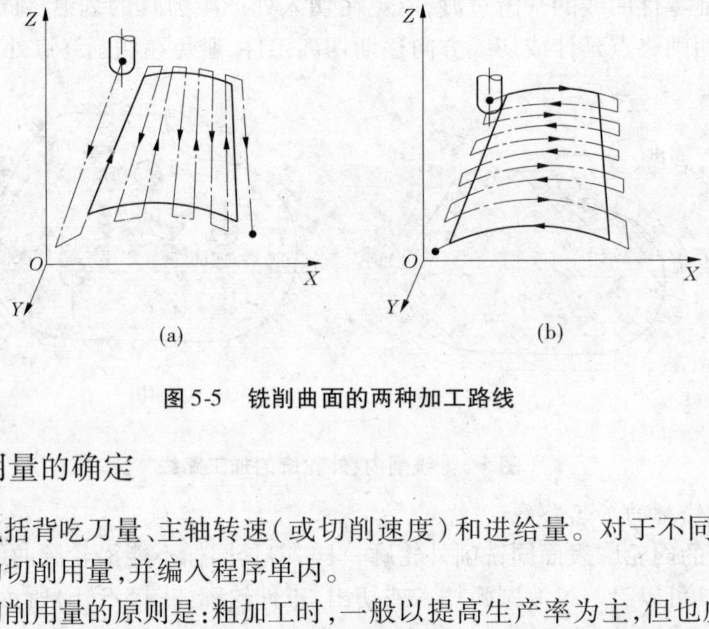

图 5-5　铣削曲面的两种加工路线

四、切削用量的确定

切削用量包括背吃刀量、主轴转速（或切削速度）和进给量。对于不同的加工方法，需要选择不同的切削用量，并编入程序单内。

合理选择切削用量的原则是：粗加工时，一般以提高生产率为主，但也应考虑经济性和加工成本。具体数值应根据铣床说明书、切削用量手册并结合经验而定。通常，切削用量的选择顺序是：首先确定背吃刀量，其次确定进给量，最后确定切削速度。

（一）背吃刀量

背吃刀量 a_p 主要根据铣床、夹具、铣刀和工件的刚度来确定，单位为 mm，在刚度允许的情况下，应以最少的进给次数切除加工余量，最好一次切净余量，以便提高生产效率，在数控铣床上，精加工余量可小于普通铣床，一般应取 0.2 ~ 0.5 mm。

（二）主轴转速

主轴转速主要根据允许的切削速度选取，即：

$$n = \frac{1\,000v}{\pi D}$$

式中:n 为主轴转速,要根据计算值在机床说明书中选取标准值,并填入程序单中,r/min;v 为切削速度,由刀具寿命决定,可查有关手册或刀具说明书,m/min;D 为铣刀直径,mm。

(三)进给量

进给量(进给速度)f 是数控铣床切削用量中的重要参数,主要根据零件的加工精度和表面粗糙度要求以及刀具、工件的材料性质选取。粗加工时,为缩短切削时间,进给量就取得大些,工件较软时,可选用较大的进给量;精加工时,进给量数值应小些,一般在20~50 mm/min范围内选取,最大进给量则受机床刚度和进给系统的性能限制。切削速度和进给量的选取分别见表5-1 和表5-2。

表5-1　铣刀的切削速度　(单位:m/min)

工件材料	铣刀材料					
	碳素钢	高速钢	超高速钢	Stellite	YT	YG
铝	75~150	150~300	—	240~460	—	300~600
黄铜	12~25	20~50	—	45~75	—	100~180
青铜(硬)	10~20	20~40	—	30~50	—	60~130
青铜(最硬)	—	10~15	15~20	—	—	40~60
铸铁(软)	10~12	15~25	18~35	28~40	—	75~100
铸铁(硬)	—	10~15	10~20	18~28	—	45~60
铸铁(冷硬)	—	—	10~15	12~28	—	30~60
可锻铸铁	10~15	20~30	25~40	35~45	—	75~110
钢(软)	10~14	18~28	20~30	—	45~75	—
钢(中)	10~15	15~25	18~28	—	40~60	—
钢(硬)	—	10~15	12~20	—	30~45	—

表5-2　铣刀的进给量　(单位:mm/z)

工件材料	圆柱铣刀	面铣刀	立铣刀	成形铣刀	高速钢镶齿铣刀	硬质合金镶齿铣刀
铸铁	0.2	0.2	0.07	0.04	0.3	0.1
软(中硬)钢	0.2	0.2	0.07	0.04	0.3	0.09
硬钢	0.15	0.15	0.06	0.03	0.2	0.08
镍铬钢	0.1	0.1	0.05	0.02	0.15	0.06
高镍铬铁	0.1	0.1	0.04	0.02	0.1	0.05
可锻铸铁	0.2	0.15	0.07	0.04	0.3	0.09
铸铁	0.15	0.1	0.07	0.04	0.2	0.08
青铜	0.15	0.15	0.07	0.04	0.3	0.1
黄铜	0.2	0.2	0.07	0.04	0.3	0.21
铝	0.1	0.1	0.07	0.04	0.2	0.1
Al-Si 合金	0.1	0.1	0.07	0.04	0.18	0.08
Mg-Al-Zn 合金	0.1	0.1	0.07	0.03	0.15	0.08
Al-Cu-Mg 合金、Al-Cu-Si 合金	0.15	0.1	0.07	0.04	0.2	0.1

第二节　FANUC 0i－MA 系统数控铣床的编程

FANUC 0i－MA 系统编程的程序格式、基本编程指令和一些注意事项在数控车床编程部分已经讲述，这里不再重复。

一、数控铣削编程常用代码

（一）准备功能 G 代码

G 功能用于命令机械准备以何种方式切削加工或移动。其由地址符 G 后面接两位数字组成，不同的 G 代码代表不同的意义或不同的运动方式，FANUC 0i－MA 数控系统的常用 G 指令见表 5-3。

表 5-3　FANUC 0i－MA 数控系统的常用 G 指令

代码	功能	组别	代码	功能	组别
★G00	快速定位	01	G58	选择工件坐标系 5	14
G01	直线插补		G59	选择工件坐标系 6	
G02	圆弧插补/螺旋线插补 CW		G61	准确停止方式	15
G03	圆弧插补/螺旋线插补 CW		G65	宏程序调用	00
G04	暂停、准确停止	00	G66	宏程序模态调用	12
G09	准确停止		G67	宏程序模态调用取消	
G15	极坐标指令取消	17	G68	坐标旋转有效	16
G16	极坐标指令		G69	坐标旋转取消	
★G17	*XY* 平面选择	02	G73	深孔钻循环	09
G18	*ZX* 平面选择		G74	左旋攻丝循环	
G19	*YZ* 平面选择		G76	精镗循环	
G20	英寸输入	06	★G80	固定循环取消	
G21	毫米输入		G81	钻孔循环	
★G27	返回参考点检测	00	G82	钻孔循环或反镗循环	
G28	返回参考点		G83	深孔钻循环	
G29	从参考点返回		G84	攻丝循环	
G30	返回第 2、3、4 参考点		G85	镗孔循环	
G33	螺纹切割	01	G86	镗孔循环	
★G40	刀具半径补偿取消	07	G87	背镗循环	
G41	刀具半径左补偿		G88	镗孔循环	
G42	刀具半径右补偿		G89	镗孔循环	
G43	正向刀具长度补偿	08	★G90	绝对值编程	03
G44	负向刀具长度补偿		G91	增量值编程	
★G49	刀具长度补偿取消		G92	设定工件坐标系	00
G50	比例缩放取消	11	★G94	每分进给	05
G51	比例缩放有效		G95	每转进给	
★G54	选择工件坐标系 1	14	★G96	恒表面速度控制	13
G55	选择工件坐标系 2		G97	恒表面速度控制取消	
G56	选择工件坐标系 3		★G98	固定循环返回到初始点	10
G57	选择工件坐标系 4		G99	固定循环返回到 R 点	

注：标有★的 G 代码为电源接通时的状态。

（二）辅助功能 M 代码

数控铣床和加工中心的 M 代码与数控车床基本相同，表 5-4 所示为数控铣床和加工中心常用 M 代码。

表 5-4　FANUC 0i－MA 数控系统的辅助功能 M 代码

代码	功能		代码	功能	
M00	程序停止	A	M07	切削液开（雾状）	W
M01	选择停止	A	M08	切削液开	W
M02	程序结束	A	M09	切削液关	A
M03	主轴正转	W	M19	主轴准停	A
M04	主轴反转	W	M30	程序结束并返回	A
M05	主轴停止	A	M98	调用子程序	A
M06	自动换刀	W	M99	子程序结束，并返回主程序	A

（三）F、S、T 功能

1. F 功能

F 功能用于控制刀具移动时的进给速度，进给速度由 F 后面的数值指定。进给功能 F 常用以下两种方式指定。

1）每分钟进给 G94

编程格式：

G94　F __；

G94 为模态代码，一旦 G94 被指定，在 G95 指定前一直有效，单位为 mm/min。

2）每转进给 G95

编程格式：

G95　F __；

G95 为模态代码，一旦 G95 被指定，在 G94 指定前一直有效，单位为 mm/r。

2. S 功能

S 功能用于指定主轴速度。S 代码由地址符 S 及其后面接一组数字组成。

1）恒表面速度控制指令 G96

编程格式：

G96　S __；

G96 为模态代码，单位为 m/min。

2）恒表面速度控制取消指令 G97

编程格式：

G97　S __；

G97 为模态代码，单位为 r/min。

3. T 功能

数控铣床因无自动换刀装置，必须用人工换刀，所以 T 功能只用于加工中心。T 代码由地址符和后面数字组成。换刀指令的编程格式为：

M06　T __；

二、数控铣削编程常用基本指令

(一)坐标系相关指令

1. 工件坐标系的设置

数控机床一般在开机后需"回零"(即回机床参考点)才能建立机床坐标系。一般正确建立机床坐标系后即可设置工件坐标系。

1)工件坐标系的原点设置选择指令 G54 ~ G59

用 G54 ~ G59 指令,在一个程序中,最多可设定 6 个工件坐标系。其中,G54 坐标系是机床一开机并返回参考点默认的有效坐标系。用 G54 ~ G59 设定工件坐标系时,所用工件坐标系与机床坐标系之间的关系是由操作者在加工零件之前,通过"工件原点附加偏移"操作实现的。操作者在安装工件后,测量工件原点相对于机床原点的偏移量,并把工件坐标系在各轴方向上相对于机床坐标系的位置偏移量输入工件坐标系偏移存储器中,其后系统在执行程序时,就可以按照工件坐标系中的坐标值来运动了。

2)建立工件坐标系指令 G92

G92 指令通过设定刀具起点相对于工件原点的相对位置来建立工件坐标系。

编程格式:

G92　X__　Y__　Z__;

G92 与 G54 ~ G59 指令之间的差别:G92 需单独一个程序段指定,其后的位置指令值与刀具的起始位置有关,在使用 G92 之前必须保证刀具处于加工起始点,执行该程序段只建立工件坐标系,并不产生坐标系移动;G92 建立的工件坐标系在机床重开机时消失;使用 G54 ~ G59 建立工件坐标系时,该指令可单独指定,也可与其他指令同段指定,如果该程序段中有位置移动指令(G00,G01)就会在设定的坐标系中运动;G54 ~ G59 建立工件坐标系在机床重新开机后并不消失,并与刀具的起始位置无关。

2. 平面选择指令 G17、G18、G19

平面选择指令 G17、G18、G19 分别用来指定程序段中刀具的圆弧插补平面和刀具半径补偿平面。其中,G17 指定刀具在 *XY* 平面上运动;G18 指定刀具在 *ZX* 平面上运动;G19 指定刀具在 *YZ* 平面上运动。数控铣床和加工中心大都在 *XY* 平面上运动,故 G17 为机床默认状态。加工平面的选择如图 5-6 所示。

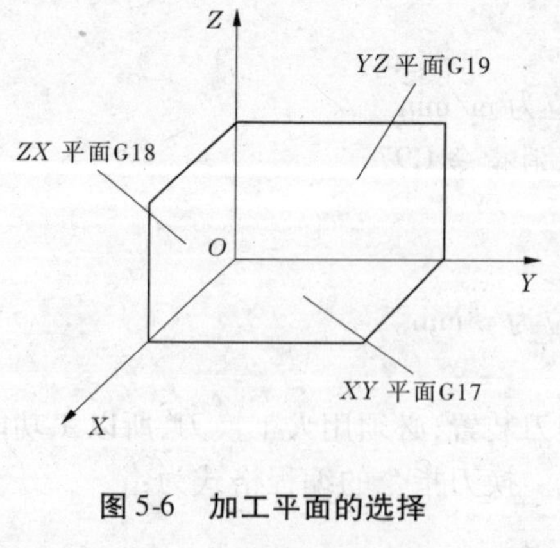

图 5-6　加工平面的选择

(二)刀具补偿功能

在数控机床上进行工件轮廓的铣削加工时,由于刀具半径和刀具长度不等,使得刀具中心轨迹和工件轮廓不重合。

当数控机床具备刀具补偿功能时,编程人员只需根据工件轮廓编程,数控系统会自动计算出刀具中心轨迹,加工出所需要的工件轮廓。同时,为了简化编程,在编程时除可以不考虑刀具半径值外,也可以不考虑刀具长度值,此时只需利用系统的长度补偿功能建立起相应的长度补偿即可。

数控系统设置有若干个刀具偏置寄存器,专供刀具补偿之用。进行数控编程时,只需调用所需刀具补偿参数(刀具半径、刀具长度)所对应的寄存器编号(D 和两位数字)即可。加工时,CNC 系统将该编号对应的刀具偏置寄存器中存放的刀具半径或长度补偿值取出,对刀具中心轨迹进行补偿计算,生成实际的刀具中心运动轨迹。

1. 刀具半径补偿

刀具半径补偿用 G17、G18、G19 指令在被选择的工件平面内进行补偿。比如,当 G17 命令执行后,刀具半径补偿仅影响 X、Y 轴移动,而对 Z 轴不起补偿作用。

G41 为刀具半径左补偿。

编程格式:

G41　D__;

G42 为刀具半径右补偿。

编程格式:

G42　D__;

G40 为取消刀具半径补偿,用于取消 G41、G42 指令。

编程格式:

G40;

刀具补偿号为 D00 ~ D99,D00 意味取消刀具补偿,刀具补偿值在加工或试运行之前需设定在补偿存储器中。编程时,选择正确的非零的 D 代码刀具半径偏置寄存号。G41、G42 指令的判别同数控车床一样,如图 5-7 所示。

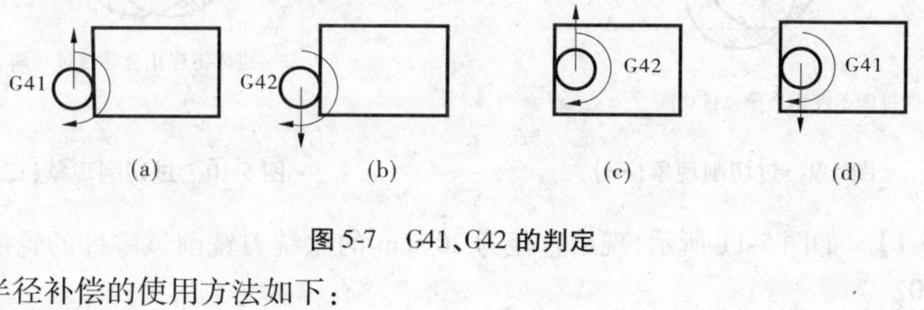

图 5-7　G41、G42 的判定

刀具半径补偿的使用方法如下:

(1)机床通电后,为取消半径补偿状态。

(2)G41、G42、G40 不能和 G02、G03 一起使用,只能与 G00 或 G01 一起使用,且刀具必须要移动,完成后必须用 G40 取消。

(3)一般情况下,刀具半径补偿量应为正值,如果补偿值为负,则 G41 和 G42 正好相互替换。通常,在模具加工中利用这一特点,可用同一程序加工同一公称尺寸的内外两个型面。如图 5-8 所示为用同一加工程序加工阳模和阴模的情况。

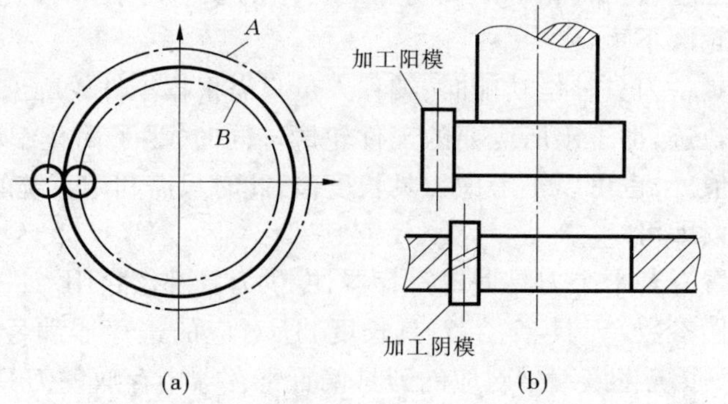

图 5-8 用同一加工程序加工阳模和阴模的情况

(4)刀具半径补偿除方便编程外,还可灵活运用,实现利用同一程序进行粗、精加工。

粗加工刀具半径补偿 = 刀具半径 + 精加工余量

精加工刀具半径补偿 = 刀具半径 + 修正量

(5)使用刀具半径补偿时应避免过切削现象。

启用刀具半径补偿和取消刀具半径补偿时,刀具必须在所补偿的平面内移动,移动距离应大于刀具补偿值。

加工半径小于刀具半径的内圆弧时,进行半径补偿将产生过切削,只有在过渡圆角尺寸大于(刀具半径 r + 精加工余量)的情况下才能正常切削,如图 5-9 所示。

被铣削槽底宽小于刀具直径时将产生过切削,如图 5-10 所示。

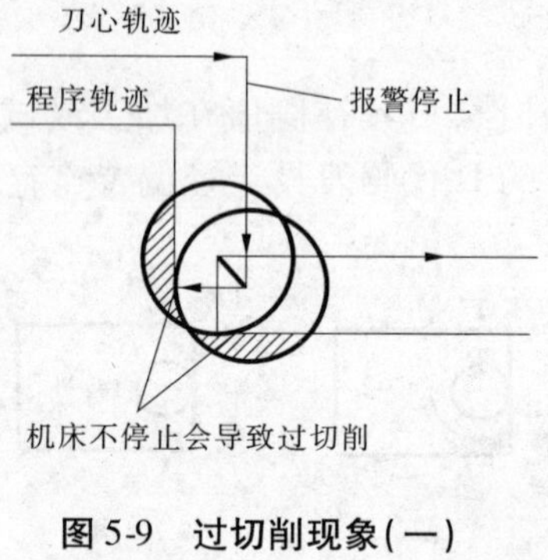

图 5-9 过切削现象(一)

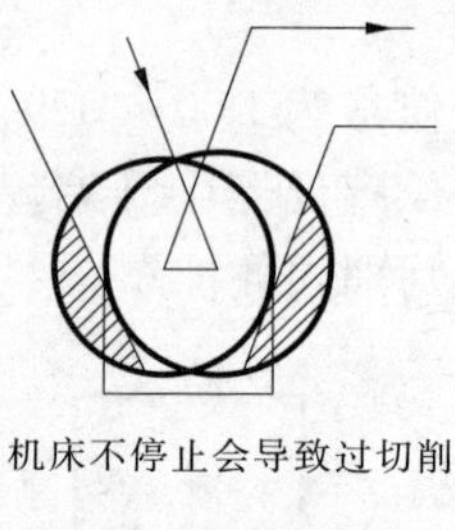

图 5-10 过切削现象(二)

【例 5-1】 如图 5-11 所示,现用直径为 20 mm 的立铣刀铣削该零件的轮廓。半径值存放在 D02。

解:参考程序如下:

O0001;

N0010 G54 G17 G90;

N0020 M03 S500;

N0030 G00 X – 10 Y – 20 Z50;

```
N0040  Z5;
N0050  G01  Z-2  F200;
N0060  G41  X0  Y0  D02;
N0070  Y125;
N0080  X50;
N0090  Y100;
N0100  G03  X75  Y75  R25;
N0110  G01  X150;
N0120  Y50;
N0130  X100  Y0;
N0140  X-10;
N0150  G40  Y-20;
N0160  G00  Z50  M05;
N0170  M30;
```

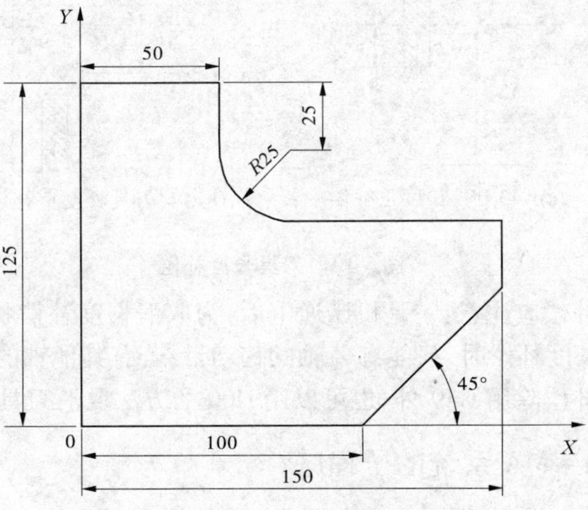

图 5-11　铣削零件轮廓

2. 刀具长度补偿

数控铣床或加工中心所使用的刀具的长度都不相同,同时由于刀具的磨损或其他原因引起刀具长度发生变化,使用刀具长度补偿指令,可使每一把刀具加工出来的深度尺寸都正确。将刀具长度补偿量存入刀具长度偏置寄存器中,寄存器号码由 H 和两位数字组成,需要补偿时,使用非零的 H 号码寄存器,选择正确的刀具长度偏置寄存器号。在最后一段刀具补偿轨迹加工完成后,应走一段直线再撤销刀补。

1)刀具长度补偿指令格式

G43 为刀具长度正补偿。

编程格式:

G43　H __;

G44 为刀具长度负补偿。

编程格式：

G44　H＿；

G49 为取消刀具长度补偿，用于取消 G43、G44 指令。

当执行刀具长度补偿时，刀具移动的距离等于指令值加上长度补偿值；在同一段程序内有运动指令值和长度补偿值，首先执行长度补偿指令，然后执行运动指令。

2）刀具长度正、负补偿值的确定

如图 5-12 所示，如果刀具长度偏置寄存器 H01 中存放的刀具长度值为 10，对于数控铣床执行语句：G90　G01　G43　Z－15.0　H01；

刀具实际运动到 Z＝（－15＋10）＝Z－5 的位置，如图 5-12(a)所示。

如果该语句改为：G90　G01　G44　Z－15.0　H01；

刀具实际运动到 Z＝（－15－10）＝Z－25 的位置，如图 5-12(b)所示。

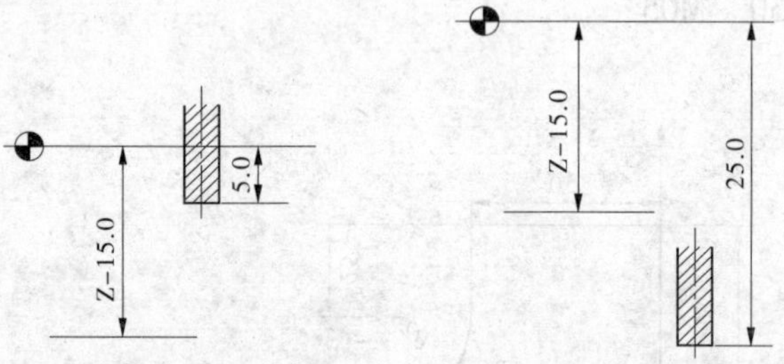

(a)G43刀具长度正补偿　(b)G44刀具长度负补偿

图 5-12　刀具长度补偿

使用刀具长度补偿应注意：一是机床通电后，为取消长度补偿状态；二是使用 G43 或 G44 指令进行刀具长度补偿时，只能有 *Z* 轴的移动量，若有其他轴的移动，则会出现报警；三是取消刀具长度补偿除用 G49 外，也可以用 H00 的方法取消刀具长度补偿。

三、FANUC 0i－MA 系统的子程序

在加工零件时，如果零件上的若干处具有相同的轮廓形状，那么在这种情况下，可以只编写一个轮廓形状的子程序，然后用一个主程序来调用该子程序；还可以用子程序再去调用另外的子程序，以简化程序编制，缩短程序段。

另外，若被加工的零件即使从外形上看并无相同的轮廓，但在加工中反复出现相同轨迹的走刀路线，即走刀轨迹总是出现某一特定的形状，那么在这种情况下，也可以用子程序编程。

（一）子程序的格式

子程序的格式与主程序相同，但在子程序开头有子程序号，结尾有子程序结束指令。编程格式如下：

O××××；

N0010　…；

N0020　…；

N0030　…;

…

N0090　…;

N0100　M99;

(二)子程序的调用

编程格式:

M98　P△△△△××××;

格式中:M98 为调用子程序指令;△△△△为子程序调用次数;××××为子程序号。

如"M98　P62000;"表示调用子程序 O2000 共六次。如果不写重复次数,则认为重复次数为一次。如"M98　P1200"表示调用子程序 O1200 一次。

(三)子程序应用实例

【例 5-2】　如图 5-13 所示,加工两个工件,*Z* 轴开始点为工件上方 100 mm 处,切深为 10 mm,切削速度为 100 mm/min,编程如下:

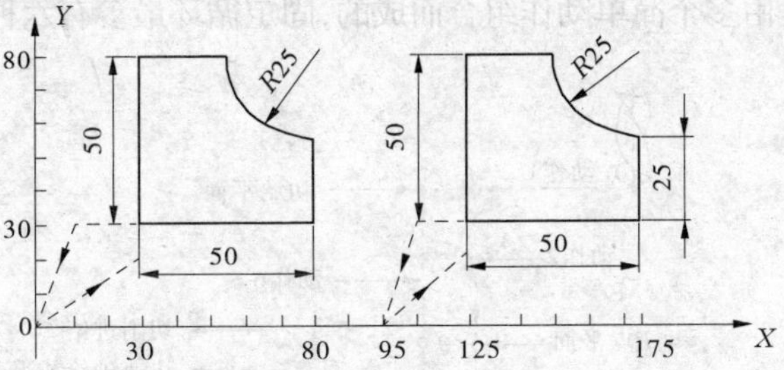

图 5-13　子程序应用

主程序

O1000;

N0010　G54　G17　G90　G00　X0　Y0;

N0020　Z100　M03　S800;

N0030　M98　P100;

N0040　G90　X95　Y0;

N0050　M98　P100;

N0060　G90　G00　X0　Y0;

N0070　M30;

子程序

O100;

N0010　G91　G00　Z-110;

N0020　G41　X30　Y20　D01;

N0030　G01　Y60　F100;

N0040　X25;

```
N0050  G03  X25  Y-25  R25;
N0060  G01  Y-25;
N0070  X-70;
N0080  G40  G00  X-10  Y-30;
N0090  Z110;
N0100  M99;
```

四、固定循环

(一)概述

数控铣床的固定循环功能主要用于孔的加工,如钻孔、镗孔、攻螺纹等。在编程时采用此功能可以大大简化程序,这些循环功能指令的最大特点是使用一个程序段就可以完成一个孔的全部动作。

1. 固定循环的动作

每一种循环都是由多个简单动作组合而成的,固定循环最多有六种动作,如图5-14所示。

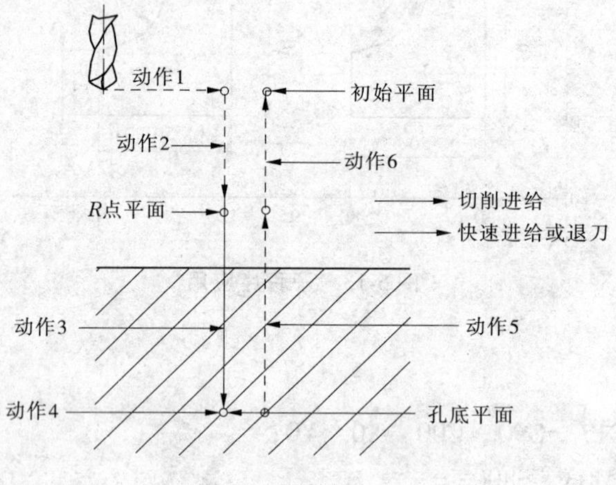

图5-14　固定循环的动作

动作1:孔定位,使刀具快速定位到孔的加工位置。

动作2:快进到 R 点平面(也称参考平面),刀具从初始位置快进到 R 点平面。

动作3:孔加工,以切削进给的方式执行孔的加工。

动作4:孔底动作,包括暂停、主轴准停、让刀等动作。

动作5:返回到 R 点平面。

动作6:返回到初始平面。

2. 作用平面

一个固定循环中包括以下三个平面的设定:

(1)初始平面。是为安全下刀而规定的一个平面。在固定循环指令中没有参数来设定此平面的位置,因此应在固定循环指令之前设定此平面。在不发生打刀或碰撞的前提下初始平面的高度可根据加工需要任意设定。

(2)*R* 点平面。是用来设置刀具下刀时自快速移动转为切削进给的位置，一般设定为距工件表面的距离。具体设定时可参考经验数据：在已加工表面钻、镗、铰孔时可取 1 ~ 3 mm，在毛坯表面钻、镗、铰孔时可取 5 ~ 8 mm，攻螺丝时可取 5 ~ 10 mm。

(3)孔底平面。是刀具切削进给时的最终位置。加工不通孔时孔底平面就是孔底的 *Z* 轴高度，加工通孔时为保证全部孔深都加工到规定尺寸，刀具要伸出工件底面一段距离，在钻孔时还应考虑钻尖对孔深的影响。

3. G98 和 G99 的区别

G98 和 G99 的区别：刀具返回 *R* 点平面用 G99，刀具返回初始平面用 G98。

4. 固定循环指令

FANUC 系统中的固定循环指令见表 5-5。

表 5-5　固定循环指令

G 代码	钻削（$-Z$ 方向）	在孔底的动作	回退（$+Z$ 方向）	应用
G73	间歇进给	—	快速移动	高速深孔钻循环
G74	切削进给	停刀→主轴正转	切削进给	左旋攻螺纹循环
G76	切削进给	准停→让刀	快速移动	精镗循环
G80	—	—	—	取消固定循环
G81	切削进给	—	快速移动	钻孔循环，点钻循环
G82	切削进给	停刀	快速移动	钻孔循环，锪、镗循环
G83	间歇进给	—	快速移动	深孔钻循环
G84	切削进给	停刀→主轴反转	切削进给	攻螺纹循环
G85	切削进给	—	切削进给	镗孔循环
G86	切削进给	主轴停止	快速移动	镗孔循环
G87	切削进给	主轴正转	快速移动	背镗循环
G88	切削进给	停刀→主轴停止	手动移动	镗孔循环
G89	切削进给	停刀	切削进给	镗孔循环

固定循环指令可用 G80 或任何 01 组的 G 代码（如 G00、G01、G02 等）取消。

（二）钻孔循环

1. 高速深孔钻削循环指令 G73

高速深孔钻削循环指令 G73 执行高速深孔往复钻削循环，它以间歇进给重复运动的方式进行，这样可以比较容易断屑和排屑。对于孔深与孔径之比大于 5 的深孔加工，由于不利于断屑、排屑，一般用 G73 来完成加工。其格式为：

G73　X__　Y__　Z__　R__　Q__　F__　K__;

格式中：X、Y 为孔中心的坐标值，可用增量坐标或绝对坐标指定；Z 为绝对编程（G90）时指孔底平面的 Z 坐标值，增量编程（G91）时为 R 点平面相对于孔底平面的 Z 坐标；R 为绝对编程（G90）时指 R 点平面的 Z 坐标值，增量编程（G91）时为初始平面相对于 R 点平面的 Z 坐标；Q 为每次切屑进给的深度，Q 值为正值；F 为切削进给速度；K 为固定循环重复次数。

该指令的一个重要特点是每次间歇进给后的退回距离很小（距离 d 值由参数指定），这样就体现了深孔钻削的高效率。G73 高速深孔钻削循环如图 5-15 所示。

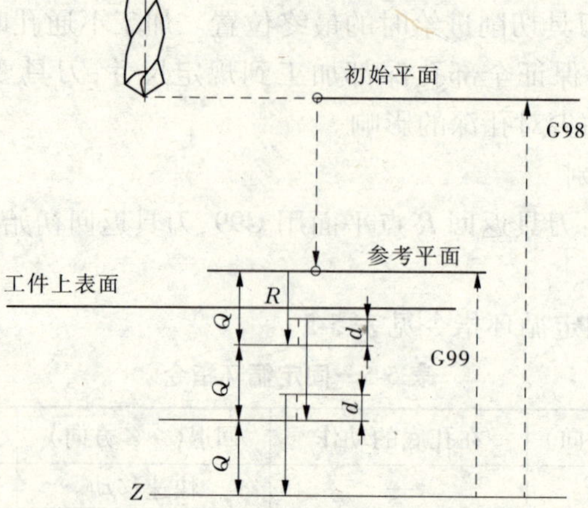

图 5-15　G73 高速深孔钻削循环

2. 钻削循环指令 G81

钻削循环指令 G81 用于通常的钻削加工，即短孔的加工，且一般用于通孔的加工。其格式为：

G81　X__　Y__　Z__　R__　F__　K__；

其中各指令含义同前，循环动作如图 5-16 所示。

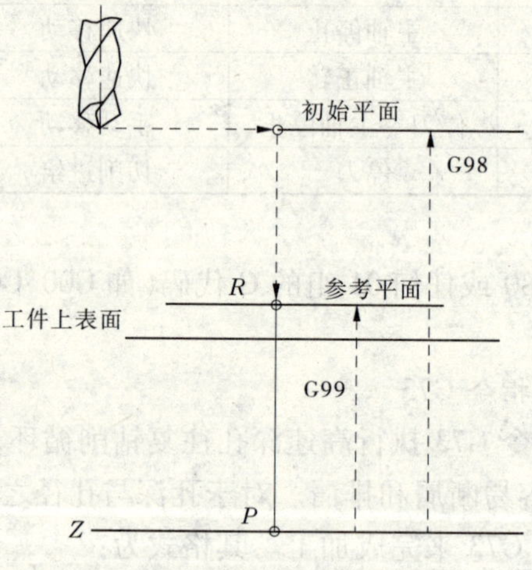

图 5-16　G81 钻削循环

3. 钻、镗阶梯孔循环指令 G82

钻、镗阶梯孔循环指令 G82 通常用于不通孔钻、镗、削加工或锪孔，其格式为：

G82　X__　Y__　Z__　R__　P__　F__　K__；

格式中：P 为孔底暂停时间，ms，不能用小数；其他代码含义同前。

循环动作如图 5-17 所示。

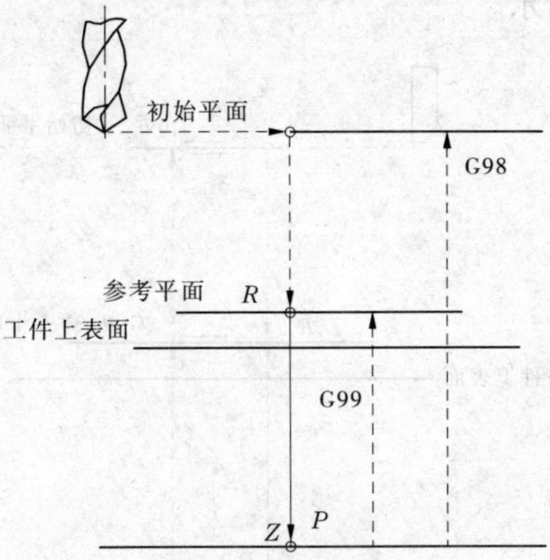

图 5-17　G82 钻、镗阶梯孔循环

4. 深孔加工循环指令 G83

深孔加工循环指令 G83 的动作与 G73 相似，主要区别是执行 G83 每次进给后退回 R 平面，而且下一次切削进给前留有预留量 d（用参数指定），这样有利于深孔钻削的排屑，使刀具处于较好的工况，但加工效率受到影响。其格式为：

G83　X＿　Y＿　Z＿　R＿　Q＿　F＿　K＿；

其中指令格式代码的意义同 G73，循环动作如图 5-18 所示。

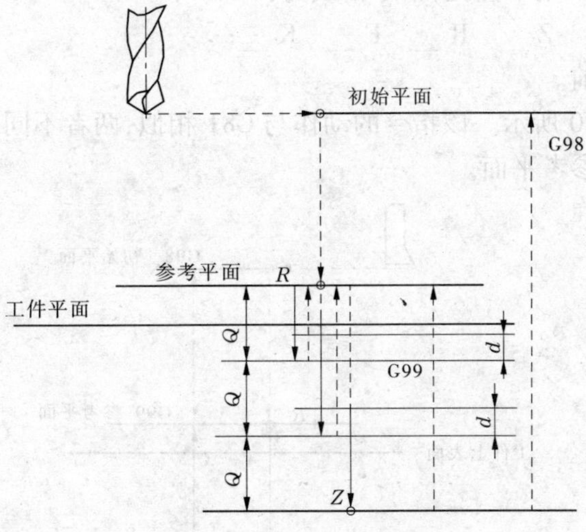

图 5-18　G83 深钻加工循环

（三）镗孔循环

1. 精密镗孔循环指令 G76

精密镗孔循环指令 G76 能够进行精密镗孔加工，其格式为：

G76　X＿　Y＿　Z＿　R＿　Q＿　P＿　F＿　K＿；

格式中：Q 为孔底让刀量（Q 为正值）；其他各代码的意义同前。

循环动作如图 5-19 所示。

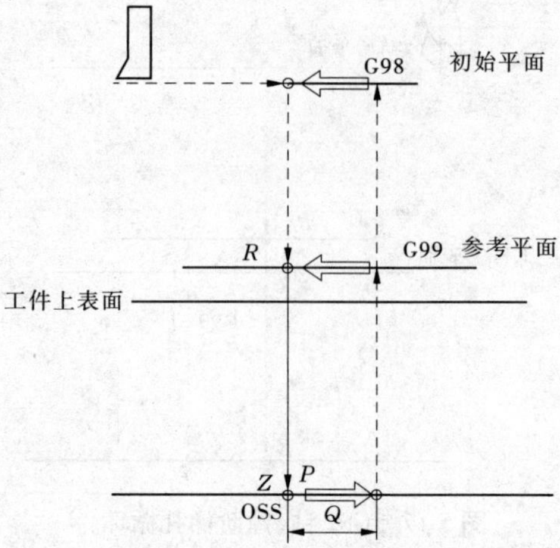

图 5-19　G76 精密镗孔循环

在该循环中,刀具定位后主轴正转,接着进行快进和切削进给,刀尖到达孔底时进行暂停、主轴定向准停、让刀(刀具离开工件加工表面),然后快速返回,刀具沿横向移动到孔心位置。这一指令的特点是加工后保证了已加工表面不被划伤,从而实现精密和高效镗削加工。

2. 镗孔循环指令 G85

镗孔循环指令 G85 用于镗孔,指令格式为:

G85　X＿　Y＿　Z＿　R＿　F＿　K＿;

格式中的代码含义同前。

循环动作如图 5-20 所示。该指令的动作与 G81 相似,两者不同之处在于 G85 指令中刀具以进给速度返回参考平面。

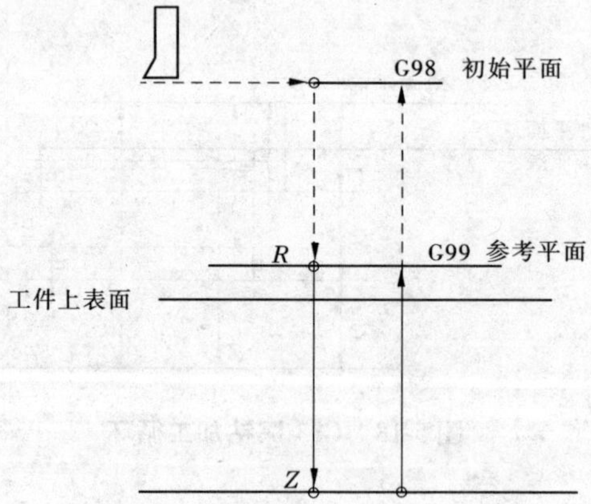

图 5-20　G85 镗孔循环

3. 镗孔循环指令 G86

镗孔循环指令 G86 也用于镗孔,指令格式为:

G86　X＿　Y＿　Z＿　R＿　F＿　K＿;

格式中的代码含义同前。

循环动作如图 5-21 所示。该指令动作的特点是：刀尖到达孔底时主轴停转，以快速返回到参考平面（G99）或初始平面（G98），主轴再重新启动。

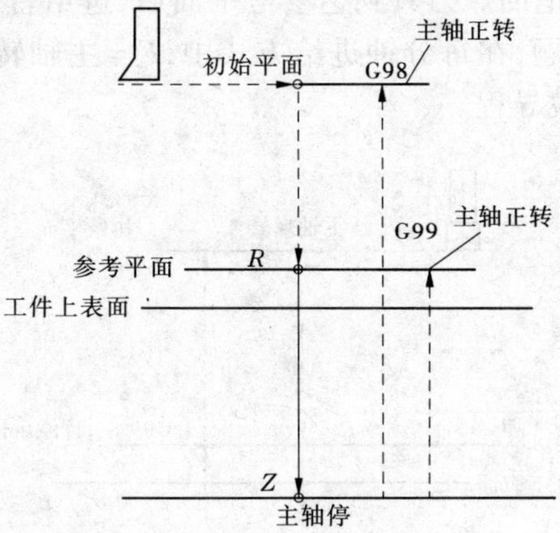

图 5-21　G86 镗孔循环

4. 反镗孔循环指令 G87

G87　X__　Y__　Z__　R__　Q__　P__　F__　K__；

格式中：Q 为让刀量。

循环动作如图 5-22 所示，执行 G87 指令，首先在 *XY* 平面定位，主轴停止在固定的旋转位置，刀具向刀尖的反方向移动。然后刀具快速移动到参考平面，并向刀尖方向移动一个 *Q* 值，主轴正转，接着向 *Z* 轴正向切削进给到孔底平面。刀尖到达孔底平面后进给暂停，主轴准停，刀具向刀尖的反方向移动一个 *Q* 值后快速返回到初始平面，到达初始平面后，刀具向刀尖方向移动，主轴正转。

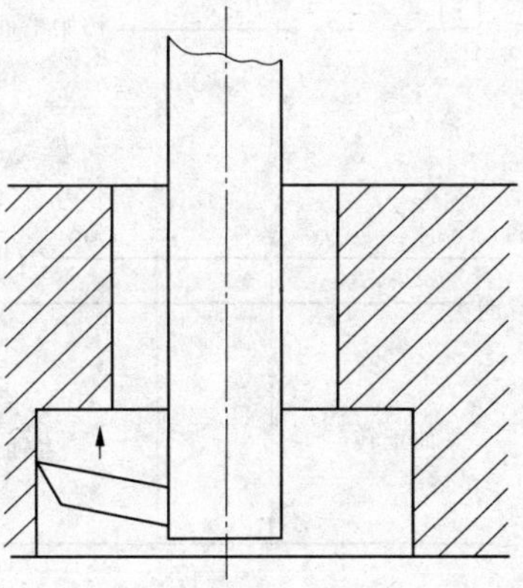

图 5-22　G87 反向镗孔循环

（四）攻螺纹

1. 左旋攻螺纹循环指令 G74

G74 指令用于左旋攻螺纹，其格式为：

G74　X＿　Y＿　Z＿　R＿　P＿　F＿　K＿；

格式中：P 为暂停时间；其他代码的意义同前。

循环动作如图 5-23 所示。执行 G74，主轴应反转，刀具到达孔底时进给暂停，主轴变为正转，以反向进给速度退回。刀具到达参考平面后，进给暂停，主轴恢复反转。需要注意的是，代码 F 的给定问题，在每分钟进给方式中，F = 主轴转速（r/min）× 螺纹导程；在每转进给方式中，F = 螺纹导程。

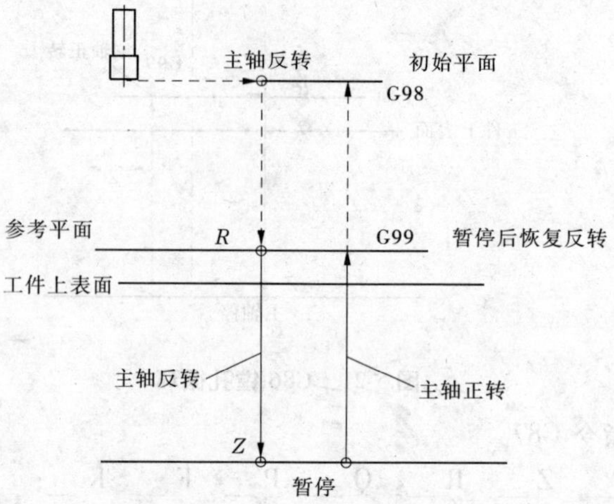

图 5-23　G74 左旋攻螺纹循环

2. *右旋攻螺纹循环指令 G84*

G84 指令用于右旋攻螺纹，当刀到孔底时，进给暂停，主轴反转，刀具以进给速度返回，刀具到达 R 点后进给暂停，主轴恢复正转，循环动作如图 5-24 所示。其格式为：

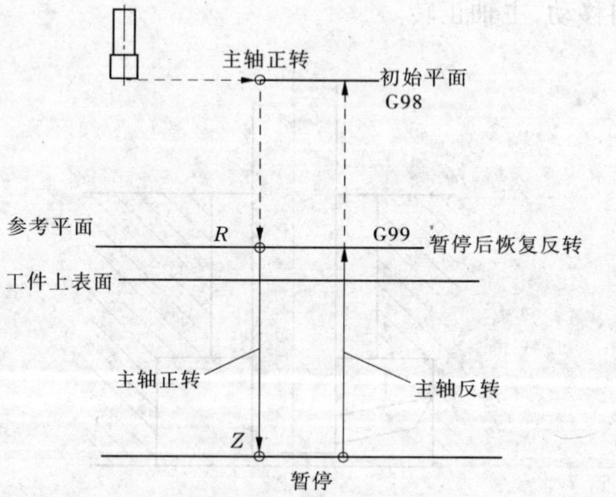

图 5-24　G84 右旋攻螺纹循环

G84　X＿　Y＿　Z＿　P＿　F＿　K＿；

格式中各代码含义同前。

（五）固定循环指令编程举例

【例 5-3】 使用指令 G84 编制如图 5-25 所示的螺纹加工程序，设刀具初始点在距工件表面 100 mm 处，切削深度为 10 mm。

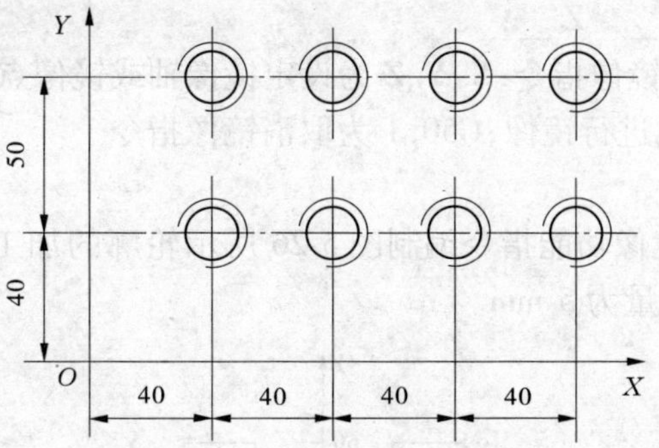

图 5-25 固定循环加工实例

解：程序参考如下：

（1）先用指令 G81 钻孔。

O0001；

N0010 G54 G17；

N0020 M03 S600；

N0030 G99 G90 G81 X40 Y40 R－98 Z－110 F300；

N0040 G91 X40 K3；

N0050 Y50；

N0060 X－40 K3；

N0070 G90 G80 X0 Y0 Z0；

N0080 M30；

（2）再用指令 G84 攻螺纹。

O0002；

N0010 G54 G17 M03 S600；

N0020 G99 G90 G84 X40 Y40 R－93 Z－110 F200；

N0030 G91 X40 K3；

N0040 Y50；

N0050 X－40 K3；

N0060 G90 G80 X0 Y0 Z0；

N0070 M30；

五、CNC 系统高级编程方法

（一）镜像功能指令 G51.1、G50.1

镜像功能指令用于使程序指定的图形关于某直线或某点进行镜像。当工件上具有对称结构时，可以利用镜像功能和子程序只对工件的一部分进行编程，就能加工出对称部分。

1. 指令格式

G51.1　X＿　Y＿　Z＿;

M98　P＿;

G50.1　X＿　Y＿　Z＿;

格式中:G51.1 为建立镜像指令;X、Y、Z 为设定镜像轴或镜像点,例如 G51.1　X5 表示关于 X=5 所确立的直线进行镜像;G50.1 为取消镜像指令。

2. 编程举例

【例 5-4】　使用镜像功能指令编制图 5-26 所示轮廓的加工程序,设置刀具起点距工件表面 50 mm,背吃刀量为 5 mm。

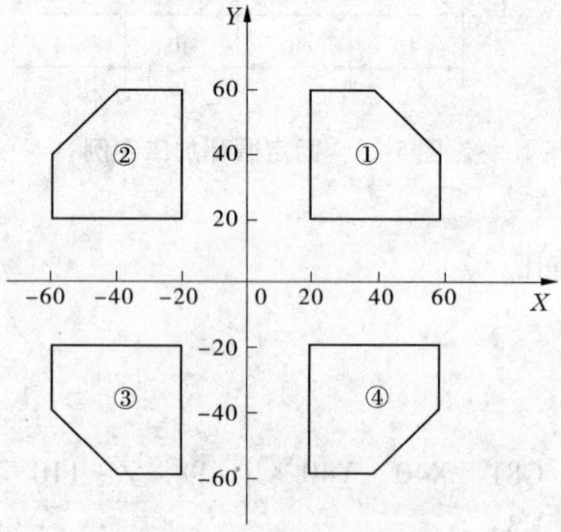

图 5-26　镜像指令运用

程序如下:

```
O1234;
N0010   G54   G90   M03   S800;
N0020   G00   X0   Y0;
N0030   Z-3;
N0040   M98   P1000;
N0050   G51.1   X0;
N0060   M98   P1000;
N0070   G50.1   X0;
N0080   G51.1   X0   Y0;
N0090   M98   P1000;
N0100   G50.1   X0   Y0;
N0110   G51.1   Y0;
N0120   M98   P1000;
N0130   G50.1   Y0;
N0140   G0   Z10;
N0150   M30;
```

```
O0001;
N0010  G41  G0  X20  Y10  D01;
N0020  G01  Z-5  F100;
N0030  Y60;
N0040  X40;
N0050  X60  Y40;
N0060  Y20;
N0070  X10;
N0080  G0  Z3;
N0090  G40  X0  Y0;
N0100  M99;
```

(二)缩放功能指令 G51、G50

缩放功能指令用于比例缩放,即使程序指定的图形按比例放大或缩小。

1. 指令格式

由于 X、Y、Z 轴指定的尺寸各自都可以按相同或不同的缩放比例进行缩放,因此比例缩放的格式有两种。

格式一:G51 X__ Y__ Z__ P__;

格式说明如下:

(1)格式一用于所有坐标都用相同比例进行缩放的情况。

(2)指令 G51 用于比例缩放开始,指令 G50 用于比例缩放取消。

(3)X、Y、Z 为缩放中心的绝对坐标值,P 为缩放比例,当 $P>1$ 时放大,$0<P<1$ 时缩小。

格式二:G51 X__ Y__ Z__ I__ J__ K__;

格式说明如下:

(1)格式二用于各坐标用不同的缩放比例进行放大或缩小的情况。

(2)I 为 X 轴的缩放倍率,J 为 Y 轴的缩放倍率,K 为 Z 轴的缩放倍率。I、J、K 不能用小数指定,只能用脉冲数表示,例如 I2000 表示 X 轴的缩放比例为 2 倍;而且 I、J、K 不能为 0,当 I、J、K 为负值时,兼有镜像功能。

使用比例缩放功能时应注意的问题:

(1)比例缩放功能 G51 使用完毕后用指令 G50 取消缩放功能。

(2)刀具半径补偿、刀具长度补偿以及刀具位移等的偏移量不受缩放功能的影响。

(3)固定循环 Z 轴运动、G73 和 G83 的切入量、G76 和 G87 的 X、Y 方向的偏移量均不受缩放比例的影响。

(4)在比例缩放方式中,回参考点指令(G27、G28、G29、G30)和关于坐标系指令(G52~

G59、G92）均不能使用。

2. 编程举例

【例 5-5】 加工如图 5-27 所示矩形凸台，用直径为 16 mm 的立铣刀加工。试编制其加工程序。

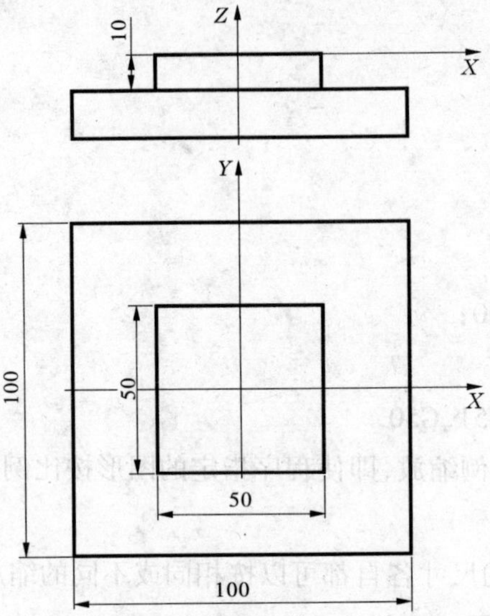

图 5-27 缩放指令运用

程序如下：

```
O2345;
N0010 G54 G90 M03 S800;
N0020 G00 X0 Y0;
N0030 Z5 M08;
N0040 G51 X0 Y0 P0.8;
N0050 M98 P1000;
N0060 G50;
N0070 G51 X0 Y0 P0.6;
N0080 M98 P1000;
N0090 G50;
N0100 G51 X0 Y0 P0.5;
N0110 M98 P1000;
N0120 G50;
N0130 G0 Z50 M09;
N0150 M30;

O1000;
```

N0010　G00　X－50　Y－70；
N0020　G41　G0　X－50　Y－67　D01；
N0030　G01　Z－10　F100；
N0040　Y50；
N0050　X50；
N0060　Y－50；
N0070　G0　X－65；
N0080　Z5；
N0090　G40　G0　X0　Y0；
N0100　M99；

(三)旋转变换指令 G68、G69

坐标旋转变换指令用于使程序指定的图形旋转,如图 5-28 所示,可通过调整工件的位置加工旋转图形,以减少编程计算工作量。

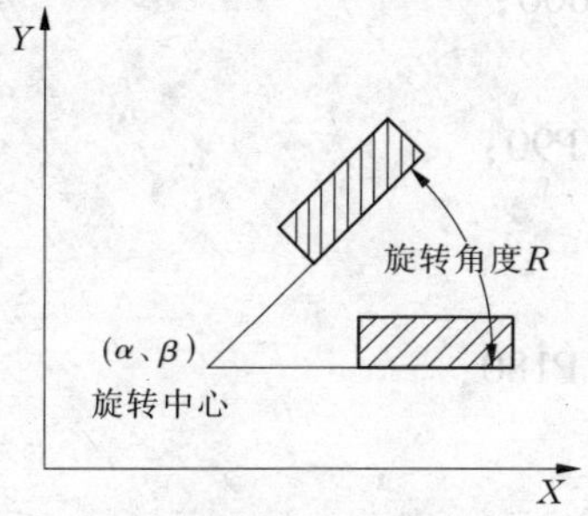

图 5-28　坐标旋转

1. 指令格式

G17(G18、G19)　G68　X __　Y __　R __;

格式中:G17、G18、G19 为选择坐标系旋转的平面指令;X、Y 为旋转中心的绝对坐标;R 为旋转角度,逆时针为正。

使用旋转变换指令功能应注意以下问题:

(1)刀具半径补偿、刀具长度补偿等刀具偏置,在坐标系旋转后执行。

(2)G68 可以带 2 个定位参数,为可选参数。定位参数用已指定旋转操作的中心。如果不指定旋转中心,系统以当前刀具位置为旋转中心。定位参数与当前坐标平面 G17、G18、G19 无关。

(3)不论当前定位方式是绝对方式还是相对方式或者极坐标方式,旋转中心只能以直角坐标系绝对定位方式指定。

(4)旋转方式下,不可进行固定循环,不可进行平面选择操作,否则系统报错。

(5)旋转功能结束时,旋转取消(G69)不能缺少,以免使系统坐标旋转的模态值一直处于建立状态。

2. 编程举例

【例 5-6】　在图 5-29 中采用旋转指令编程,分别旋转 90°、180°、270°得到所需图形。

刀具选用直径为 10 mm 的立铣刀,试编写程序。

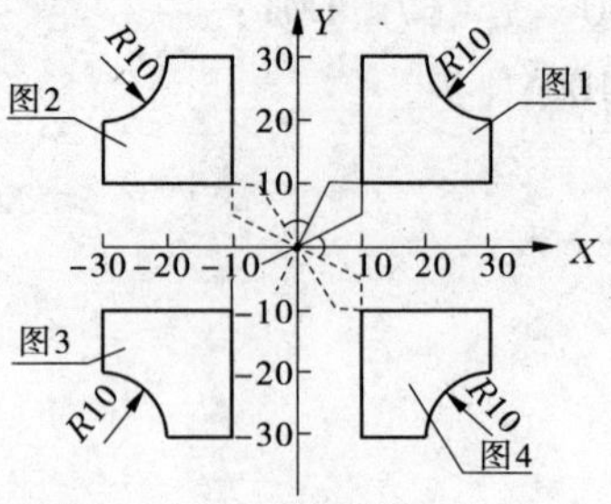

图 5-29　坐标旋转运用编程

程序如下:

```
O3456;
N0010  G54  G17  G90  G0  X0  Y0  Z50;
N0020  Z-28  M03  S600;
N0030  M98  P100;
N0040  G68  X0  Y0  P90;
N0050  M98  P100;
N0060  G69;
N0070  G68  X0  Y0  P180;
N0080  M98  P100;
N0090  G69;
N0100  G68  X0  Y0  P270;
N0110  M98  P100;
N0120  G69;
N0130  Z50  M05;
N0140  M30;

O100;
N0010  G41  X10  Y4  D01;
N0020  G01  Y30  F100;
N0030  X20;
N0040  G03  X30  Y20  I10;
N0050  G01  Y10;
N0060  X5;
N0070  G40  G0  X0  Y0;
N0080  M99;
```

(四)极坐标指令 G16、G15

极坐标是以坐标原点到目标点连线的长度(极径)和连线与坐标轴夹角(极角)来确

定目标点的位置。通常情况下,圆周分布的孔类零件(如法兰类零件)以及图样尺寸以半径与角度形式表示的零件(如铣正多边形的外形),采用极坐标编程较为合适。

指令格式:

G16　G□□　X＿　Y＿;

…

G15;

格式中:G16 为建立极坐标;G15 为取消极坐标;G□□为刀具动作指令;X、Y 为指定目标点坐标,其中 X 为极径,Y 为极角,极径为极坐标原点到指定点的距离,无正负,极角的角度是 X 轴的正向,以逆时针方向为正。

使用极坐标指令功能应注意如下问题:

(1)在 G90 方式下,极径是编程终点到工件零点的距离,即工件零点为极心;在 G91 的方式下,极径为刀具当前位置到编程终点的距离,即刀具当前位置为极心。极角在 G90 的方式下为绝对值,在 G91 方式下为相对值。

(2)不可在坐标旋转、缩放方式下进行极坐标设置,否则系统报警。

第三节　典型零件的数控编程(FANUC 0i－MA)加工

【例 5-7】　如图 5-30 所示,材料为 45 钢,毛坯尺寸为 160 mm×120 mm×30 mm,除上表面外的其他表面均已加工,按照图样要求制定正确的工艺方案(包括定位、夹紧方案

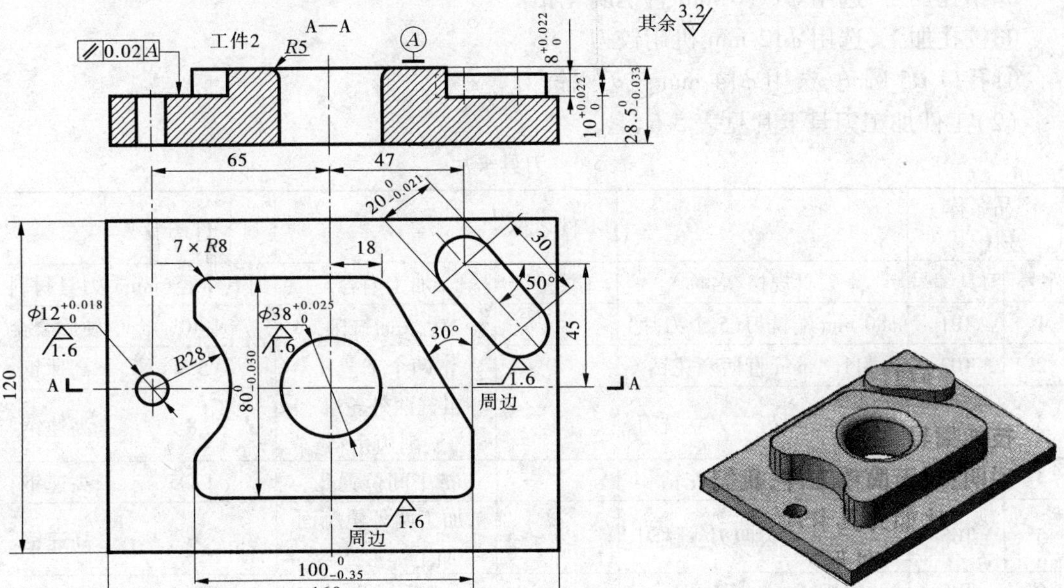

图 5-30　典型零件加工

和工艺路线)，选择合理的刀具和切削工艺参数，编写数控加工程序。

解：(1)工艺方案的确定。

此零件装夹选用机用平口钳装夹，校正平口钳固定钳口，使之与工作台 X 轴移动方向平行。在工件下表面平口钳之间放入精度较高的平行垫块(垫块厚度与宽度适当)，利用木锤或铜棒敲击工件，使平行垫块不能移动后再夹紧工件，夹紧后，最好用百分表在四周测量一下，检测工件是否水平。

工件装夹好后，利用寻边器找正工件 X、Y 轴零点，工件坐标系原点位于工件上表面的中心位置。工件加工设计为：

①粗铣削平面，保证尺寸 28.5 mm，选用 ϕ80 mm 可转位铣刀(5 个刀片)。

②精铣削平面，保证尺寸 28.5 mm，选用 ϕ80 mm 可转位铣刀(5 个刀片)。

③粗加工两外轮廓，选用 ϕ80 mm 三刃立铣刀。

④铣削边角料，选用 ϕ16 mm 三刃立铣刀。

⑤钻中间位置孔，选用 ϕ11.8 mm 直柄麻花钻。

⑥扩中间位置孔，选用 ϕ35 mm 锥柄麻花钻。

⑦精加工两外轮廓，选用 ϕ12 mm 四刃立铣刀。

⑧加工键形凸台表面，选用 ϕ12 mm 四刃立铣刀。

⑨粗镗 ϕ37.5 mm 孔，选用 ϕ37.5 mm 粗镗刀。

⑩精镗 ϕ8 mm 孔，选用 ϕ8 mm 精镗刀。

⑪钻孔加工，选用 ϕ3 mm 中心钻。

⑫钻孔加工，选用 ϕ11.8 mm 直柄麻花钻。

⑬铰孔加工，选用 ϕ12 mm 机用铰刀。

⑭孔口 $R5$ 圆角，选用 ϕ14 mm 三刃立铣刀。

(2)工件加工刀具卡片见表 5-6。

表 5-6　刀具卡片

产品名称及代号			零件名称		零件图号	
序号	刀具编号	刀具规格/名称	数量	加工内容	刀具半径(mm)	刀具材料
1	T01	ϕ80 mm 端铣刀(5 个刀片)	1	上表面铣削	40	硬质合金
2	T02	ϕ11.8 mm 直柄麻花钻	1	钻两个工艺孔	5.9	高速钢
3	T03	ϕ16 mm 粗齿三刃立铣刀	1	粗铣两外轮廓、铣削边角料	8	高速钢
4	T04	ϕ35 mm 锥柄麻花钻	1	扩中间位置孔	17.5	高速钢
5	T05	ϕ12 mm 细齿四刃立铣刀	1	精加工两外轮廓面、加工键形凸台	6	高速钢
6	T06	ϕ37.5 mm 粗镗刀	1	粗镗孔	18.5	硬质合金
7	T07	ϕ38 mm 精镗刀	1	精镗孔	19	硬质合金
8	T08	ϕ3 mm 中心孔钻	1	点孔加工	1.5	高速钢
9	T09	ϕ12 mm 机用铰刀	1	铰孔加工	6	高速钢
10	T10	ϕ14 mm 粗齿三刃立铣刀	1	孔口 $R5$ 圆角	7	高速钢

(3)数控加工工序卡片见表5-7。

表5-7　数控加工工序卡片

单位名称		产品名称或代号		零件名称		零件图号	
工序号	程序编号	夹具名称		使用设备		车间	
	O3750	平口钳+垫块		数控铣或加工中心			
工步号	工步内容	刀具编号	刀具规格	主轴转速（r/min）	进给速度（mm/min）	背吃刀量（mm）	备注
1	加粗工上表面	T01	ϕ80 mm 端铣刀	450	300	1.7	0.3
2	精粗工上表面	T01	ϕ80 mm 端铣刀	800	160	0.3	0
3	粗加工两外轮廓面	T03	ϕ16 mm 立铣刀	500	120	8	0.5
4	铣削边角料	T03	ϕ16 mm 立铣刀	500	120	0.5	0
5	钻中间位置孔	T02	ϕ11.8 mm 麻花钻	550	80	5.9	0
6	扩中间位置孔	T04	ϕ35 mm 麻花钻	150	20	11.7	0
7	精加工两外轮廓面	T05	ϕ12 mm 立铣刀	800	100	0.3	0
8	加工键形凸台	T05	ϕ12 mm 立铣刀	800	100	0.3	0
9	粗镗孔	T06	ϕ37.5 mm 粗镗刀	850	80		0.3
10	精镗孔	T07	ϕ38 mm 精镗刀	1 000	40	0.3	0
11	点孔加工	T08	ϕ3 mm 中心钻	1 200	120	0.5	0
12	钻孔加工	T02	ϕ11.8 mm 麻花钻	550	80	5.9	0.1
13	铰孔加工	T09	ϕ12 mm 铰刀	300	50	0.1	0
14	孔口 *R*5 圆角	T10	ϕ14 mm 立铣刀	800	1 000		0
编制	审核	批准		年　月　日		共　页	第　页

(4)数控加工程序卡片见表5-8。

表5-8　数控加工程序卡片

程序名称:O3750	程序说明
N0010　G90　G17　G21　G94　G49　G40;	程序初始化
N0020　G91　G28　Z0　T01;	调用1号 ϕ80 mm 端铣刀
N0030　M06;	
N0040　G90　G55;	用G55 建立工件坐标系
N0050　G00　X0.0　Y0.0;	
N0060　G00　G43　Z20.0　H01;	调用刀具1号长度补偿
N0070　M03　S450;	主轴正转,转速450 r/min
N0080　X125　Y-30;	

续表 5-8

程序名称:O3750	程序说明
N0090　Z0.3;	上表面粗加工,留 0.3 mm 精加工余量
N0100　G01　X-125　F300;	上表面铣削,进给速度 300 mm/min
N0110　G00　Y30.0;	
N0120　G01　Z125.0;	
N0130　G00　G80　G49　Z20.0　M09;	
N0140　M05;	主轴停转
N0150　M00;	程序暂停(利用厚度千分尺测量厚度,确定精加工余量)
N0160　M03　S800;	
N0170　G00　X125.0　Y-30.0　M08;	主轴正转,转速 800
N0180　Z0.0;	
N0190　G01　X-125.0　F160;	精加工上表面(用 ϕ80 mm 端铣刀)
N0200　G00　Y30.0;	
N0210　G01　X125.0;	
N0220　G00　G80　G49　Z20.0　M09;	
N0230　M05;	主轴停转
N0240　M00;	程序暂停
N0250　G91　G28　Z0　T03;	更换 3 号 ϕ16 mm 粗齿立铣刀
N0260　M06;	
N0270　G90　G00　X0.0　Y0.0;	
N0280　G00　G43　Z20.0　H03;	调用刀具 3 号长度补偿
N0290　M03　S500　F120;	主轴正转,转速 500 r/min,进给速度 120 mm/min
N0300　X92.0　Y0.0　M08;	
N0310　Z-10.0;	
N0320　G41　G01　X50.0　Y-14.0　D03;	引入刀具 3 号半径补偿值 $D=8$
N0330　M98　P0010;	调用子程序 0010,加工中间凸台
N0340　G41　G01　X58.623　Y15.591　D03;	引入刀具 3 号半径补偿值 $D=8$
N0350　M98　P0020;	调用子程序 0020 加工腰子凸台
N0360　G01　X73.0;	接着加工 18.5 面的残留部分
N0370　Y-60.0;	
N0380　X65　Y-46.0;	
N0390　Y-53.0;	
N0400　X-81.0;	
N0410　X-65.0　Y-46.0;	
N0420　X-73.0;	
N0430　Y0.0;	
N0440　X-63.0　Y-10.0;	
N0450　Y10.0;	
N0460　X-73.0　Y6.0;	
N0470　Y60.0;	
N0480　X-65.0　Y46.0;	
N0490　Y53.0;	

续表 5-8

程序名称:O3750	程序说明
N0500 X25.0;	
N0510 Y70.0;	
N0520 G00 X75.0;	
N0530 G01 Y50.0;	
N0540 G00 G80 G49 Z20.0 M09;	台面加工结束
N0550 M05;	主轴停转
N0560 M00;	程序暂停、检测
N0570 G91 G28 Z0;	
N0580 T02 M06;	调 2 号刀 ϕ11.8 mm 麻花钻预钻 ϕ38 mm 的孔
N0590 G90 G00 X0.0 Y0.0;	
N0600 G00 G43 Z20.0 H02;	调用刀具 2 号长度补偿
N0610 M03 S550 F08;	主轴正转,转速 550 r/min,进给速度为 80 mm/min
N0620 X0 Y0 M08;	
N0630 G83 G99 X0.0 Y0.0 Z-35 Q5 K1 R2;	预钻中心位置 ϕ38 mm 底孔
N0640 G00 G80 G49 Z20.0 M09;	取消固定循环,Z 轴快速定位,切削液关
N0650 M05;	主轴停转
N0660 M00;	程序暂停
N0670 G91 G28 Z0;	
N0680 T04 M06;	更换 ϕ35 mm 麻花钻
N0690 G90 G00 X0.0 Y0.0;	
N0700 G00 G43 Z20.0 H04;	调用刀具 4 号长度补偿
N0710 M03 S150 M08 F20;	主轴正转,转速 150,进给速度为 20
N0720 G83 G99 X0 Y0 Z-40 Q5 K1 R2;	固定循环指令扩孔加工中心位置孔
N0730 G00 G80 G49 Z20.0 M09;	取消固定循环
N0740 M05;	主轴停转
N0750 M00;	程序暂停
N0760 G91 G28 Z0;	
N0770 T05 M06;	更换 ϕ12 mm 细立铣刀,精加工外形
N0780 G90 G00 X0.0 Y0.0;	
N0790 G00 G43 Z20.0 H05;	调用刀具 5 号长度补偿
N0800 M03 S800 F100;	主轴正转,转速 800,进给速度为 100
N0810 X92 Y0 M08;	
N0820 Z-10.0;	
N0830 G41 G01 X50.0 Y-14.0 D05;	引入刀具 5 号半径补偿值 D05 = 6
N0840 M98 P0010;	调用子程序 0010
N0850 G41 G01 X58.623 Y15.591 D05;	引入刀具 5 号半径补偿值
N0860 M98 P0020;	调用子程序 0020

续表 5-8

程序名称:O3750	程序说明
N0870 G00 Z5.0;	Z 轴快速退刀至 Z5 mm
N0880 Z32.0 Y55.098;	
N0890 Z-2.0;	
N0900 G01 X68.881 Y11.144;	
N0910 X76.542 Y17.572;	
N0920 X40.941 Y50.0;	
N0930 G00 G80 G49 Z20.0 M09;	
N0940 M05;	主轴停转
N0950 M00;	程序暂停
N0960 G91 G28 Z0;	
N0970 T06 M06;	更换 6 号 ϕ37.5 mm 粗镗刀
N0980 G90 G00 X0.0 Y0.0;	
N0990 G00 G43 Z20.0 H06;	调用刀具 6 号长度补偿
N1000 M03 S850 M08;	主轴正转,转速 850 r/min
N1010 G85 G99 X0 Y0 Z-30.0 R2 F80;	粗镗中间位置孔
N1020 G80 G00 G49 Z20.0 M09;	取消固定循环
N1030 M03;	主轴停转
N1040 M00;	程序暂停
N1050 G91 G28 Z0;	
N1060 T07 M06;	更换 7 号 ϕ38 mm 精镗刀
N1070 G90 G00 X0.0 Y0.0;	
N1080 G00 G43 Z20.0 H07 M08;	调用刀具 7 号长度补偿
N1090 M03 S1000;	主轴正转,转速 1 000 r/min
N1100 G85 G99 Z0 Y0 Z-30.0 R2 F40;	精镗中间位置孔
N1110 G80 G00 G49 Z20 M09;	取消固定循环
N1120 M05;	主轴停转
N1130 M00;	程序暂停
N1140 G91 G28 Z0 T08;	调 8 号 ϕ3 mm 中心钻
N1150 M06;	
N1160 G90 G00 X0.0 Y0.0;	
N1170 G00 G43 Z20.0 M08;	调用刀具 8 号长度补偿
N1180 M03 S1200;	主轴正转,转速 1 200 r/min
N1190 G81 G99 X-56 Y0 Z-2 R2 F120;	固定循环指令点孔加工
N1200 G00 G80 G49 Z20.0 M09;	取消固定循环
N1210 M05;	主轴停转
N1220 M00;	程序暂停
N1230 G91 G28 Z0;	
N1240 T02 M06;	调 2 号 ϕ11.8 mm 麻花钻
N1250 G90 G00 X0.0 Y0.0;	
N1260 G00 G43 Z20.0 H02 M08;	调用刀具 2 号长度补偿
N1270 M03 S550;	主轴正转,转速 500 r/min

续表 5-8

程序名称:O3750	程序说明
N1280 G83 G99 X-65 Y0 Z-35 Q5 K1 R2 F80;	固定循环指令钻孔加工
N1290 G00 G80 G49 Z20.0 M09;	取消固定循环
N1300 M05;	主轴停转
N1310 M00;	程序暂停
N1320 G91 G28 Z0 T09;	调 T09 号 ϕ12 mm 机用铰刀
N1330 M06;	
N1340 G90 G00 X0.0 Y0.0;	
N1350 G00 G43 Z20.0 H09 M08;	调用刀具 9 号长度补偿
N1360 M03 S300;	主轴正转,转速 300 r/min
N1370 G85 G99 X-65 Y0 Z-35 R2 F50;	固定循环指令铰孔加工,进给速度 50 mm/min
N1380 G00 G80 G49 Z20.0 M09;	取消固定循环
N1390 M05;	主轴停转
N1400 M00;	程序暂停
N1410 G91 G28 Z0 T10;	调 T10 号 ϕ14 mm 立铣刀
N1420 M06;	
N1430 G90 G00 X0.0 Y0.0;	
N1440 G00 G43 Z20.0 H10;	调用刀具 10 号长度补偿
N1450 M03 S800 M08;	主轴正转,转速 800
N1460 Z0;	*Z* 轴快速进到 Z0
N1470 G01 Z17.0 F60;	*X* 轴进给,进给速度 60 r/min
N1480 #1 = 0.0;	定义 *Z* 轴起始深度
N1490 #2 = -7.0;	定义 *Z* 轴最终深度
N1500 #3 = 7.0 + #1;	*Z* 方向数值计算
N1510 #4 = SQRT[7.0 * 7.0 - #3 * #3];	*X* 方向数值计算
N1520 #5 = 17.0 - #4;	*X* 方向数值计算
N1530 G01 X[#5] Y0 Z[#1] F100;	进给至圆弧面的 *X*、*Y*、*Z* 轴起点位置
N1540 G02 I[-#5] J0.0;	整圆铣削加工
N1550 #1 = #1 - 0.02;	圆弧深度的每次增加量
N1560 IF[#1GE#2] GOTO 1510;	当深度未到时,转移到 N1510 程序段
N1570 G00 G80 G49 Z20.0 M09;	取消刀具长度补偿,Z 轴快速定位
N1580 G91 G28 Z0.0;	
N1590 M05;	主轴停
N1600 M03;	程序结束
O0010	(凸台外轮廓加工 O0010)
N0010 G01 Y-32.0;	
N0020 G20 X42.0 Y-40.0 R8.0;	
N0030 G01 X-42.0;	
N0040 G02 X-50.0 Y-32.0 R8.0;	
N0050 G01 Y-23.664;	
N0060 G02 X-47.576 Y-17.928 R8.0;	

续表 5-8

程序名称:O3750	程序说明
N0070 G03 Y17.928 R28.0;	
N0080 G02 X-50.0 Y23.664 R8.0;	
N0090 G01 Y32.0;	
N0100 G02 X-42.0 Y40.0 R8.0;	
N0110 G01 X13.381;	
N0120 G02 X20.309 Y36.0 R8.0;	
N0130 G01 X48.928 Y-13.569;	
N0140 G02 X50.0 Y-17.569 R8.0;	
N0150 G40 G01 X60.0 Y0.0;	
N0160 M99;	子程序结束
O0020;	(加工腰子凸台子程序 O0020)
N0010 G01 X39.34 Y38.572;	
N0020 G02 X54.66 Y51.428 R10.0;	
N0030 G01 X73.944 Y28.447;	
N0040 G02 X58.623 Y15.519 R10.0;	
N0050 G40 G01 X55.0 Y0.0;	取消刀补
N0060 M99;	子程序返回

第四节 SIEMENS 802S/C 系统数控铣床的编程

SIEMENS 802S/C 系统编程方法与 FANUC 0i-MA 系统基本相似,SIEMENS 802S/C 编程指令集见表 5-9。

表 5-9 SIEMENS 802S/C 编程指令集

地址	含义	赋值	说明	编程
D	刀具刀补号	0~9 整数,不带符号	用于某个刀具 T _ 的补偿参数:D0 表示补偿值=0,一个刀具最多有 9 个 D 号	D _;
F	进给率(与 G4 一起可以编程停留时间)	0.001~99 999.99	刀具/工件的进给速度,对应 G90 或 G95,单位分别为 mm/min 或 mm/r	F _;
G	G 功能(准备功能字)	已事先规定	G 功能按 G 功能组划分,一个程序段中同组的 G 功能只能有一个。G 功能按模态有效(直到被同组中其他功能替代),或者以程序段方式有效 G 功能组:	G _;

续表 5-9

地址	含义	赋值	说明	编程
G0	快速移动		1.运动指令,(插补方式)	G0 X _ Y _ Z _;
G1*	直线插补			G1 X _ Y _ Z _ F _;
G2	顺时针圆弧插补			G2 X _ Y _ I _ K _;圆心和终点 G2 X _ Y _ CR = _ F _;半径和终点 G2 AR = _ I _ J _ F _;张角和圆心 G2 AR = _ X _ Y _ F _;张角和终点
G3	逆时针圆弧插补			G3 _;其他同 G2
G5	中间点圆弧插补			G5 X _ Y _ IX = _ JY = _ F _;
G33	恒螺距的螺纹切削		模态有效	S _ M _;主轴转速,方向 G33 Z _ K _;在 Z 轴方向上带补偿夹头攻丝
G331	不带补偿夹头切削内螺纹			N10 SPOS = _;主轴处于位置调节状态 N20 G331 Z _ K _ S _;在 Z 轴方向不带补偿夹头 攻丝;右旋螺纹或左旋螺纹通过螺距的符号(比如 K +)确定 +:同 M3; -:同 M4;
G332	不带补偿夹头切削内螺纹—退刀			G332 Z _ K _;不带补偿夹具切削螺纹—— Z 向退刀;螺纹符号同 G331
G4	暂停时间		2.特殊运行,程序段方式有效	G4 F _ 或 G4 S _;自身程序段
G63	带补偿夹头切削内螺纹			G63 Z _ F _ S _ M _;
G74	回参考点			G74 X _ Y _ Z _;自身程序段
G75	回固定点			G75 X _ Y _ Z _;自身程序段

续表 5-9

地址	含义	赋值	说明	编程
G158	可编程的偏置		3. 写存储器，程序方式有效	G158 X __Y__Z__；自身程序段
G258	可编程的旋转			G258 RPL = __；在 G17 ~ G19 平面中旋转，自身程序段
G259	附加可编程旋转			G259 RPL = __；在 G17 ~ G19 平面中附加旋转，自身程序段
G25	主轴转速下限			G25 S __；自身程序段
G26	主轴转速上限			G26 S __；自身程序段
G17	*X/Y* 平面		6. 平面选择，模态有效	G17 __；所在平面的垂直轴为刀具长度补偿轴
G18	*Z/X* 平面			
G19	*Y/Z* 平面			
G40*	刀尖半径补偿方式的取消		7. 刀尖半径补偿，模态有效	
G41	调用刀尖半径补偿，刀具在轮廓左侧移动			
G42	调用刀尖半径补偿，刀具在轮廓右侧移动			
G500	取消可设定零点偏置		8. 可设定零点偏置，模态有效	
G54	第一可设定零点偏置			
G55	第二可设定零点偏置			
G56	第三可设定零点偏置			
G57	第四可设定零点偏置			
G53	按程序段方式取消可设定零点偏置		9. 取消可设定偏置，段方式有效	
G60*	准确定位		10. 定位性能，模态有效	
G64	连续路径方式			
G9	准确定位，单程序段有效		11. 程序段方式准停，段方式有效	

续表 5-9

地址	含义	赋值	说明	编程
G601 *	在 G60,G9 方式下精准确定位		12. 准停窗口,模态有效	
G620	在 G60,G9 方式下准确定位			
G70	英制尺寸		13. 英制/公制尺寸,模态有效	
G71 *	公制尺寸			
G90 *	绝对尺寸		14. 绝对尺寸/增量尺寸,模态有效	
G91	增量尺寸			
G94 *	进给率 F,mm/min		15. 进给/主轴,模态有效	
G95	进给率 F,mm/r			
G901	在圆弧段进给补偿"开"		16. 进给补偿,模态有效	
G900	在圆弧段进给补偿"关"			
G450	圆弧过渡		18. 刀尖半径补偿时拐角特点,模态有效	
G451	交点过渡			
I	插补参数	±0.001 ~99 999.999 螺纹;0.001 ~20 000.000	*X* 轴尺寸,在 G2 和 G3 中为圆心坐标;在 G33、G331、G332 中则表示螺距大小	参见 G2、G3、G33、G331 和 G332
J	插补参数	±0.001 ~99 999.999 螺纹;0.001 ~20 000.000	*Y* 轴尺寸,在 G2 和 G3 中为圆心坐标;在 G33、G331、G332 中则表示螺距大小	参见 G2、G3、G33、G331 和 G332
K	插补参数	±0.001 ~99 999.999 螺纹;0.001 ~20 000.000	*Z* 轴尺寸,在 G2 和 G3 中为圆心坐标;在 G33、G331、G332 中则表示螺距大小	参见 G2、G3、G33、G331 和 G332
L	子程序名及子程序调用	7 位十进制整数,无符号	可以选择 L1 ~ L9999999;子程序调用需要一个独立的程序段。注意:L0001 不等于 L1	L __;自身程序段
M	辅助功能	0 ~ 99 整数,无符号	用于进行开关操作,如"打开冷却液",一个程序段中最多有 5 个 M 功能	M __;
M0	程序停止		用 M0 停止程序的执行,按"启动"键加工继续执行	
M1	程序有条件停止		与 M0 一样,但仅在"条件停(M1)有效"功能被软键或接口信号触发后才生效	

续表 5-9

地址	含义	赋值	说明	编程
M2	程序结束		在程序的最后一段被写入	
M30	主程序结束		在主程序的最后一段被写入	
M17	子程序结束		在子程序的最后一段被写入	
M3	主轴顺时针旋转			
M4	主轴逆时针旋转			
M5	主轴停			
M6	更换刀具		在机床数据有效时用 M6 更换刀具，其他情况下直接用 T 指令进行换刀	
M40	自动变换齿轮级			
M41 ~ M45	齿轮级 1 到齿轮级 5			
M70	—		预定，没用	
M __	其他的 M 功能		这些 M 功能没有定义，可由机床生产厂家自由设定	
N	副程序段	0 ~ 99 999 999 整数，无符号	与程序段段号一起标识程序段，N 位于程序段开始	比如：N20；
:	主程序段	0 ~ 99 999 999 整数，无符号	指明主程序段，用字符“:”取代副程序段的地址符“N”。主程序段中必须包含其加工所需的全部指令	比如：:20；
P	子程序调用次数	1 ~ 9 999 整数，无符号	在同一程序段中多次调用子程序，比如：N10 L871 P3；调用三次	比如：L781 P __；自身程序段
R0 ~ R249	计算参数	±0.000 000 1 ~ 99 999 999(8 位)或带指数 ±(10^{-300} ~ 10^{+300})	R0 ~ R99 可以自由使用，R100 ~ R249 作为加工循环中传送参数	
计算功能			除了 + - */四则运算外还有以下计算功能	
SIN( )	正弦	单位(°)		比如：R1 = SIN(17.35)；

续表 5-9

地址	含义	赋值	说明	编程
COS( )	余弦	单位(°)		比如: R2 = COS (R3);
TAN( )	正切	单位(°)		比如: R4 = TAN (R5);
SQRT( )	平方根			比如: R6 = SQRT (R7);
ABS( )	绝对值			比如: R8 = ABS (R9);
TRUNC( )	取整			比如:R10 = TRUNC (R11);
RET	子程序结束		代替 M2 使用,保证路径连续运行	RET; 自身程序段
S	主轴转速,在 G4 中表示暂停时间	0.001 ~99 999.999	主轴转速,单位 r/min,在 G4 中作为暂停时间	S __;
T	刀具号	1 ~ 32 000 整数,无符号	可以用 T 指令直接更换刀具,也可由 M6 进行。这可由机床数据设定	T __;
X	坐标轴	±0.001 ~99 999.999	位移信息	X __;
Y	坐标轴	±0.001 ~99 999.999	位移信息	Y __;
Z	坐标轴	±0.001 ~99 999.999	位移信息	Z __;
AR	圆弧插补张角	0.000 01 ~359.999 99	单位是(°),用于在 G2、G3 中确定圆弧大小	参见 G2、G3
CHF	倒角	0.001 ~99 999.999	在两个轮廓之间插入给定长度的倒角	N10 X __ Y __ CHF = __; N11 X __ Y __;
CR	圆弧插补半径	0.001 ~99 999.999 大于半圆的圆弧带负号"-"	在 G2、G3 中确定圆弧	参见 G2、G3
GOTOB	向上跳转指令	—	与跳转标志符一起,表示跳转到所标志的程序段,跳转方向向程序开始方向	比如:N20 GOTOB MARKE 1;
GOTOF	向下跳转指令	—	与跳转标志符一起,表示跳转到所标志的程序段,跳转方向向程序结束方向	比如:N20 GOTOF MARKE 2;
IF	跳转条件	—	有条件跳转,指符合条件后进行跳转,比较符: = = 等于, < > 不等于, > 大于, < 小于, > = 大于或等于, < = 小于或等于	比如:N20 IF R1 > 5 GOTOB MARKE 1;

续表 5-9

地址	含义	赋值	说明	编程
IX	中间点坐标	±0.001 ~99 999.999	*X* 轴尺寸,用于中间点圆弧插补 G5	参见 G5
JY	中间点坐标	±0.001 ~99 999.999	*Y* 轴尺寸,用于中间点圆弧插补 G5	参见 G5
KZ	中间点坐标	±0.001 ~99 999.999	*Z* 轴尺寸,用于中间点圆弧插补 G5	参见 G5
LCYC __	调用标准循环	事先规定的值	用一个独立的程序段调用标准循环,传送参数必须已经赋值 传送参数:	
LCYC82	钻削,沉孔循环		R101:退回平面(绝对) R102:安全距离 R103:参考平面(绝对) R104:最后钻深(绝对) R105:在此钻削深度停留时间	N10 R101 = __ R102 = __; N20 LCYC82;自身程序段
LCYC83	深孔钻削循环		R101:退回平面(绝对) R102:安全距离 R103:参考平面(绝对) R104:最后钻深(绝对) R105:在此钻削深度停留时间 R107:钻削进给率 R108:首钻进给率 R109:在起始点和排屑时停留时间 R110:首钻深度(绝对) R111:递减量 R127:加工方式: 断屑 =0 退刀排屑 =1	N10 R101 = __ R102 = __; N20 LCYC83;自身程序段
LCYC840	带补偿夹头切削内螺纹循环		R101:退回平面(绝对) R102:安全距离 R103:参考平面(绝对) R104:最后钻深(绝对) R106:螺纹导程值 R126:攻丝时主轴旋转方向	N10 R101 = __ R102 = __; N20 LCYC840;自身程序段
LCYC84	不带补偿夹头切削内螺纹循环		R101:退回平面(绝对) R102:安全距离 R103:参考平面(绝对) R104:最后钻深(绝对) R105:在螺纹终点处的停留时间 R106:螺纹导程值 R112:攻丝速度 R113:退刀速度	N10 R101 = __ R102 = __; N20 LCYC84;自身程序段

续表 5-9

地址	含义	赋值	说明	编程
LCYC85	精镗孔、铰孔循环		R101:退回平面(绝对) R102:安全距离 R103:参考平面(绝对) R104:最后钻深(绝对) R105:在此钻削深度处的停留时间 R107:钻削进给率 R108:退刀时进给率	N10 R101 = __ R102 = __; N20 LCYC85;自身程序段
LCYC60	线性分布孔循环		R115:钻孔或攻丝循环号值 82,83,84,840,85(相应于 LCYC __) R116:横坐标参考点 R117:纵坐标参考点 R118:第一孔到参考点的距离 R119:孔数 R120:平面中孔排列直线的角度 R121:孔间距离	N10 R115 = __ R116 = __; N20 LCYC60;自身程序段
LCYC61	圆周分布孔循环		R115:钻孔或攻丝循环号值 82,83,84,840,85(相应于 LCYC __) R116:圆弧圆心横坐标(绝对) R117:圆弧圆心纵坐标(绝对) R118:圆弧半径 R119:孔数 R120:起始角(-180 < R120 < 180) R121:角增量	N10 R115 = __ R116 = __; N20 LCYC61;自身程序段
LCYC75	铣凹槽和键槽		R101:退回平面(绝对) R102:安全距离 R103:参考平面(绝对) R104:凹槽深度(绝对) R116:凹槽中心横坐标 R117:凹槽中心纵坐标 R118:凹槽长度 R119:凹槽宽度 R120:拐角半径 R121:最大进刀深度 R122:深度进刀进给率 R123:表面加工的进给率 R124:侧面加工的精加工余量	N10 R101 = __ R102 = __; N20 LCYC75;自身程序段

续表 5-9

地址	含义	赋值	说明	编程
LCYC75			R125:深度加工的精加工余量 R126:铣削方向值: 2 用于 G2 3 用于 G3 R127:铣削类型值: 1 用于粗加工 2 用于精加工	
RND	倒圆	0.010 ~ 999.999	在两个轮廓之间以给定的半径插入过渡圆弧	N10 X _ Y _ RND = _; N11 X _ Y _;
RPL	G258 和 G259 时的旋转角	+/ - 0.000 01 ~ 359.999 9	单位(°),表示在当前平面 G17 ~ G19 中可编程旋转的角度	参见 G258、G259
SF	G33 中螺纹加工切入点	0.001 ~ 359.999	G33 中螺纹切入角度偏移量	
SPOS	主轴定位	0 ~ 359.999 9	单位(°),主轴在给定位置停止(主轴必须作相应的设计)	SPOS = _;
STOPRE	停止解码	—	特殊功能,只有在 STOPRE 之前的程序段结束以后才译码下一个程序段	STOPRE;自身程序段

注:带 * 的功能在程序启动时生效(如果没有编程新的内容,指用于"铣削"时的系统变量)。

一、SIEMENS 802S/C 系统程序结构

(一)主程序的命名规则及程序结构

在编制程序时,可以按以下规则确定程序名:

(1)开始的两个符号必须是字母。

(2)其后的符号可以是字母、数字或下划线。

(3)最多为 8 个字符。

(4)不得使用分隔符。

主程序扩展名为.MPF。主程序结束用 M02 或 M30。

(二)子程序的命名规则及程序结构

子程序的命名规则与主程序相同,子程序还可以使用地址字"L—",子程序结束除用 M02 外,还可以采用 M17 或 RET 指令。子程序的扩展名为.SPF。

在一个程序中可以直接用程序名调用子程序。

二、固定循环

SIEMENS 802S/C 系统数控铣床程序编制所用大部分指令与 FANUC 0i - MA 系统指令意义相同,这里不再讲述。

SIEMENS 802S/C 共有如下循环:

LCYC82:钻孔、沉孔加工循环;
LCYC83:深孔钻削循环;
LCYC840:带补偿夹头内螺纹切削循环;
LCYC84:不带补偿夹头内螺纹切削循环;
LCYC85:精镗孔、铰孔循环;
LCYC60:线性分布孔加工循环;
LCYC61:圆周分布孔加工循环;
LCYC75:铣凹槽循环(矩形槽、圆形槽、腰形槽)。

(一)LCYC82 钻孔、沉孔加工循环

1. 功能

刀具以编程的主轴转速和进给速度钻孔,直至到达给定的最终钻削深度。在到达最终钻削深度时,可以有一个退刀时间。退刀以快速移动速度进行,如图 5-31 所示。

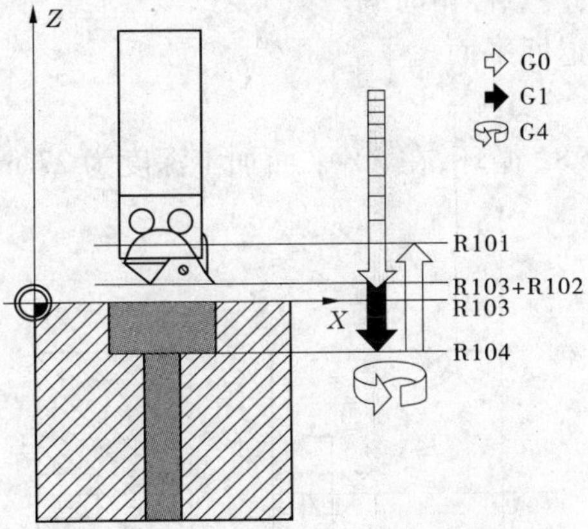

图 5-31　LCYC82 循环工作过程及参数

2. 前提条件

(1)必须在调用程序中给定主轴转速和转向以及进给轴进给率。
(2)在调用循环之前必须在调用程序中回钻孔位置。
(3)在调用循环之前必须选择带刀具补偿的相应的刀具。

3. 参数

LCYC82 参数见表 5-10。

表 5-10　LCYC82 参数

参数	含义,数值范围	参数	含义,数值范围
R101	退回平面(绝对平面 G90)	R104	最后钻深(绝对坐标 G90)
R102	安全距离,无符号	R105	在钻削深度处的停留时间
R103	参考平面(绝对平面 G90)		

R101:退回平面。确定了循环结束之后钻削刀具的轴向位置。

R102:安全距离。只相对参考平面而言。由于有安全距离,起钻平面被提前了一个安全距离量,即执行时从参考平面提前一个安全距离的位置由 G0 过渡为 G1。循环可以自动确定安全距离的方向。

R103:所确定的参考平面就是零件上的钻削起始平面。

R104:用于确定钻削深度,最后钻深以绝对坐标 G90 编程,与循环调用之前的状态 G90 或 G91 无关。

R105:编程钻削终点处的停留时间,单位以 s 计。

4. 时序过程

循环开始之前的位置是调用程序中最后所到达的钻削位置。

循环按以下时序进行:

(1)用 G0 回到相对参考平面提前了一个安全距离量的位置。

(2)按照调用程序段中编程的进给率以 G1 进行钻削,直至最终深度。

(3)执行 R105 设定的终点停留时间。

(4)以 G0 退刀,回到退回平面。

5. 编程举例

【例 5-8】 使用 LCYC82 循环,在 *XY* 平面加工深度为 27 mm 的孔,如图 5-32 所示。

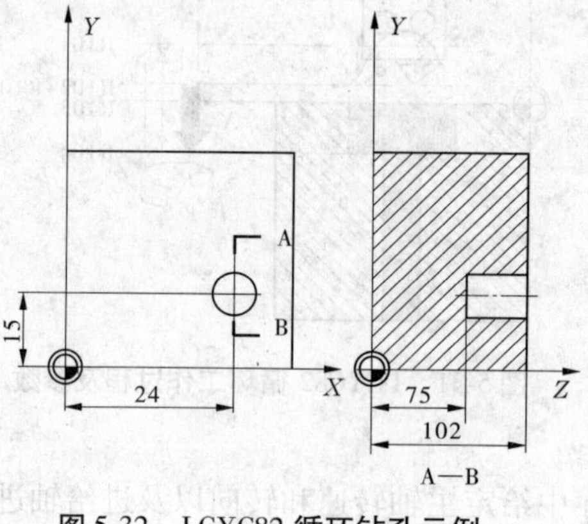

图 5-32 LCYC82 循环钻孔示例

解:程序如下:

```
N10   G54   F100   T1   S500   M3;
N20   G0   X24   Y15   Z110;
N30   R101 = 110   R102 = 2   R103 = 102   R104 = 75   R105 = 0.5;
N40   LCYC82;
N50   M2;
```

(二)LCYC83 深孔钻削循环

1. 功能

深孔钻削循环,通过多次分步钻削达到最后的钻深,钻深的最大值事先规定。钻削既可以在每步到钻深后,提出钻头到其参考平面外达到排屑目的,也可以每次提 1 mm 以便断屑,如图 5-33 所示。

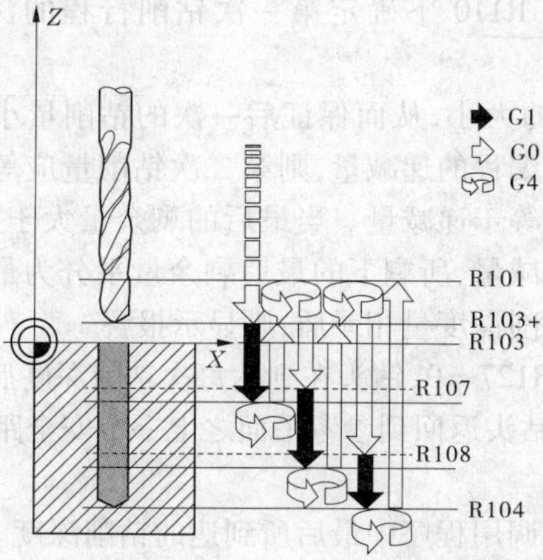

图 5-33 LCYC83 循环工作过程及参数

2. 前提条件

(1)必须在调用程序中给定主轴转速和转向。

(2)在调用循环之前必须已经处于钻孔位置。

(3)在调用循环之前必须选择选取钻头及其刀具补偿值。

3. 参数

LCYC83 参数见表 5-11。

表 5-11 LCYC83 参数

参数	含义,数值范围	参数	含义,数值范围
R101	退回平面(绝对平面 G90)	R108	首钻进给率
R102	安全距离,无符号	R109	在起始点和排屑时的停留时间
R103	参考平面(绝对平面 G90)	R110	首钻深度(绝对坐标 G90)
R104	最后钻深(绝对坐标 G90)	R111	递减量,无符号
R105	在此钻削深度处的停留时间(断屑)	R127	加工方式:断屑 =0,排屑 =1
R107	钻削进给率		

R101:退回平面。确定了循环结束之后钻削刀具的轴向位置。

R102:安全距离。只相对参考平面而言。由于有安全距离,起钻平面被提前了一个安全距离量,即执行时从参考平面提前一个安全距离的位置由 G0 过渡为 G1。循环可以自动确定安全距离的方向。

R103:所确定的参考平面就是零件上的起始平面。

R104:用于确定最后钻削深度,最后钻深以绝对坐标 G90 编程,与循环调用之前的状态 G90 或 G91 无关。

R105:编程各次钻到设定深度处的停留时间,单位以 s 计。

R108、R107:进给率参数。通过这两个参数编程了第一次钻深及其后钻削的进给率。

R109:起始点停留时间参数。参数 R109 之下可以编程在起始点处的停留时间。

R110:首钻深度。参数 R110 下确定第一次钻削行程的深度,采用绝对坐标 G90 数据。

R111:用于确定递减量的大小,从而保证后一次的钻削量小于当前的钻削量。用于第二次钻削的量如果大于所编程的递减量,则第二次钻削量应等于第一次钻削量减去递减量;否则,第二次钻削量就等于递减量。当最后的剩余量大于两倍的递减量时,则在此之前的最后钻削量应等于递减量,所剩下的最后剩余量平分为最终两次钻削行程。如果第一次钻削量的值与总的钻削深度量相矛盾,则显示报警。

R127:加工方式参数。R127 = 0,钻头在到达每次钻削深度后上提 1 mm 空转,用于断屑。R127 = 1,每次钻深后,钻头返回到参考平面之上一个安全距离处,以便排屑。

4. 时序过程

循环开始之前的位置是调用程序中最后所到达的钻削深度。循环按以下时序进行:

(1)用 G0 回到相对参考平面提前了一个安全距离量的位置。

(2)用 G1 执行第一次钻深,钻深进给率由 R108 确定,执行此深度停留时间(R105)。当编程断屑方式 R127 = 0 时,用 G1 按调用程序中所编程的进给率从当前钻深上提1 mm,以便断屑。当编程排屑方式 R127 = 1 时,用 G0 返回到参考平面上一个安全距离量位置,执行起始点停留时间(参数 R109),以便排屑。然后用 G0 返回接近上次钻深,但留出一个前置量(此量的大小由循环内部自动计算所得)。

(3)用 G1 按所编程的进给率执行下一次钻深切削,并重复上述过程,直至到达最终钻削深度。

(4)用 G0 退刀,回到退回平面。

5. 编程举例

【例 5-9】 使用 LCYC83 循环,在 XY 平面 $X = 0$、$Y = 0$ 位置上加工一直径为 10 mm、深度为 145 mm 的孔,如图 5-34 所示。采用排屑加工方式,钻孔坐标轴方向安全距离为 2 mm。循环结束后刀具处于 $X = 0$、$Y = 0$、$Z = 155$。

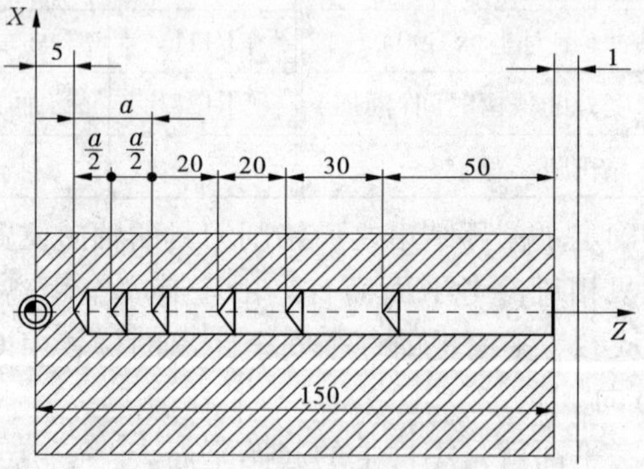

图 5-34 LCYC83 循环钻孔示例

解:其程序如下:

N10 G54 F100 T4 S500 M3;

N20 G0 X0 Y0 Z155;

N30　R101 = 155　R102 = 2　R103 = 150　R104 = 5　R105 = 0　R107 = 150
　　R108 = 100　R109 = 0　R110 = 100　R111 = 20　R127 = 1;

N40　LCYC83;

N50　M2;

(三)LCYC840 带补偿夹头内螺纹切削(攻丝)循环

1. 功能

刀具按照编程的主轴转速和方向加工螺纹,进给率可以通过主轴转速和编程螺纹导程计算出来。该循环可以用于带补偿夹头和主轴实际值编码器的内螺纹切削。循环中可以自动转换旋转方向。循环结束之后执行 M5(主轴停止)。循环工作过程如图 5-35 所示。

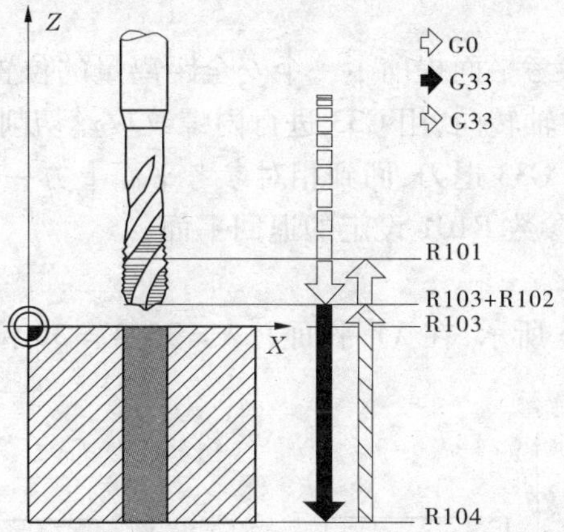

图 5-35　LCYC840 循环工作过程及参数

2. 前提条件

(1)主轴转速可以调节,带位移测量系统,但循环本身不检查主轴是否带实际值编码器。

(2)必须在调用程序中规定主轴转速。

(3)在循环调用之前必须在调用程序中回到攻丝位置。

(4)在调用循环之前必须选择相应的带刀具补偿的刀具。

3. 参数

LCYC840 参数见表 5-12。

表 5-12　LCYC840 参数

参数	含义,数值范围	参数	含义,数值范围
R101	退回平面(绝对平面 G90)	R104	最后攻深(绝对坐标 G90)
R102	安全距离,无符号	R106	螺纹导程值 数值范围:0.001 ~ 20 000.000 mm
R103	参考平面(绝对平面 G90)	R126	攻丝时主轴旋转方向 数值范围:3(M3),4(M4)

R101:退回平面。确定了循环结束之后攻丝加工刀具的轴向位置。

R102:安全距离。只相对参考平面而言。由于有安全距离,起始攻丝平面被提前了一个安全距离量,即执行时从参考平面提前一个安全距离的位置由 G0 过渡为 G33。循环可以自动确定安全距离的方向。

R103:所确定的参考平面就是零件上的攻丝起始平面。

R104:用于确定最后攻丝深度,最后攻丝深度以绝对坐标 G90 编程,与循环调用之前的状态 G90 或 G91 无关。

R106:螺纹导程值。

R126:用于规定攻丝时主轴旋转方向,在循环中攻丝到终点,主轴旋转自动反向。

4. 时序过程

循环开始之前的位置是调用程序中最后所到达的攻丝位置。循环按照以下时序进行:

(1)用 G0 回到相对参考平面提前了一个安全距离量的位置。

(2)按 R126 设定的主轴转向,用 G33 进行内螺纹攻丝切削,直至到达最终攻丝深度。

(3)主轴自动换向,用 G33 退刀,回到相对参考平面上方一个安全距离的位置。

(4)以 G0 退刀,回到参数 R101 设定的退回平面。

5. 编程举例

【例 5-10】 如图 5-36 所示,在 *XY* 平面上 *X* = 35、*Y* = 35 位置处攻一右旋螺纹,螺距 1.5 mm。

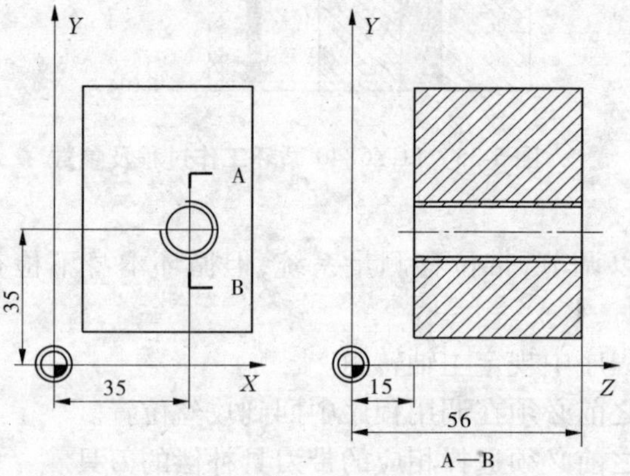

图 5-36 LCYC840 循环攻丝示例

解:程序如下:

N10 G54 T1 S300 M3;

N20 G0 X35 Y35 Z60;

N30 R101 = 60 R102 = 2 R103 = 56 R104 = 10 R106 = 1.5 R126 = 3;

N40 LCYC840;

N50 M2;

(四)LCYC84 不带补偿夹头内螺纹切削(攻丝)循环

1. 功能

刀具按照编程的主轴转速和方向进行攻丝,直至给定的螺纹深度。与 LCYC840 相比，此循环运行更快、更精确。攻丝轴的进给率可以从主轴转速计算出来。循环中可以自动转换旋转方向，退刀时可以以另一个主轴转速进行。循环工作过程如图 5-37 所示。

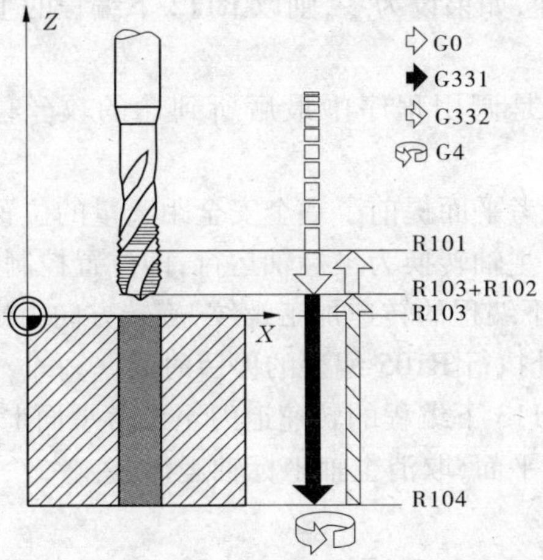

图 5-37　LCYC84 循环工作过程及参数

2. 前提条件

(1) 主轴必须是位置控制主轴（带实际值编码器）时才可以应用此循环。循环本身不检查主轴是否带实际值编码器。

(2) 在循环调用之前必须在调用程序中回到攻丝位置。

(3) 在调用循环之前必须选择相应的带刀具补偿的刀具。

3. 参数

LCYC84 参数见表 5-13。

表 5-13　LCYC84 参数

参数	含义，数值范围	参数	含义，数值范围
R101	退回平面（绝对平面 G90）	R105	在螺纹终点处的停留时间
R102	安全距离，无符号	R106	螺纹导程值 数值范围：±0.001 ~ 20 000.000 mm
R103	参考平面（绝对平面 G90）	R112	攻丝转速
R104	最后攻深（绝对坐标 G90）	R113	退刀转速

R101：退回平面。确定了循环结束之后攻丝加工刀具的轴向位置。

R102：安全距离。只相对参考平面而言。由于有安全距离，起始攻丝平面被提前了一个安全距离量，即执行时从参考平面提前一个安全距离的位置由 G0 过渡为 G331。循环可以自动确定安全距离的方向。

R103：所确定的参考平面就是零件上的攻丝起始平面。

R104：用于确定攻丝深度，最后攻深以绝对坐标 G90 编程，与循环调用之前的状态 G90 或 G91 无关。

R105：编程深度终点处的停留时间，单位以 s 计。

R106：螺纹导程值，其值的正负号确定加工螺纹时主轴的旋转方向。正号表示正转攻丝,用于加工右旋螺纹,负号表示反转攻丝,用于加工左旋螺纹。

R112:攻丝时主轴转速。

R113:退出时主轴转速,如果设为零,则以 R112 下编程的主轴转速退刀。

4. 时序过程

循环开始之前的位置是调用程序中最后所到达的攻丝位置。循环按照以下时序进行:

(1)用 G0 回到相对参考平面提前了一个安全距离量的位置。

(2)在 0°处主轴停止,主轴转换为坐标轴运行,即位置控制模式。

(3)用 G331 和 R112 下编程的转速加工螺纹,旋转方向由螺距(R106)的符号确定。

(4)在螺纹最终深度处执行 R105 编程的停留时间。

(5)用 G332 指令和 R113 下编程的转速退刀至参考平面上一个安全距离处。

(6)以 G0 退回到退回平面,取消主轴坐标轴运行。

5. 编程举例

【例 5-11】 如图 5-38 所示,在 *XY* 平面上 $X=30$、$Y=35$ 位置处攻一左旋螺纹,螺距 1.5 mm。

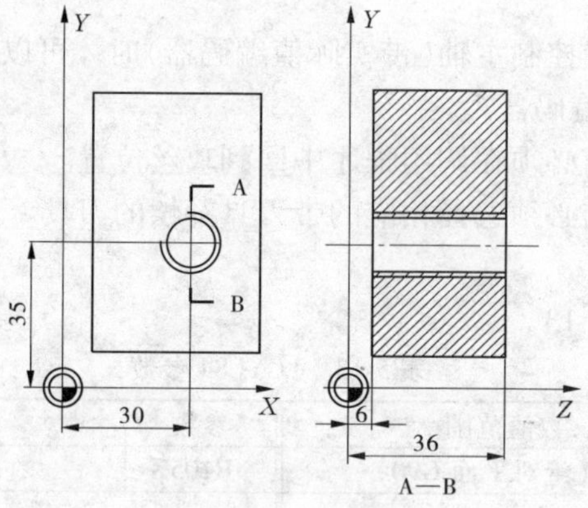

图 5-38 LCYC84 循环攻丝示例

解:程序如下:

```
N10  G54  T1  S300  M3;
N20  G0  X30  Y35  Z40;
N30  R101 =40  R102 =2  R103 =36  R104 =2  R105 =1  R106 = -1.5
     R112 =100  R113 =500;
N40  LCYC84;
N50  M2;
```

(五)LCYC85 精镗孔、铰孔循环

1. 功能

刀具以给定的主轴转速和进给速度加工,直至到达最终加工深度。当到达最终深度时,可以编程一个停留时间。进刀及退刀运行分别按照相应参数下编程的进给速度进行,如图 5-39所示。

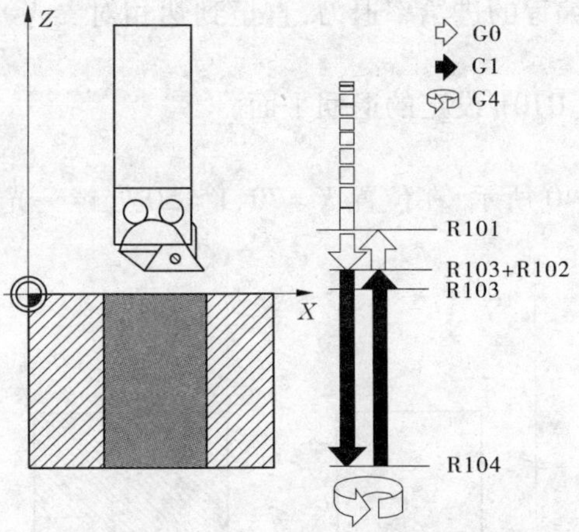

图 5-39　LCYC85 循环工作过程及参数

2. 前提条件

(1)必须在调用程序中给定主轴转速和转向。

(2)在调用循环之前必须在调用程序中回到加工位置。

(3)在调用循环之前必须选择带刀具补偿的相应的刀具。

3. 参数

LCYC85 参数见表 5-14。

表 5-14　LCYC85 参数

参数	含义,数值范围	参数	含义,数值范围
R101	退回平面(绝对平面 G90)	R105	在最后加工深度处的停留时间
R102	安全距离,无符号	R107	钻削进给率
R103	参考平面(绝对平面 G90)	R108	退刀时进给率
R104	最后加工深(绝对坐标 G90)		

R101:退回平面。确定了循环结束之后刀具的轴向位置。

R102:安全距离。只相对参考平面而言。由于有安全距离,开始加工平面被提前了一个安全距离量,即执行时从参考平面提前了一个安全距离的位置由 G0 过渡为 G1。循环可以自动确定安全距离的方向。

R103:所确定的参考平面就是零件上的加工起始平面。

R104:用于确定加工深度,最后加工深度以绝对坐标 G90 编程,与循环调用之前的状态 G90 或 G91 无关。

R105:编程深度终点处的停留时间,单位以 s 计。

R107:用于确定加工时的进给率。

R108:用于确定退刀时的进给率。

4. 时序过程

循环开始之前的位置是调用程序中最后所到达的加工位置。循环按以下时序运行:

(1)用 G0 回到相对参考平面提前了一个安全距离量的位置。

(2)用 G1 按 R107 编程的进给率加工,直至到达最终加工深度。

(3)执行最终深度停留时间。

(4)用 G1 以 R108 编程的进给率退刀，直至到达相对参考平面增加了一个安全距离量的位置。

(5)以 G0 回到参数 R101 设定的退回平面。

5. 编程举例

【例 5-12】 如图 5-40 所示，在位置 $X=70$、$Y=50$ 处镗一光孔。

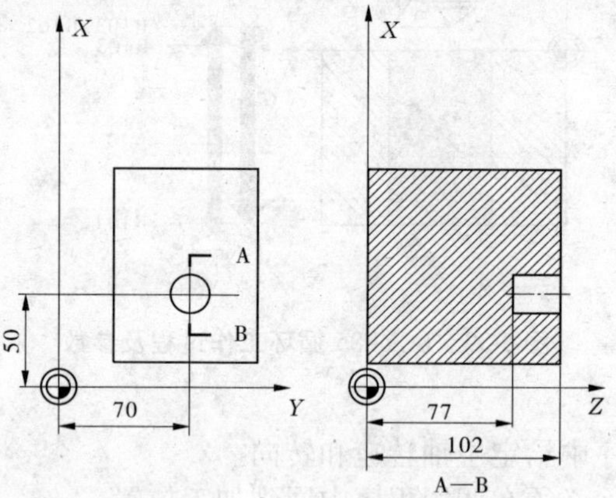

图 5-40 LCYC85 循环镗孔示例

解：程序如下：

N10 G56 F200 S500 M3 T1;

N20 G0 X70 Y50 Z110;

N30 R101 = 110 R102 = 2 R103 = 102 R104 = 77;

N40 R105 = 1 R107 = 100 R108 = 200;

N50 LCYC85;

N60 M2;

(六)LCYC60 线性分布孔加工循环

1. 功能

LCYC60 循环可以加工按线性等间距排列的一组孔，如图 5-41 所示，加工孔可以是光孔或螺纹孔。各孔位置通过参数确定。具体加工何种类型的孔也通过参数确定，并调用前面介绍的相应循环。

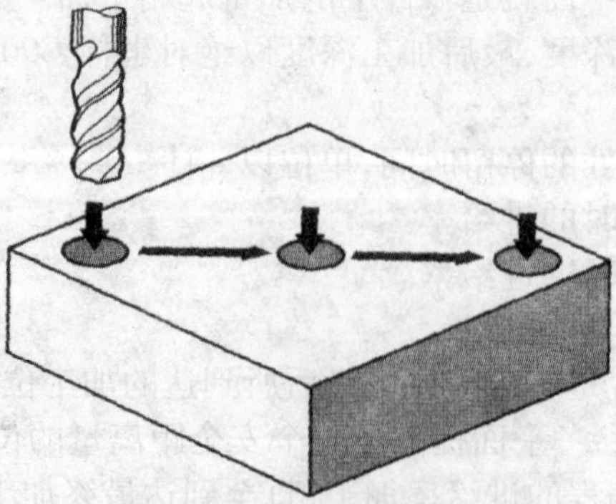

图 5-41 LCYC60 线性分布孔循环示意

2. 前提条件

(1)在调用程序中必须根据选择的相应单孔循环(钻孔循环和加工内螺纹循环等)的要求编程主轴转速和转向,以及钻孔轴的进给率。

(2)在调用循环之前必须对所选择的单孔循环(钻削循环和加工内螺纹等)设定参数。

(3)在调用循环之前必须选择相应的带刀具补偿的刀具。

3. 参数

LCYC60 参数见表 5-15。

表 5-15　LCYC60 参数

参数	含义,数值范围
R115	钻孔或攻丝循环号值:82(LCYC82),83(LCYC83),84(LCYC84),840(LCYC840),85(LCYC85)
R116	横坐标参考点
R117	纵坐标参考点
R118	第一孔到参考点的距离
R119	孔数
R120	平面中孔排列直线的角度(对于水平轴)
R121	孔间距离

R115:选择待加工的光孔或螺纹孔所需调用的钻、镗孔循环号或攻丝循环号。

R116、117:在孔排列直线上确定一个点作为参考点,用来确定线性排列孔的位置。

R118:第一个孔到参考点的距离。当参考点与第一孔重合时,该值为零。

R119:孔的个数。

R120:孔排列直线与横坐标之间的角度。

R121:两个孔之间的距离。

如图 5-42 所示,在上述参数具体赋值后,系统即可据此确定各孔的具体坐标,从而对各孔进行定位,再据 R115 调用相应的循环进行具体各孔的加工。

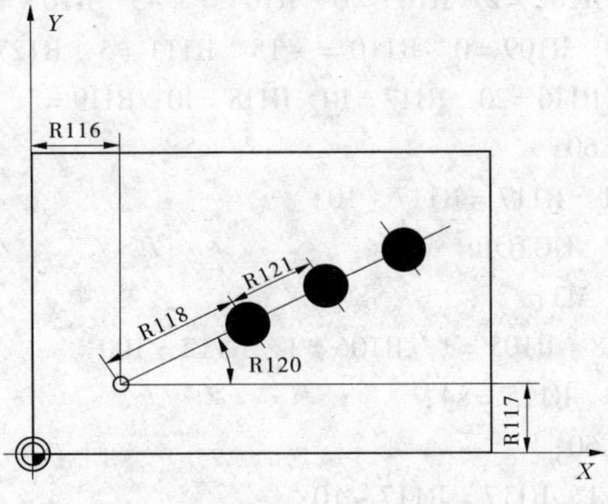

图 5-42　LCYC60 循环参数与孔的定位

4. 时序过程

LCYC60 循环可以从任意位置调用出发，但需保证从该位置出发可以无碰撞地回到第一个孔的位置。循环执行时，首先回到第一个孔的位置，并按照 R115 参数所确定的循环加工孔，然后快速回到其他的孔位，按照所设定的参数顺序进行加工。

5. 编程举例

【例 5-13】 加工如图 5-43 所示 *XY* 平面上 5 行 5 列孔，孔间距为 10 mm，螺距1 mm。先使用循环 LCYC83 钻孔，然后以 LCYC84 攻丝。

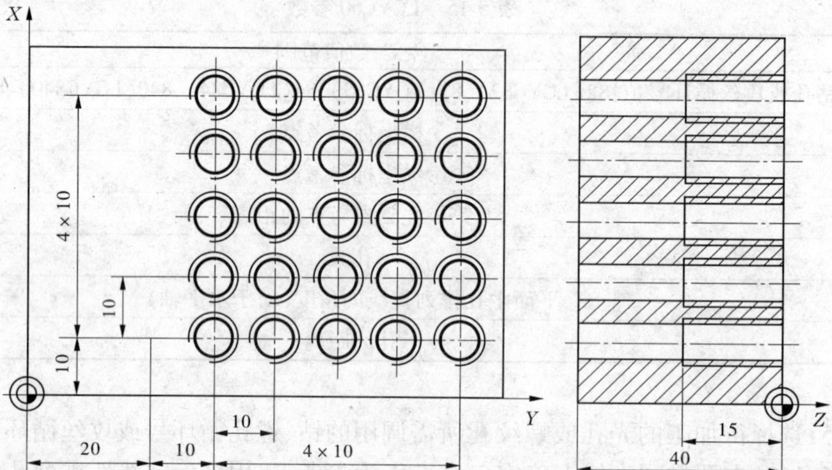

图 5-43 LCYC60 循环加工示例

解：程序如下：

```
N10   G54   S500   M3   T1;
N20   G0   X20   Y20   Z10;
N30   R1 = 0
      R101 = 5   R102 = 2   R103 = 0   R104 = -45   R105 = 0   R107 = 200
      R108 = 100   R109 = 0   R110 = -15   R111 = 5   R127 = 1
      R115 = 83   R116 = 20   R117 = 10   R118 = 10   R119 = 5   R120 = 0   R121 = 10;
N40   MA1:LCYC60;
N50   R1 = R1 + 1   R117 = R117 + 10;
N60   IF   R1 < 5   GOTOB   MA1;
N70   T2   S100   M3;
N80   R104 = -18   R105 = 1   R106 = 1   R112 = 100
      R113 = 500   R115 = 84;
N90   MA2:LCYC60;
N100   R1 = R1 - 1   R117 = R117 - 10;
N110   IF   R1 > 0   GOTOB   MA2;
N120   G0   Z150;
```

N130 M2;

(七)LCYC61 圆周分布孔加工循环

1. 功能

LCYC61 循环可以加工按圆周等间角分布的一组孔,如图 5-44 所示,加工孔可以是光孔或螺纹孔。各孔位置通过参数确定。具体加工何种类型的孔也通过参数确定,并调用前面介绍的相应循环。

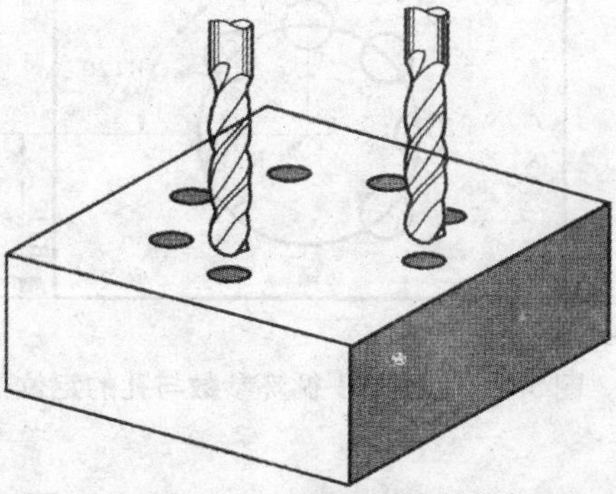

图 5-44 LCYC61 圆周分布孔循环示意

2. 前提条件

(1)在调用程序中必须根据选择的相应单孔循环(钻孔循环和加工内螺纹循环等)的要求编程主轴转速和转向,以及钻孔轴的进给率。

(2)在调用循环之前必须对所选择的单孔循环(钻削循环和加工内螺纹等)设定参数。

(3)在调用循环之前必须选择相应的带刀具补偿的刀具。

3. 参数

LCYC61 参数见表 5-16。

表 5-16 LCYC61 参数

参数	含义,数值范围
R115	钻孔或攻丝循环号值:82(LCYC82),83(LCYC83),84(LCYC84),840(LCYC840),85(LCYC85)
R116	分布圆弧中心横坐标(绝对坐标 G90)
R117	分布圆弧中心纵坐标(绝对坐标 G90)
R118	分布圆弧半径
R119	孔数
R120	起始角,数值范围:$-180 < R120 < 180$
R121	角增量

R115:选择待加工的光孔或螺纹孔所需调用的钻、镗孔循环号或攻丝循环号。

R116、117:分布圆弧中心坐标。

R118:分布圆弧半径。

R119:孔数。

R120:第一孔到分布中心连线与横坐标之间的夹角。

R121：两个孔之间的夹角。如果给定 R121 =0，循环将这些孔按整个圆周均匀分布处理，从而可以根据孔数计算出孔间夹角。

如图 5-45 所示，在上述参数具体赋值后，系统即可据此确定各孔的具体坐标，从而对各孔进行定位，再据 R115 调用相应的循环进行具体各孔的加工。

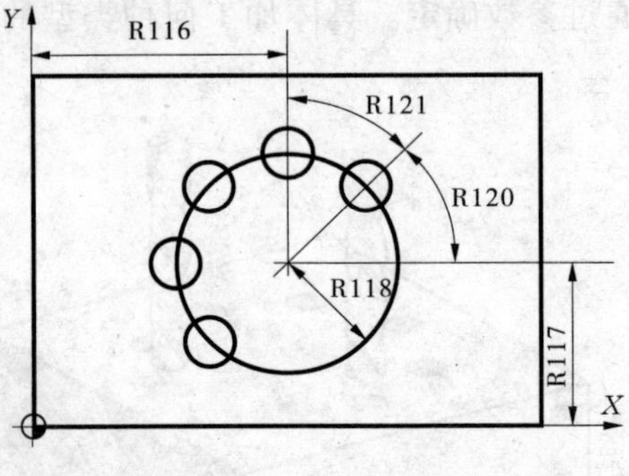

图 5-45　LCYC61 循环参数与孔的定位

4. 时序过程

LCYC61 循环可以从任意位置调用出发，但需保证从该位置出发可以无碰撞地回到第一个孔的位置。循环执行时，首先回到第一个孔的位置，并按照 R115 参数所确定的循环加工孔，然后快速回到其他的孔位，按照所设定的参数顺序进行加工。

5. 编程举例

【例 5-14】　加工如图 5-46 所示四个孔，先使用循环 LCYC82 钻孔，然后以 LCYC84 攻丝，螺距 1 mm。

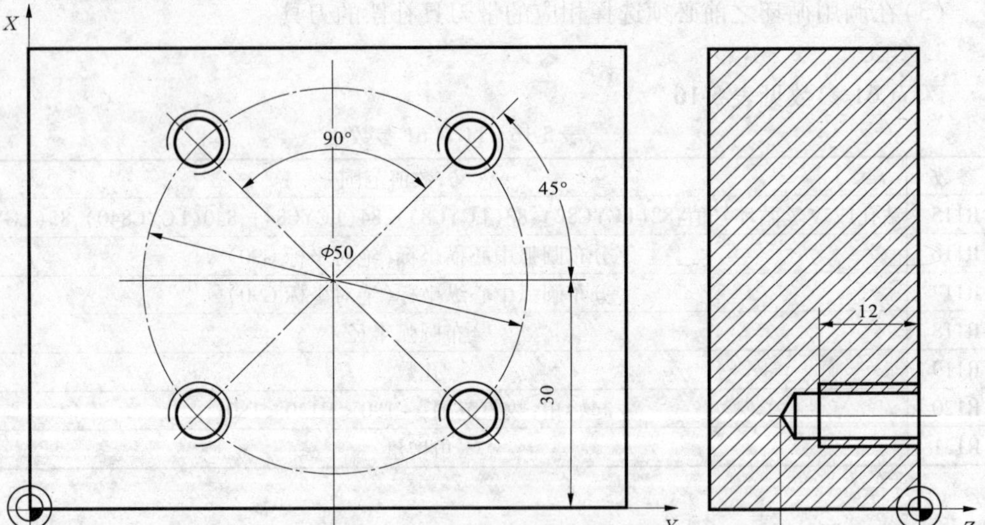

图 5-46　LCYC61 循环加工示例

解:程序如下:

N10　G54　F100　S500　M3　T1;

N20　G0　X20　Y20　Z5;

N30　R101 = 5　R102 = 2　R103 = 0　R104 = -18　R105 = 0

R115 = 82　R116 = 40　R117 = 30　R118 = 25　R119 = 4　R120 = 45

R121 = 90;

N40　LCYC61;

N50　T2　S100　M3;

N100　R104 = -14　R105 = 1　R106 = 1　R112 = 100

R113 = 500　R115 = 84;

N110　LCYC61;

N120　G0　Z150;

N130　M2;

(八)LCYC75 铣槽加工循环

1. 功能

利用此循环,通过设定相应的参数可以铣削一个与坐标轴平行的矩形槽或者腰型槽,或者一个圆形凹槽,如图 5-47 所示。通过参数可以确定槽的形状与大小。当参数设定凹槽长度 = 凹槽宽度 = 两倍的圆角半径,可以铣削一个直径为凹槽长度或凹槽宽度的圆形凹槽。如果凹槽宽度等同于两倍的圆角半径,则可以铣削一个腰型槽。加工时总是在第 3 轴方向从槽中心处开始进刀。循环加工分为粗加工和精加工。LCYC75 循环加工槽型如图 5-48 所示。

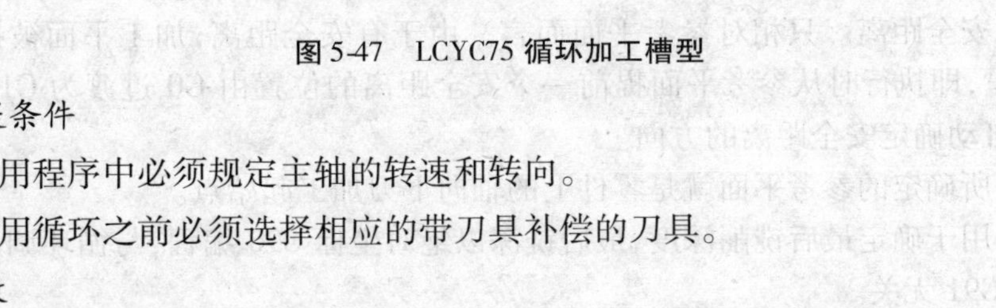

图 5-47　LCYC75 循环加工槽型

2. 前提条件

(1)调用程序中必须规定主轴的转速和转向。

(2)调用循环之前必须选择相应的带刀具补偿的刀具。

3. 参数

LCYC75 参数见表 5-17。

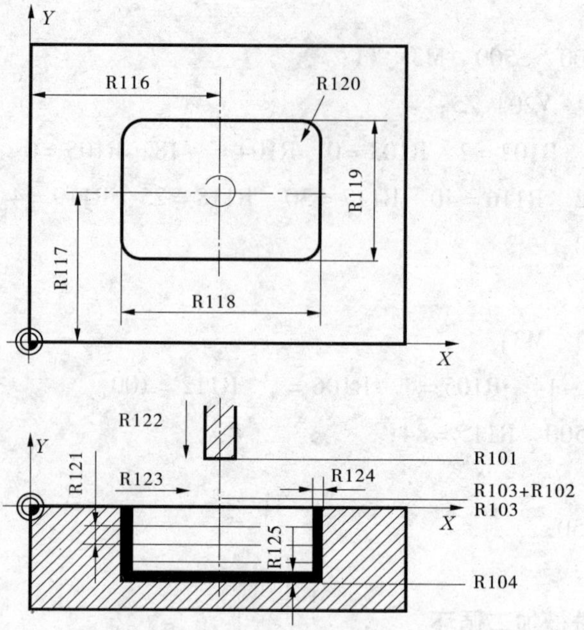

图 5-48 LCYC75 循环工作过程及参数

表 5-17 LCYC75 参数

参数	含义、数值范围	参数	含义、数值范围
R101	退回平面(绝对平面 G90)	R120	凹槽拐角半径
R102	安全距离,无符号	R121	最大进刀深度
R103	参考平面(绝对平面 G90)	R122	深度进刀进给率
R104	凹槽深度(绝对坐标 G90)	R123	表面加工的进给率
R116	凹槽中心横坐标	R124	侧面加工的精加工余量
R117	凹槽中心纵坐标	R125	深度加工的精加工余量
R118	凹槽长度	R126	铣削方向:(G2 或 G3) 数值范围:2(G2),3(G3)
R119	凹槽宽度	R127	铣削类型:①用于粗加工;②用于精加工

R101:退回平面。确定了循环结束之后铣刀的轴向位置。

R102:安全距离。只相对参考平面而言。由于有安全距离,加工平面被提前了一个安全距离量,即执行时从参考平面提前一个安全距离的位置由 G0 过渡为 G1 轴向下刀。循环可以自动确定安全距离的方向。

R103:所确定的参考平面就是零件上的轴向下刀加工起始点。

R104:用于确定最后铣削深度,最后铣深以绝对坐标 G90 编程,与循环调用之前的状态 G90 或 G91 无关。

R116、R117:分别确定凹槽中心点的横坐标和纵坐标。

R118、R119、R120:分别确定凹槽的长度和宽度及拐角半径。如果铣刀半径大于编程的圆角半径 R120，则所加工的凹槽圆角半径等于铣刀半径。如果铣刀半径超过凹槽长度或宽度的一半，则循环中断，并发出报警。如果铣削一个圆形槽（R118 = R119 = 2R120），则拐角半径（R120）的值就是圆形槽的半径。

R121：确定最大的进刀深度。循环运行时以同样的尺寸进刀。利用参数 R121 和 R104 循环自动计算出一个进刀量，其大小介于半个到一个最大进刀深度之间，如果 R121 = 0 则直接以凹槽深度一次进刀。进刀从相对参考平面提前了一个安全距离的位置开始计算，因此实际第一次切深要小于一个安全距离。

R122：轴向进刀时的进给率。

R123：凹槽平面上粗加工和精加工的进给率。

R124：编程粗加工时留出的轮廓精加工余量。

R125：编程粗加工时留出的深度精加工余量。

R126：规定凹槽平面内的铣削加工方向，值 2 为顺时针铣削，值 3 为逆时针铣削。

R127：确定加工方式。①用于粗加工，按照给定的参数分层切削加工凹槽，并按参数规定留精加工余量。②用于精加工，进行精加工的前提条件是：凹槽的粗加工过程已经结束，接下去对精加工余量进行加工。在此要求留出的精加工余量要小于刀具直径。

4. 时序过程

本循环出发点可以是任意位置，但需保证从该位置出发可以无碰撞地回到平面上凹槽中心点。

1）粗加工时序

粗加工时用 G0 回到平面的凹槽中心处，然后同样以 G0 回到参考平面提前一个安全距离的位置。接下来，凹槽的加工分为以下几个步骤：

（1）以 R122 确定的进给率和调用循环之前的主轴转速在凹槽中心点处下刀一个铣削深度量。

（2）按照 R123 确定的进给率和 R126 确定的加工方向在轮廓方向进行铣削，直至最后按 R124 留下轮廓精加工余量，刀具返回凹槽中心处。

（3）重复以上过程直至按 R125 留下深度精加工余量，刀具返回凹槽中心处。

（4）刀具回到平面凹槽中心，粗加工循环过程结束。

2）精加工时序

当槽深较大时，如果根据工艺要求由 R121 确定深度仍然要分多次进刀加工，则只有最后一次进刀才从槽中心按 R122 规定的进给率下刀，然后按 R123 规定的进给率和 R126 规定的方向铣削，直至最终将周边轮廓加工完后沿圆弧段切线切入，并按 R123 规定的进给率和 R126 规定的方向铣削一周回到切入点并以圆弧段切线切出。

通过对参数 R124 和 R125 选择“仅加工轮廓”或“同时加工轮廓和深度”。

仅加工轮廓：R124 > 0，R125 = 0；

同时加工轮廓和深度：R124 > 0，R125 > 0；

R124 = 0，R125 = 0；

R124 = 0，R125 > 0；

5. 编程举例

【例 5-15】 加工如图 5-49 所示长方槽，槽长 60 mm，宽 40 mm，圆角半径 8 mm，深度 17.5 mm。先使用循环 LCYC82 在槽中心预钻底孔，再以 LCYC75 采用 ϕ14 mm 立铣刀进行粗铣加工，四周和深度各留余量 0.5 mm，最大进刀深度 4 mm，最后以 LCYC75 一次到深度进行精铣加工。

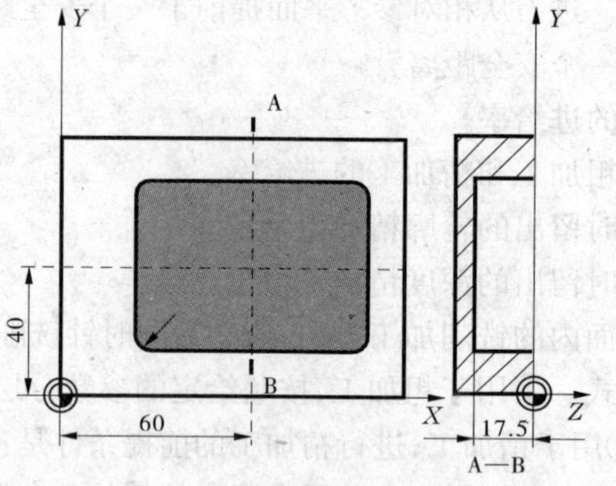

图 5-49 LCYC75 循环加工示例 1

解：程序如下：

```
N10  G54  F100  S600  M3  T1;
N20  G0  X60  Y40  Z5;
N30  R101 =5  R102 =2  R103 =0  R104 = -17.4  R105 =0;
N40  LCYC82;
N50  T2  S500  M3;
N60  R104 = -17.5  R116 =60  R117 =40  R118 =60
     R119 =40  R120 =8  R121 =4  R122 =80  R123 =150
     R124 =0.5  R125 =0.5  R126 =2  R127 =1;
N70  LCYC75;
N80  T3  S800  M3;
N90  R121 =0  R123 =100  R127 =2;
N100  LCYC75;
N110  G0  Z150;
N120  M2;
```

【例 5-16】 加工如图 5-50 所示的圆槽，直径为 50 mm，深度为 20 mm，中心坐标（X50，Y50）。使用 ϕ16 mm 键槽铣刀，因此不需要预钻孔。粗铣直接到尺寸，不留精加工余量。

解：程序如下：

```
N10  G55  F100  S400  M3  T1;
N20  G0  X30  Y20  Z10;
N30  R101 =5  R102 =2  R103 =0  R104 = -20  R116 =50  R117 =50
     R118 =50  R119 =50  R120 =25  R121 =4  R122 =50  R123 =100
     R124 =0  R125 =0  R126 =2  R127 =1;
N40  LCYC75;
```

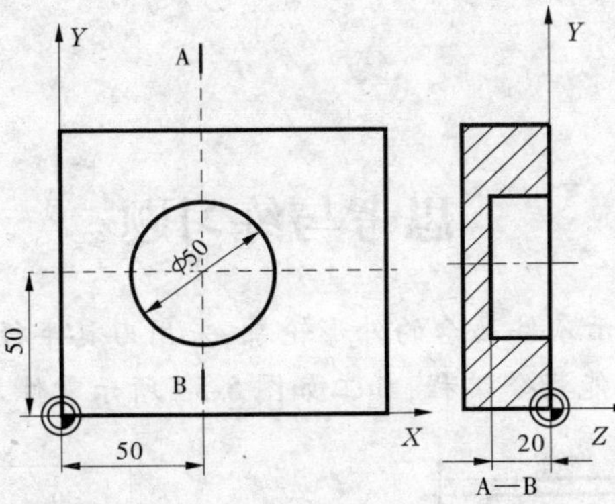

图 5-50　LCYC75 循环加工示例 2

N50　G0　Z150;
N60　M2;

【例 5-17】　加工如图 5-51 所示四个腰槽互成 90°分布,槽长为 30 mm,宽 15 mm,深 23 mm。使用 ϕ10 mm 键槽铣刀粗铣直接到尺寸,不留精加工余量。

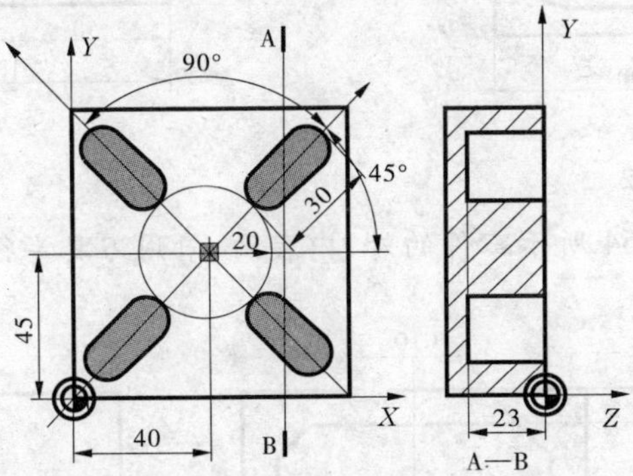

图 5-51　LCYC75 循环加工示例 3

解:程序如下:

```
N10   G56   F100   S600   M3   T1;
N20   X20   Y30   Z5;
N30   R101 = 5   R102 = 2   R103 = 0   R104 = -23   R116 = 35   R117 = 0
      R118 = 30   R119 = 15   R120 = 7.5   R121 = 4   R122 = 100   R123 = 150
      R124 = 0   R125 = 0   R126 = 2   R127 = 1;
N40   G158   X40   Y45;
N50   G259   RPL = 45;
N60   LCYC75;
N70   G259   RPL = 90;
N80   LCYC75;
N90   G259   RPL = 90;
N100  LCYC75;
N110  G259   RPL = 90;
N120  LCYC75;
```

```
N130  G158;
N140  G0  Z150;
N150  M2;
```

思考与练习题

1. 加工如图 5-52 所示零件凸台的外形轮廓,采用刀具半径补偿指令。

2. 采用镜像、缩放功能指令编程,加工如图 5-53 所示零件。

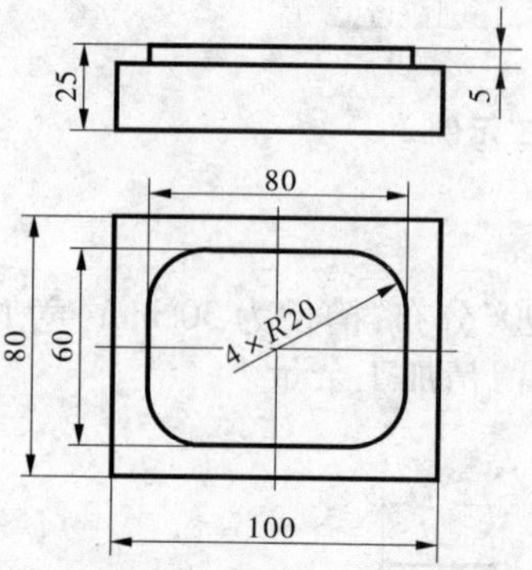

图 5-52

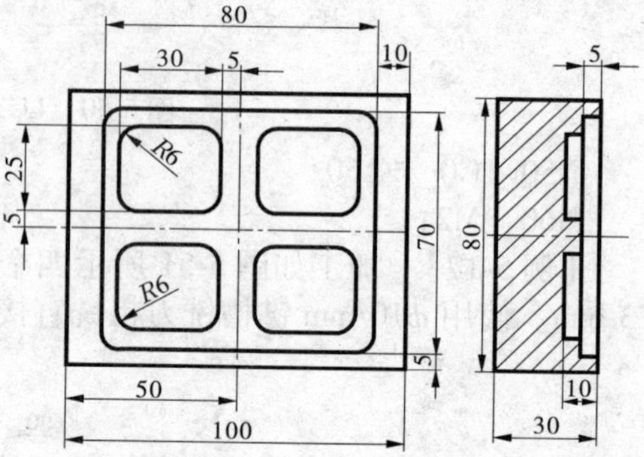

图 5-53

3. 加工如图 5-54 所示零件的外、内表面,采用刀具半径补偿指令编程。

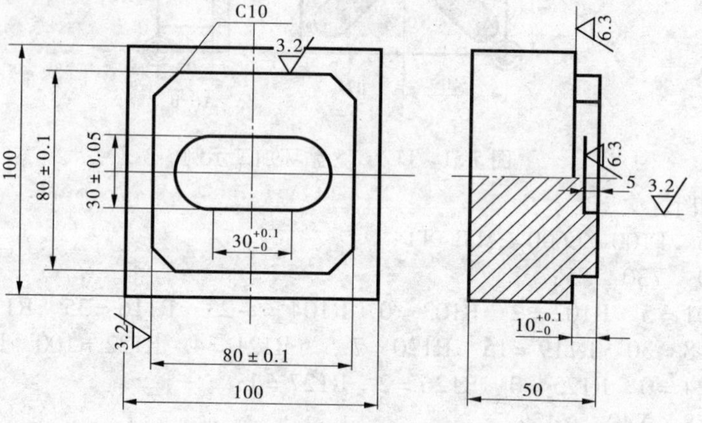

图 5-54

4. 在如图 5-55 所示的零件图样中,材料为 45 钢,试完成以下工作:

(1)分析零件加工要求及工装要求;

(2)编写工艺卡片;

(3)编制刀具卡片;

(4)编制加工程序。

5. 零件如图 5-56 所示,编制加工零件的孔系。

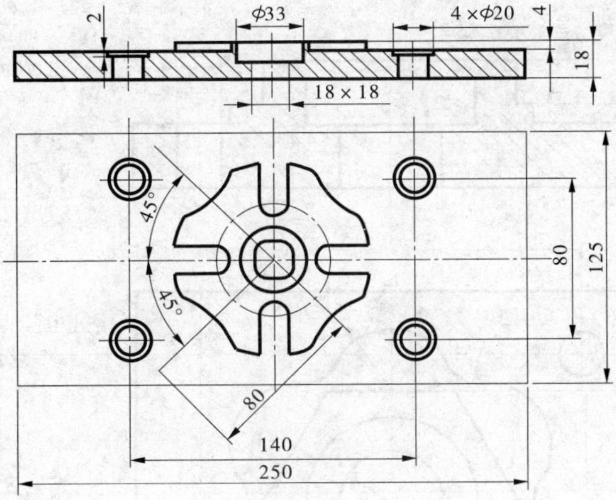

图 5-55

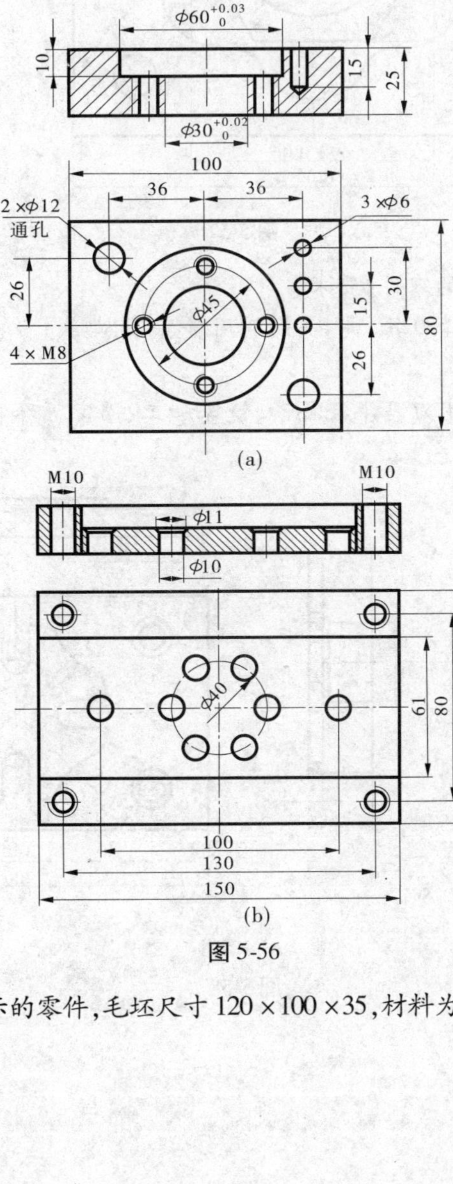

图 5-56

6. 加工如图 5-57 所示的零件，毛坯尺寸 120 ×100 ×35，材料为 45 钢，试编制其加工程序。

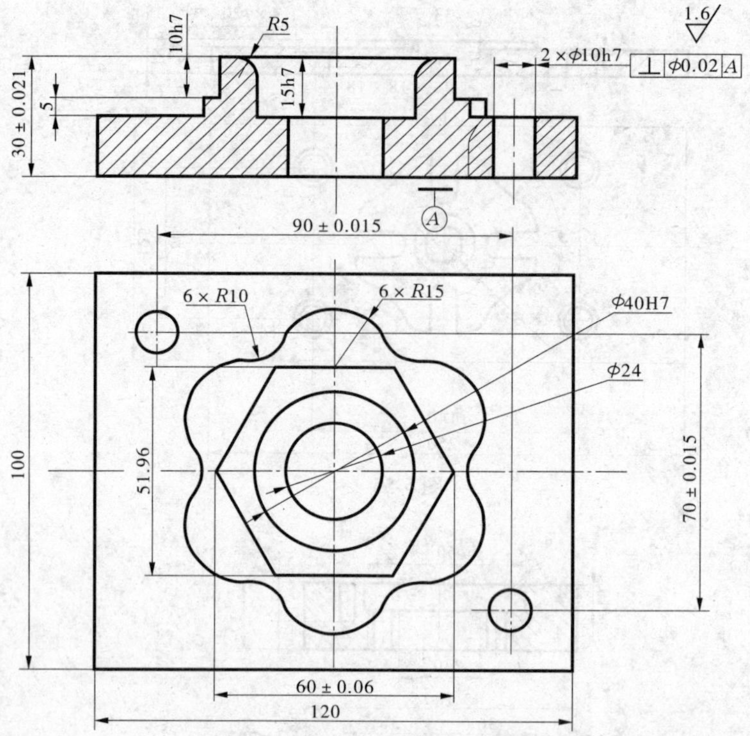

图 5-57

7. 加工如图 5-58 所示的零件，要求：

(1) 制定加工方案，选择刀具、夹具、切削用量、工艺路线；

(2) 计算轨迹坐标；

(3) 编制加工程序，采用刀具半径补偿、镜像加工、固定循环和子程序等功能。

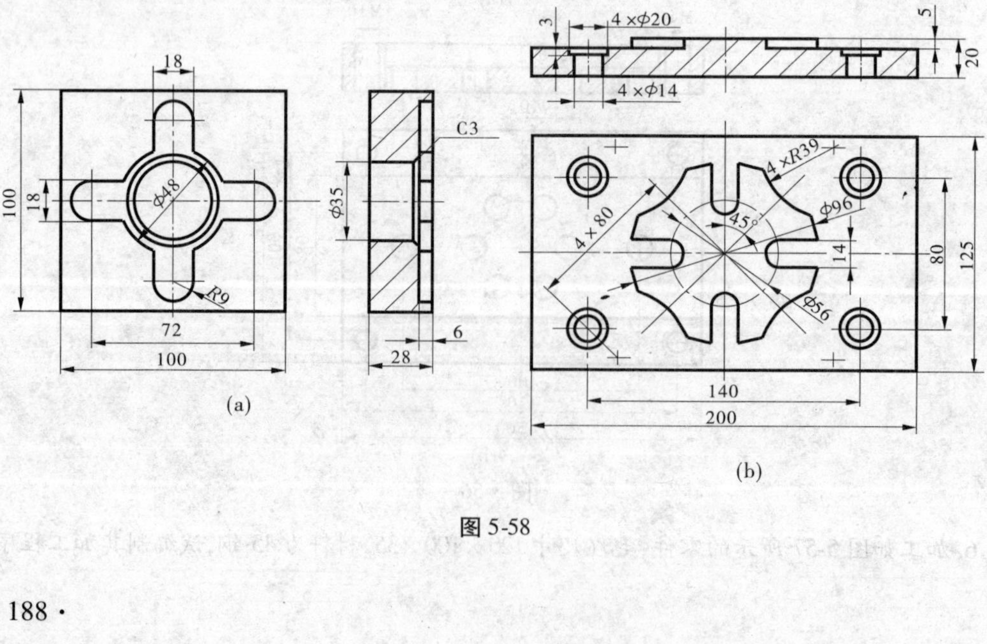

(a)　　(b)

图 5-58

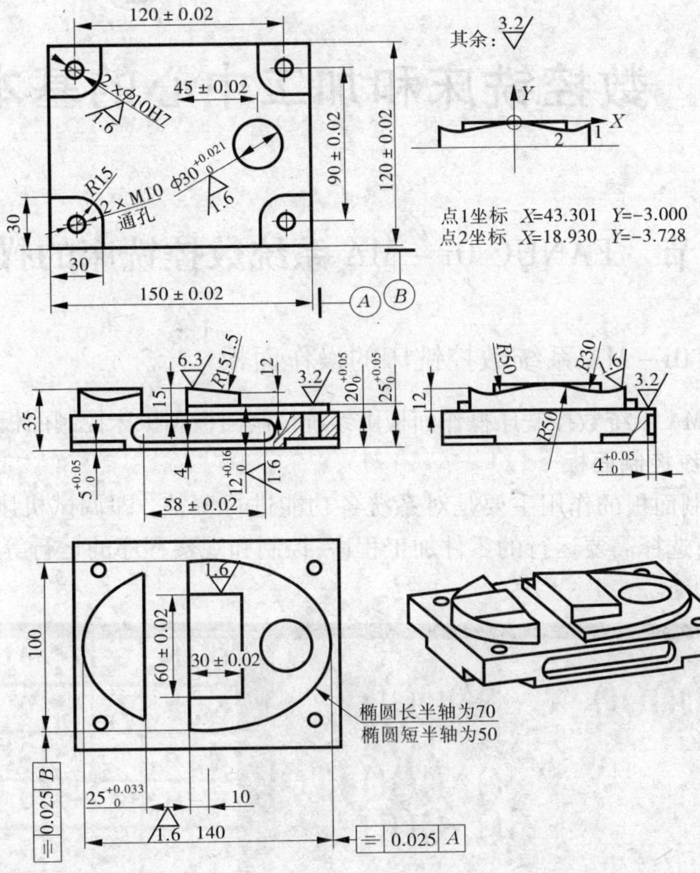
120 ± 0.02
其余：3.2
2×Φ10H7
1.6
45 ± 0.02
Φ30$^{+0.021}_{0}$
1.6
R15
2×M10
通孔
90 ± 0.02
120 ± 0.02
30
30
150 ± 0.02
A
B
Y
X
1
2
点1坐标 X=43.301 Y=−3.000
点2坐标 X=18.930 Y=−3.728
6.3
R151.5
12
3.2
20$^{+0.05}_{0}$
25$^{+0.05}_{0}$
15
35
4
5$^{+0.05}_{0}$
12$^{+0.16}_{0}$
1.6
58 ± 0.02
R50
R30
1.6
3.2
12
R50
4$^{+0.05}_{0}$
1.6
100
60 ± 0.02
30 ± 0.02
椭圆长半轴为70
椭圆短半轴为50
0.025 B
25$^{+0.033}_{0}$
10
1.6
140
0.025 A

(c)

续图 5-58

第六章 数控铣床和加工中心的基本操作

第一节 FANUC 0i－MA 系统数控铣床的操作

一、FANUC 0i－MA 系统数控铣床的操作面板

FANUC 0i－MA 系统数控铣床操作面板由系统控制面板和机床控制面板两部分组成。

(一)数控系统控制面板

数控系统控制面板的作用主要是对系统各功能进行调整，即调试机床和系统；对零件程序进行编辑；选择需要运行的零件加工程序；控制和观察程序的运行等。数控系统控制面板如图 6-1 所示。

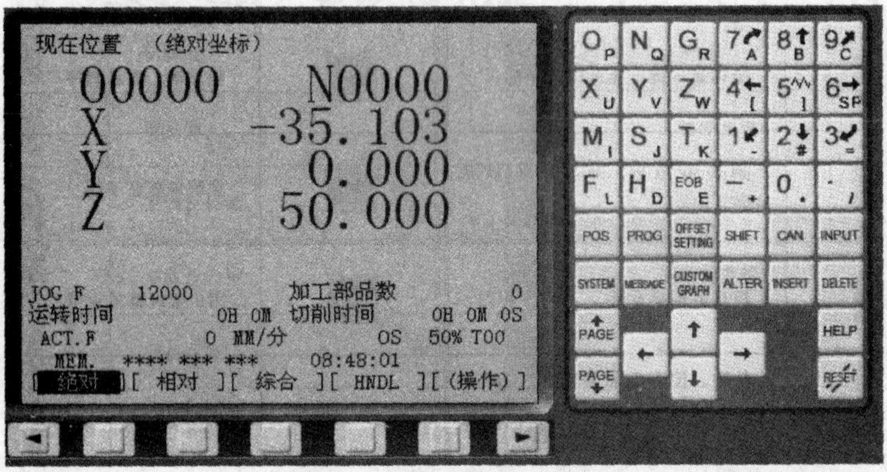

图 6-1 数控系统控制面板

数控系统控制面板上按键的含义见表 6-1。

表 6-1 数控系统控制面板上按键的含义

按键	功能	按键	功能
7 A	地址/数字键	HELP	帮助键。当对 MDI(手动数据输入)键的操作不明白时，按下这个键可以获得帮助
ALTER	替换键	INSERT	插入键
DELETE	删除键	CAN	取消键。用于删除最后一个进入输入缓存区的字符或符号

续表 6-1

按键	功能	按键	功能
INPUT	输入键。用于输入工件偏移值、刀具补偿值	RESET	复位键。解除报警
↑ PAGE PAGE ↓	翻页键。↑ PAGE 键用于将屏幕显示的页面往前翻页，PAGE ↓ 键用于将屏幕显示的页面往后翻页	← ↑ ↓ →	光标移动键。→ 键用于将光标向右或者向前移动，← 键用于将光标向左或者往回移动，↓ 键用于将光标向下或者向前移动，↑ 键用于将光标向上或者往回移动
SHIFT	切换键。在键盘上的某些键具有两个功能，按下该键可以在这两个功能之间进行切换	EOB E	换行键。按下该键生成"；"
POS	坐标显示键。显示位置坐标	PROG	程序键。显示程序
OFFSET SETING	偏移/设置键。显示偏移/设置屏幕	SYSTEM	系统屏幕显示键
MESSAGE	信息屏幕显示键	CUSTOM GRAPH	用户宏屏幕显示键
◄ [ ] ►	软键。按下功能键后，按与屏幕文字相对应的软键 [ ]，可以进入该菜单。带有向左箭头的软键 ◄ 为菜单返回键，带有向右箭头的软键 ► 为菜单继续键		

(二)数控机床控制面板

数控机床控制面板如图 6-2 所示。数控机床控制面板的按键、旋钮及其他旋钮说明见表 6-2。

二、FANUC 0i－MA 系统数控铣床的基本操作

FANUC 0i－MA 系统数控铣床的基本操作主要包括手动操作、程序编辑、数据设置及自动运行操作等。

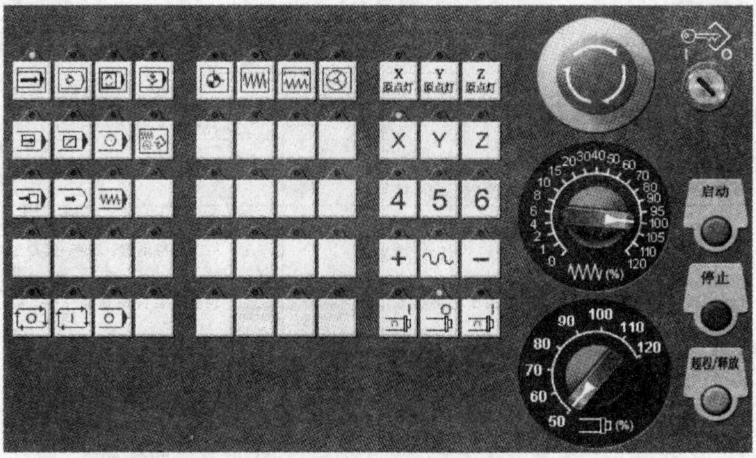

图 6-2　数控机床控制面板

表 6-2　数控机床控制面板的按键、旋钮及其他旋钮说明

按键	功能	按键	功能
	返回参考点键		手轮键
	连续点动键		自动键
	MDI 键		编辑键
	增量键		主轴停止键
	主轴反转键		主轴正转键
	单段运行键		进给暂停键
	空运行键		跳过键
	急停键		当 X 轴返回参考点时,X 原点灯亮
	当 Y 轴返回参考点时,Y 原点灯亮		当 Z 轴返回参考点时,Z 原点灯亮
	循环启动键		进给暂停指示灯
	X 键		Y 键
	Z 键		坐标轴正方向键键
	坐标轴负方向键		快进键
	进给速度修调旋钮		主轴速度修调旋钮
	启动电源键		关闭电源键
	手轮进给放大倍数开关,每转动一下,旋钮向相应的方向移动一个挡位		手轮。顺时针或逆时针转动手轮,所选择的轴将向正向或负向移动一个选定的值

（一）手动操作

1. 开机和回参考点

按下机床控制面板上的“启动电源”键，接通电源，显示屏由原先的黑屏变为有文字显示。按“急停”键，使该键抬起，这时系统完成上电复位。然后，可以进行手动、自动等操作。按下“返回参考点”键。按下“X”键，再按下“坐标轴正方向”键，X 轴返回参考点，同时 X 原点灯亮；按上述方法，依次按下“Y”键、“坐标轴正方向”键、“Z”键、“坐标轴正方向”键，*Y*、*Z* 轴返回参考点，同时“Y、Z 原点灯”、亮。

2. 手动连续进给

手动连续进给操作如下：

（1）按下“连续点动”键，系统处于连续点动运行方式。

（2）选择进给速度，按下“X”键（指示灯亮），再按住“坐标轴正方向”键或“坐标轴负方向”键，X 轴产生正向或负向连续移动，松开“坐标轴正方向”键或“坐标轴负方向”键，X 轴减速停止；依同样方法，按下“Y”键、“Z” 键，再按住“坐标轴正方向”键或“坐标轴负方向”键，使 *Y*、*Z* 轴产生正向或负向连续移动。

3. 点动进给速度选择

使用机床控制面板上的“进给速度修调”旋钮选择进给速度，向右旋转该旋钮，修调倍率递增；向左旋转该旋钮，修调倍率递减。向右旋转一下，修调倍率增加 5%；向左旋转一下，修调倍率递减 5%。

4. 增量进给

按下“增量”键，系统处于增量运行方式。按下“X”键（指示灯亮），再按一下“坐标轴正方向”键或“坐标轴负方向”键，*X* 轴将向正向或负向移动一个增量值；依同样方法按下“Y”键、“Z”键，再按一下“坐标轴正方向”键或“坐标轴负方向”键，*Y*、*Z* 轴将向正向或负向移动一个增量值。

5. 手轮进给

按下“手轮”键，系统处于手轮运行方式。选择移动轴和倍率，根据移动方向，顺时针或逆时针旋转手轮。

（二）程序的创建、输入和编辑

1. 新建程序

按下机床控制面板上的“编辑”键，系统处于编辑运行方式。按下系统控制面板的“程序”键，显示程序屏幕。然后使用“地址/数字”键，输入程序号。如输入程序号“O0001”，按下系统控制面板上的“插入”键，这时程序屏幕上显示新建立的程序名，接下来可以输入程序内容，如图 6-3 所示。

在输入到一行程序的结尾时，先按下“换行”键生成“;”，然后按“插入”键。这样程序会自动换行，光标出现在下一行的开头。

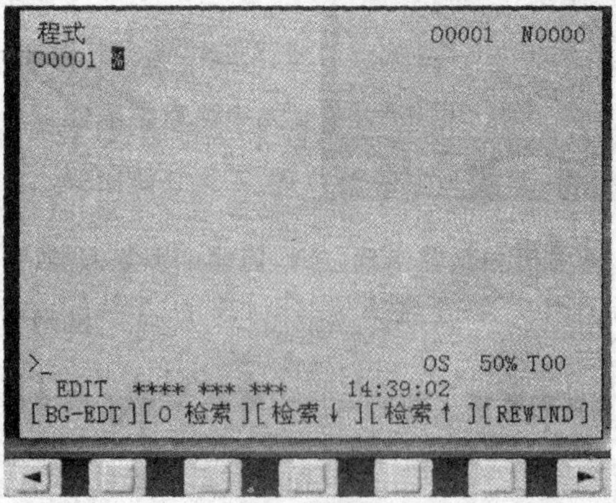

图 6-3 新建程序

2. 输入程序

在 FANUC 0i－MA 系统“地址/数字”键中，同一个按键既包含数字也包含字母，在输入的时候系统可以自动识别当前输入的应该是字母还是数字。输完一行里的几个字符后按“插入”键，即可完成该句程序的输入。

例如，要输入上一步骤建立的程序 O0001 的第一行内容“N10 G54 G01 X100. Y100. Z50. F200. M03;”，首先将各符号全部输完后，按“换行”键，再按“插入”键，完成换行。这样就完成了程序第一行内容的输入，如图 6-4 所示。

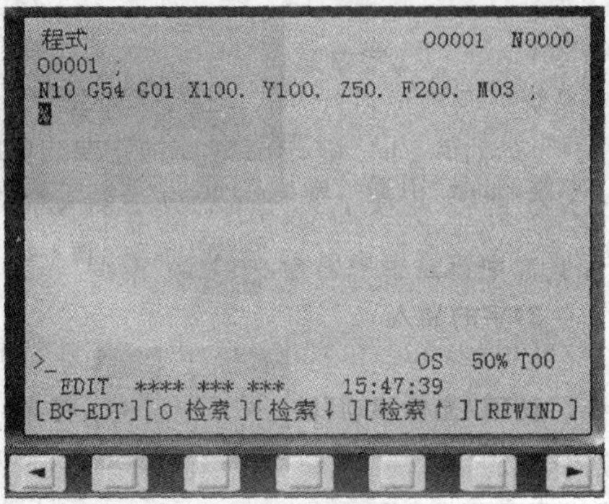

图 6-4 输入程序

3. 编辑程序

下列各项操作均是在编辑状态下进行的。

1）打开目录中的文件

在编辑方式下，按“程序”键，然后按系统显示屏下方与“DIR”对应的软键，显示程序名列表，如图 6-5 所示。使用“地址/数字”键，输入程序名“O0002”。在输入程序名的同时,系统显示屏下方出现“O 检索”,如图 6-6 所示。输完程序名后,按与“O 检索”对应的软键,显示屏上显示“O0002”这个程序的内容,如图 6-7 所示。

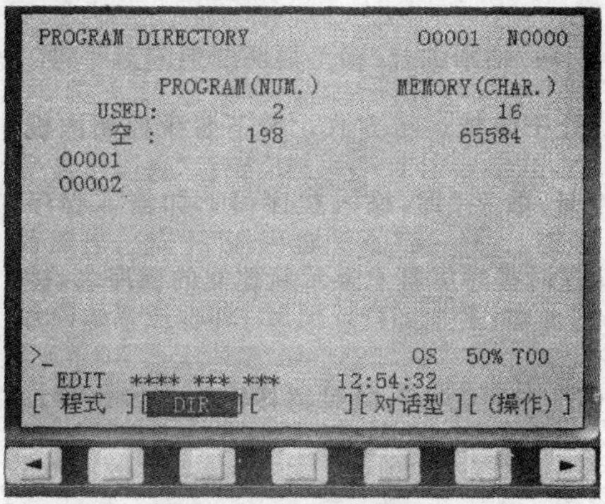

图 6-5　程序名列表

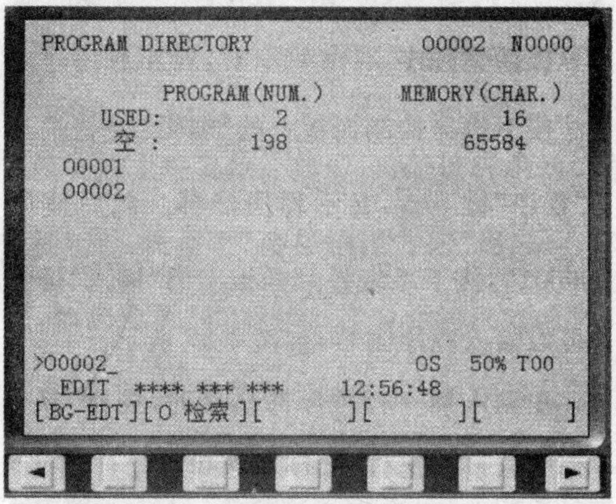

图 6-6　检索程序

2)字的插入

使用“光标移动”键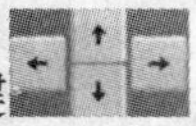,将光标移到需要插入的后一位字符上。如图 6-8 所示,在“Z5.”前面要插入“X50.”,先把光标移到“Z5.”上,然后键入“X50.”按下“插入”键

。光标所在的字符之前出现新插入的数据,同时光标还在原数据上,如图 6-9 所示。

3)字的替换

使用“光标移动”键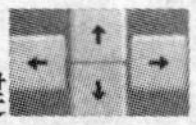,将光标移到需要替换的字符上,键入要替换的字和数据,按下“替换”键

,光标所在的字符被替换,同时光标移到下一个字符上。

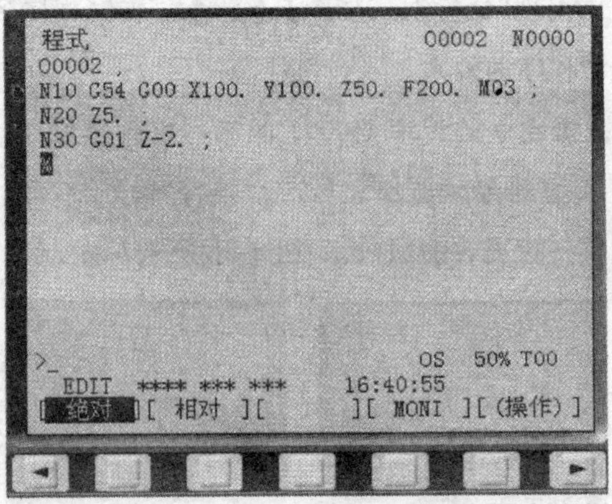

图 6-7 打开程序

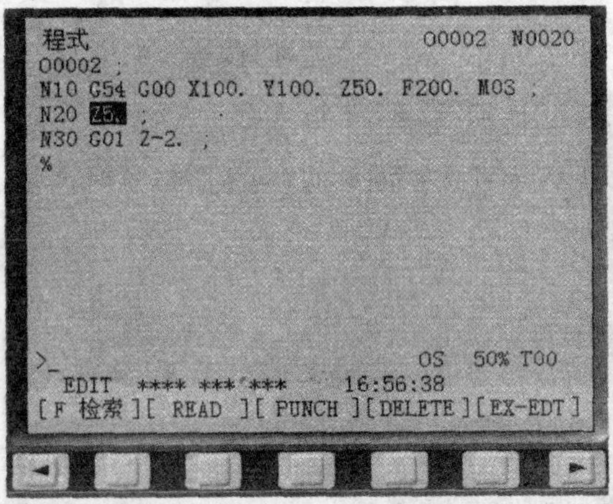

图 6-8 插入字之前

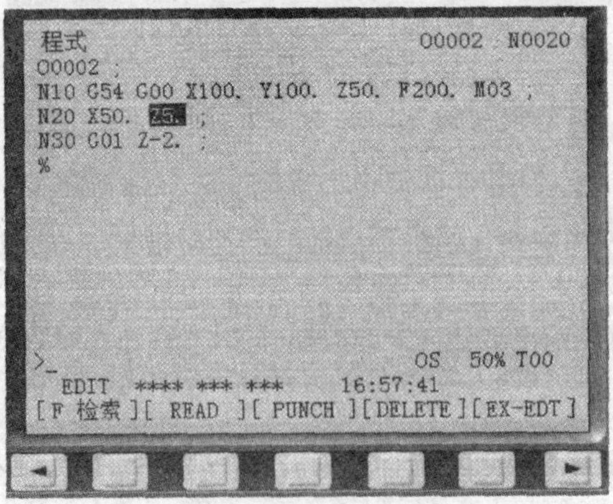

图 6-9 插入字之后

4）字的删除

使用“光标移动”键，将光标移到需要删除的字符上，按下“删除”键，光标所在的字符被删除，同时光标移到被删除字符的下一个字符上。

5）输入过程中的删除

在输入过程中，即字母或数字还在输入缓存区、没有按“插入”键的时候，可以使用“取消”键来进行删除。每按一下“取消”键，则删除一个字母或数字。

6）删除目录中文件

在编辑方式下，按“程序”键，再按“DIR”软键，显示程序名列表。使用“地址/数字”键，输入欲删除的程序名，然后按系统控制面板上的“删除”键，该程序将从程序名列表中删除。

（三）数据设置

1. 设置刀具补偿值

按下“编辑”键，进入编辑运行方式。按下“偏移/设置”键，显示工具补正界面。如果显示屏上没有显示该界面，可以按“补正”软键打开该界面。

例如，要设定006号刀的形状值为－1.000，可以使用“光标移动”键将光标移到需要设定刀补的地方，如图6-10所示。使用“地址/数字”键输入数值“－1.”，在输入数字的同时，软键中出现“输入”键；按“输入”键，或者按软键中的“输入”键，这时该值显示为新输入的数值，如图6-11所示。

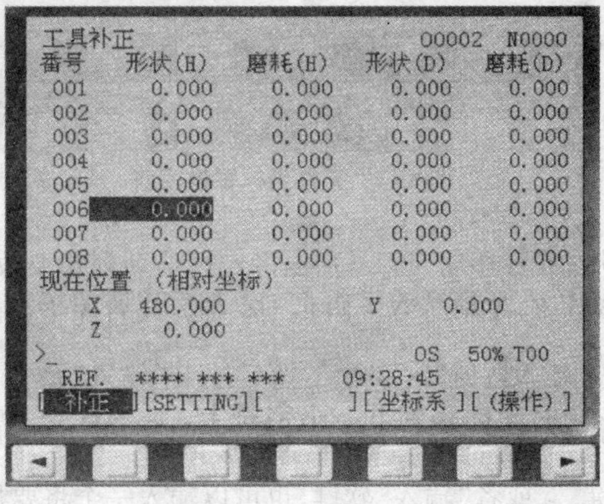

图6-10　补偿值输入前

如果要修改输入的值，可以直接输入新值，然后按“输入”键或者“输入”软键，也可以输入一个将要加到当前补偿值的值（负值将减小当前的值），然后按下“＋输入”软键。

2. 设置工件原点偏移值

按下“偏移/设置”键，按下“坐标系”软键，屏幕上显示工件坐标系设定界面，如

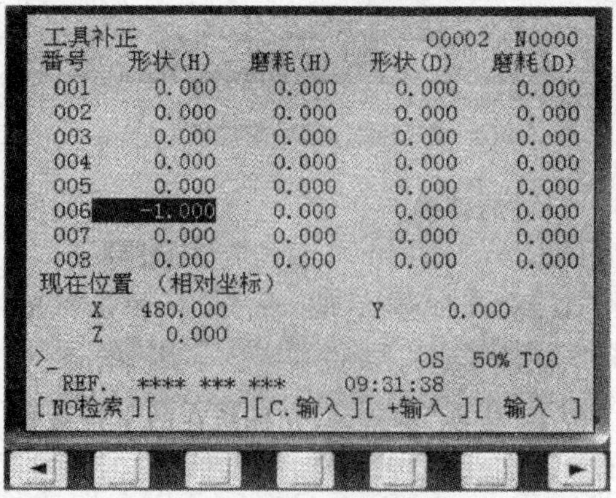

图 6-11 补偿值输入后

图 6-12所示。该屏幕包含两页,可使用“翻页”键翻到所需要的页面。

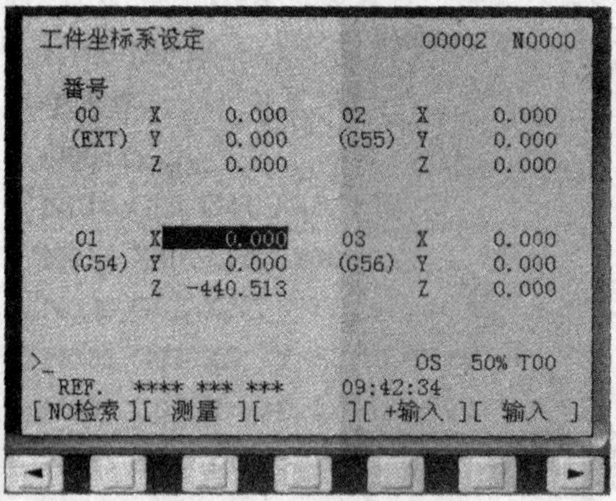

图 6-12 工件坐标系设定前

在图 6-12 中,使用“光标移动”键将光标移动到想要改变的工件原点偏移值上。例如,要设定“G54 X-200. Y-100. Z-30.”,首先将光标移到 G54 的 X 值上,使用“地址/数字”键输入数值“-200.”,然后按下“输入”键,或者按“菜单继续”键后直到出现“输入”软键,按下该键。同样,如果要修改输入的数值,可以直接输入新值,然后按“输入”键或者“输入”软键,也可以输入一个将要加到当前值的值(负值将减小当前的值),然后按下“+输入”软键。

按上述步骤,改变另两个偏移值,如图 6-13 所示。

(四)自动运行操作

1. 选择和启动零件程序

选择需要加工的零件程序,按下“自动”键,系统进入自动运行方式。按“循环启

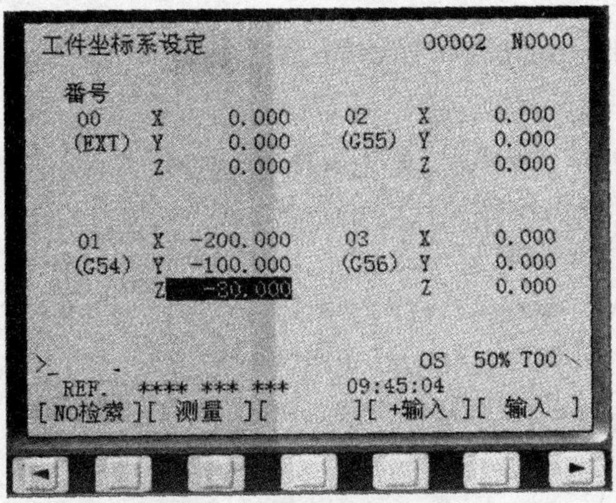

图 6-13 工件坐标系设定后

动”键(指示灯亮),系统执行程序。

2. 停止、中断零件程序

1) 停止

如果要中途停止,可以按下“循环启动”键左侧的“进给暂停”键,这时铣床停止运行,并且“循环启动”键的指示灯灭,进给暂停指示灯亮,再按“循环启动”键,就能恢复被停止的程序。

2) 中断

按下数控系统控制面板上的“复位”键,可以中断程序加工,再按“循环启动”键,程序将从头开始执行。

3. MDI 运行

按下“MDI”键,系统进入 MDI 运行方式。按下系统控制面板上的“程序”键,打开程序屏幕,系统会自动显示程序号“O0000”,如图 6-14 所示。

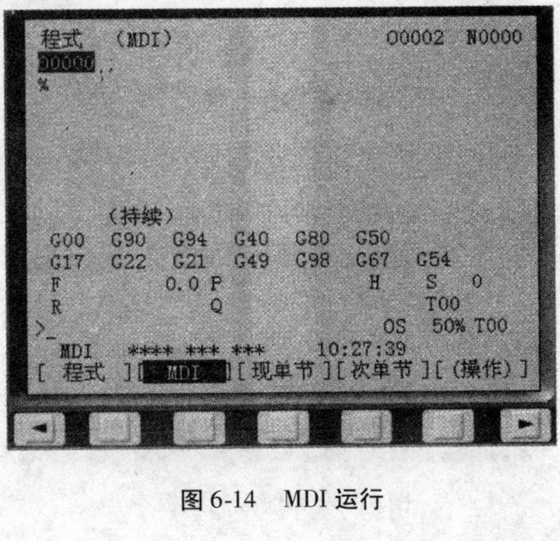

图 6-14 MDI 运行

用程序编辑操作编制一个要执行的程序，编写完毕后使用“光标移动”键，将光标移动到程序开头。按“循环启动”键（指示灯亮），程序开始运行。当执行到程序结束语句（M02 或 M30）或者“%”后，程序运行结束。

4. 停止、中断 MDI 运行

1）停止

如果要中途停止 MDI 运行，可以按下“循环启动”键左侧的“进给暂停”键，这时铣床停止运行，并且“循环启动”键的指示灯灭，进给暂停指示灯亮。再按“循环启动”键，就能恢复 MDI 运行。

2）中断

按下数控系统控制面板上的“复位”键，可以中断 MDI 运行。

第二节 SIEMENS 802S 系统数控铣床的操作

一、SIEMENS 802S 系统数控铣床的操作面板

SIEMENS 802S 系统数控铣床的操作面板由系统控制面板和机床控制面板两部分组成。

（一）系统控制面板

系统控制面板的作用主要是对系统各功能进行调整，包括调试机床和系统，对零件程序进行编辑，选择需要运行的零件加工程序，控制和观察程序的运行等。系统控制面板如图 6-15 所示。

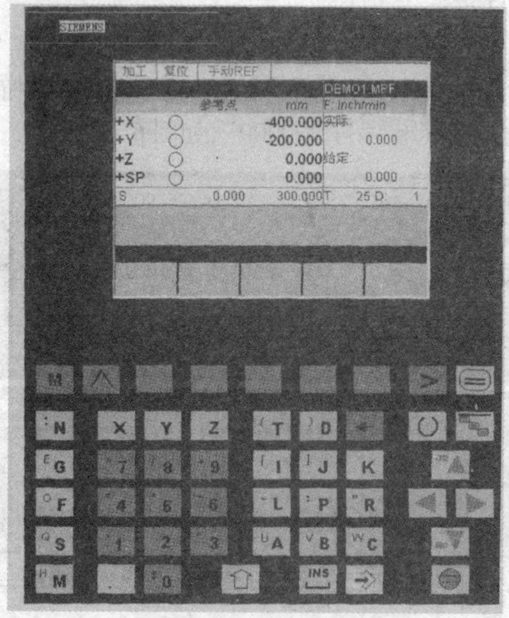

图 6-15 系统控制面板

系统控制面板功能键的主要作用见表6-3。

表6-3　系统控制面板功能键的主要作用

按键	名称	按键功能
	加工显示键	不管屏幕当前如何显示，按此键后均可显示当前加工位置的机床坐标（或工件坐标），指示出当前的位置。在自动方式下还显示正在执行的程序段和将要执行的程序段
	返回键	如果屏幕左下方有“∧”显示，表示按此键可以返回到当前目标菜单的上一级菜单
	软菜单键	在屏幕最下面一行显示有五项内容，如果要进入某项功能中去，则按下方相应的软菜单键，屏幕就进入相应的功能画面
	删除键	在输入数据时，按一次此键，则光标所在位置前一个字符被删除。当光标位于最左侧时，按一次此键，则光标移至上一行，光标所在行的其他内容并入上一行。此键主要是用来修改程序或在参数设定时改正错误
	报警应答键	系统的一些报警可以用此键消除
	选择/转换键	当屏幕上显示有U作为尾缀的数据时，按此键可以修改。用户在操作和编程时一般不需使用该键
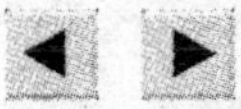	光标向左、向右键	按此键光标向左、向右移动一个字符
	光标向上、向下键	按此键，则光标向上、向下移动一行。按上挡键同时按此键，则向上、向下翻一页
	菜单扩展键	在某一菜单的同一级有超过五项内容时，用此键可以看到同级菜单的其他内容
	区域转换键	用此键可以在任何区域内返回主菜单，再连续按两次，则返回到以前的操作区
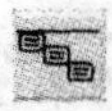	垂直菜单键	在程序编辑状态下，按此键可出现一个垂直菜单，选择相应的内容可以方便输入一些特定的内容
	回车/输入键	按此键可以对输入的内容进行确认。编程时，按此键光标另起一行
	空格键（插入键）	按此键，则在光标处输入一个空格
	上挡键	当按下此键再同时按双字符键，则将双字符键左上角对应的字符输入到操作输入区
	数字键	按此键可输入该键右下角的数字，若同时按上挡键，输入的为左上角相应的字符
	字母键	按此键可输入该键右下角的字母，若同时按上挡键，输入的为左上角相应的字符

(二)机床控制面板

机床控制面板如图 6-16 所示。

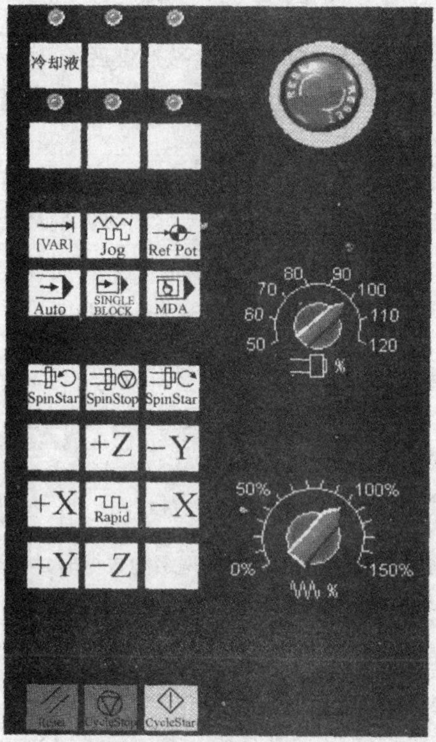

图 6-16 机床控制面板

1. 机床控制面板各功能键的作用

机床控制面板功能键的主要作用见表 6-4。

表 6-4 系统控制面板功能键的主要作用

功能键	名称	作用
	手动方式键	按此键,控制系统进入手动方式(Jog 方式)。可以手动移动刀架、启动/停止主轴,开启/关闭冷却液
	增量选择键	在手动方式时,重复按此键,可以使机床在手动与增量间切换
	参考点键	按此键,控制系统进入参考点(手动 REF)方式。在此方式下,机床可以回参考点(系统一上电,自动处于该状态)
	自动方式键	按此键,控制系统进入自动方式。在此方式下,机床根据零件程序加工零件
	单段方式键	在自动方式时,按此键,系统可在单段运行(屏幕右上角显示 SBL)和连续运行(屏幕右上角不显示 SBL)之间切换
	手动数据键	按此键,控制系统进入 MDA 状态。在此状态下可以手动输入一段程序让机床自动运行

续表 6-4

功能键	名称	作用
	主轴正转键	在手动状态或回参考点状态，按此键可以使机床主轴正转
	主轴反转键	在手动状态或回参考点状态，按此键可以使机床主轴反转
	主轴停止键	在手动状态或回参考点状态，按此键可以使机床主轴停止转动
	复位键	不论系统处于何种状态，按此键均可以使系统复位。这时，正在运行的加工程序被中断，许多机床报警也可以按此键消除
	循环停止键	当零件加工程序正在运行时，按此键可以使运行停止（暂停），再按数控启动键可以恢复程序的运行
	循环启动键	在自动方式或 MDA 方式下，按此键均可以启动加工程序运行
	快速运行叠加键	手动运行时，按轴点动键的同时按此键，轴按设定的快进速度运动
+X　−X	X 轴点动键	在手动状态或回参考点状态，按此键可以使机床 X 轴向正方向或负方向运动
+Y　−Y	Y 轴点动键	在手动状态或回参考点状态，按此键可以使机床 Y 轴向正方向或负方向运动
+Z　−Z	Z 轴点动键	在手动状态或回参考点状态，按此键可以使机床 Z 轴向正方向或负方向运动

2. 机床控制面板各旋钮的作用

机床控制面板上三个旋钮及其作用如下：

（1）主轴速度修调倍率（选择）开关。对于配有变频器的机床，可以利用主轴速度修调倍率开关调节主轴速度。

（2）进给速度修调倍率开关。利用进给速度修调倍率开关，可以控制轴运动的快慢。该开关指向零时，轴无法运动。

（3）急停旋钮。以任何方式、在任何时候按下此旋钮，机床紧急停止。待故障排除后，按照旋钮指示方向向左扭动该旋钮，可以使被压下的旋钮释放，再按“复位”键可以退出急停状态。退出后，机床重回参考点。

二、SIEMENS 802S 系统数控铣床的基本操作

SIEMENS 802S 系统数控铣床的基本操作主要包括开机和回参考点、手动方式、增量方式、新建和编辑程序、参数设置、自动方式、MDA 运行方式等。

(一)开机和回参考点

1. 开机

开机的操作步骤如下：

(1)接通数控系统和机床电源。

(2)系统启动以后进入“加工”操作区，回参考点出现“手动 REF”窗口，如图 6-17 所示。

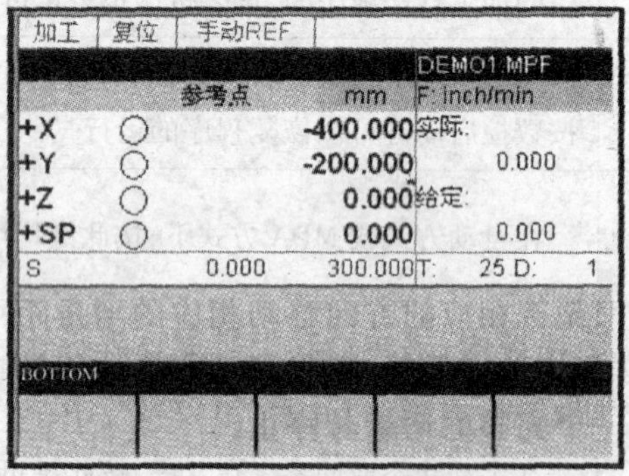

图 6-17　手动 REF 状态未回参考点

2. 回参考点

回参考点的操作步骤如下：

(1)用机床控制面板上的“参考点”键 Ref Pot 启动回参考点运行。

(2)按“坐标轴点动”键 +X 、+Y 、+Z，使每个坐标轴逐一回参考点。此时屏幕上的“+X ○”、“+Y ○”和“+Z ○”(表示未回参考点)变为“+X ◕”、“+Y ◕”和“+Z ◕”(表示该轴已回参考点)，如图 6-18 所示。

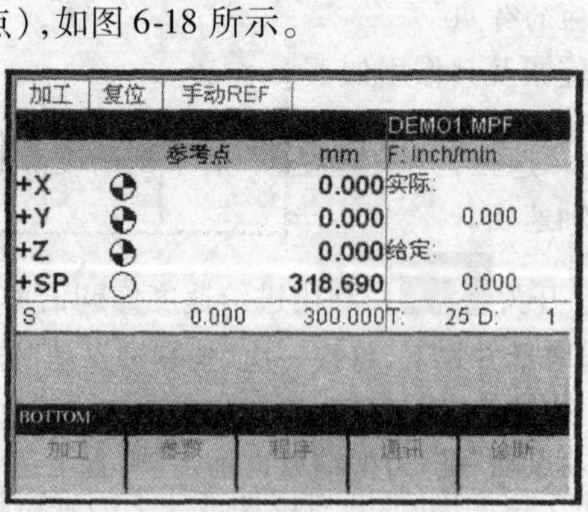

图 6-18　手动 REF 状态已回参考点

（二）手动方式

按“手动方式”键，系统进入手动方式（Jog 方式），此时屏幕显示如图 6-19 所示。

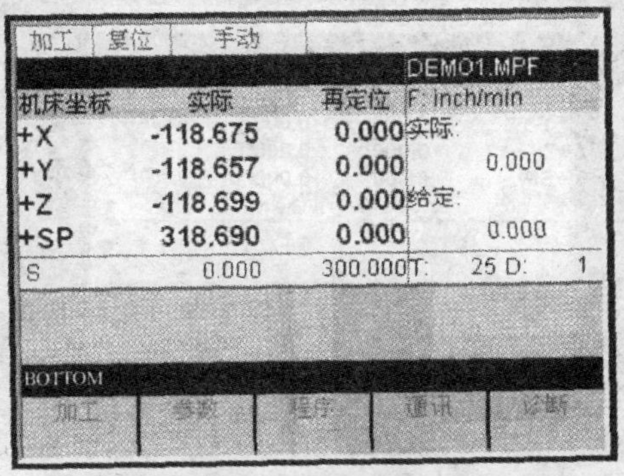

图 6-19　手动方式

按下“坐标轴点动”键，机床在相应的轴上发生运动。只要按住“坐标轴点动”键不放，机床就会以设定的速度连续移动。如果先按下“快速运行叠加”键，然后按“坐标轴点动”键，则坐标轴将进行快速移动。

手动移动的速度可以由进给速度修调倍率开关进行控制。

（三）增量方式

在手动状态下，按“增量选择”键，可以使系统进入增量方式运行。重复按此键，可以使机床在手动与不同的增量之间切换。此时屏幕显示如图 6-20 所示。

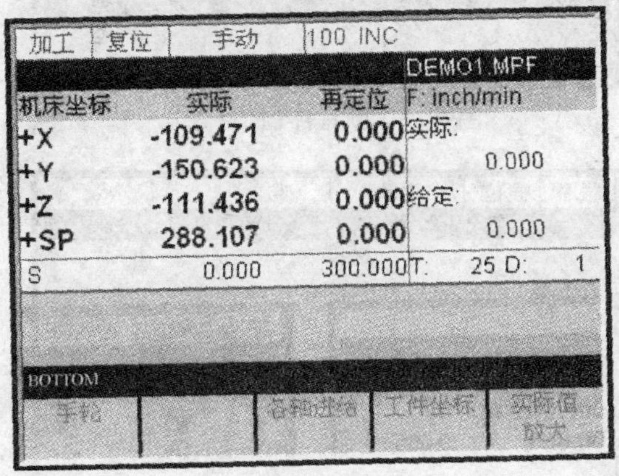

图 6-20　增量方式

在增量方式下，每按一次“坐标轴点动”键，刀架按相应的方向移动相应的增量距离。如果一次按键的时间很短，刀架移动距离小于当前规定的增量时，刀架运动停止。然后，按相同的“坐标轴点动”键，刀架继续向前运动，直至达到一个完整的增量时停止。

（四）新建和编辑程序

1. 新建程序

按系统控制面板上的“区域转换”键，使屏幕显示如图 6-21 所示；再按“程序”软键，屏幕显示如图 6-22 所示；按“菜单扩展”键 >，使屏幕下方显示如图 6-23 所示；按“新程序”软键，使屏幕下方显示如图 6-24 所示。

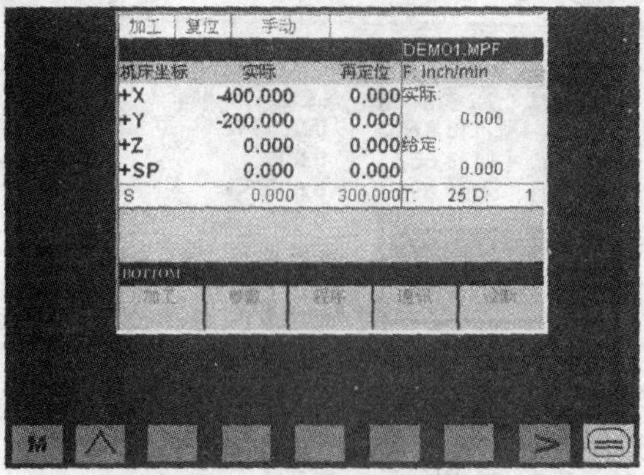

图 6-21 新程序窗口(一)

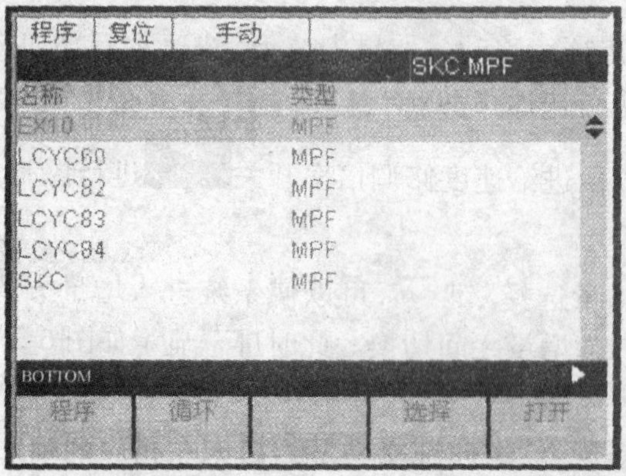

图 6-22 新程序窗口(二)

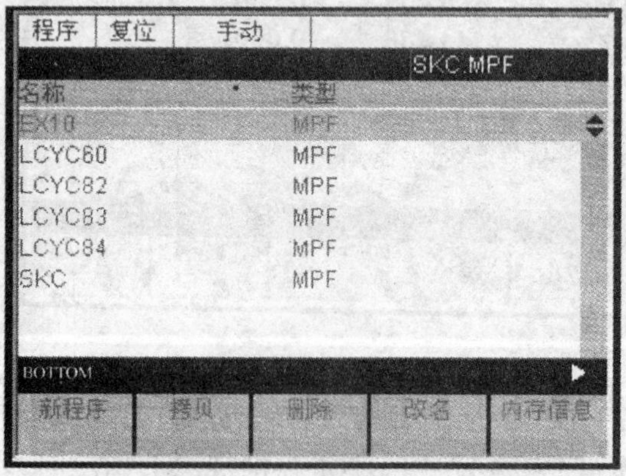

图 6-23 新程序窗口(三)

在此输入新的主程序或子程序名，主程序扩展名“.MPF”不必输入，它是系统默认值，而子程序扩展名“.SPF”必须与程序名一起输入，如果新输入程序名为“SKX”，按“确定”软键，屏幕显示如图 6-25 所示，这时可以对新程序进行编辑。

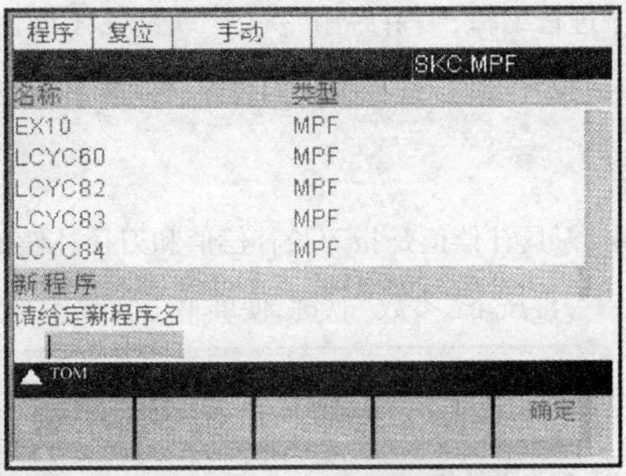

图 6-24　新程序窗口(四)

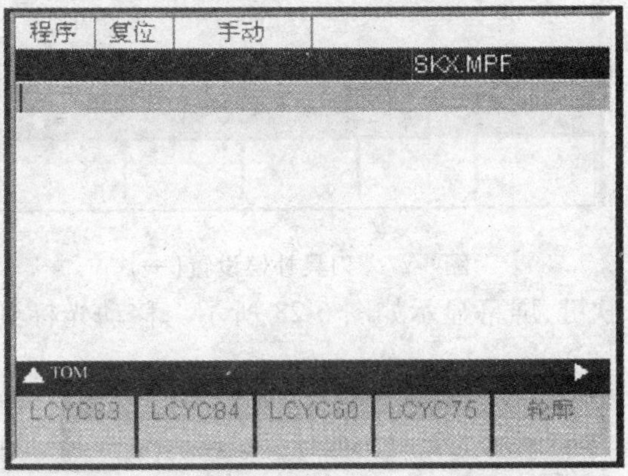

图 6-25　新程序窗口(五)

2. 编辑程序

在图 6-22 中,按“光标向上”键或“光标向下”键,使光标移至需要编辑的程序,如 SKC,再按“打开”软键,该程序即被打开,屏幕显示如图 6-26 所示。

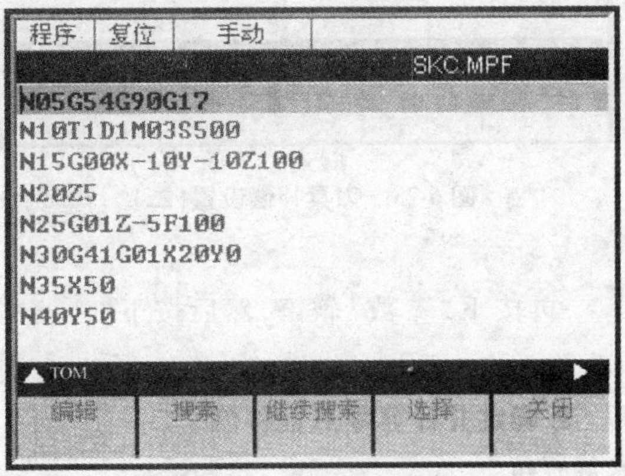

图 6-26　程序编辑窗口

这时可以对该程序进行编辑，编辑后用“关闭”软键关闭该窗口，系统会自动存储刚才所有的操作。可以用“选择”软键选择编辑的程序，按“循环启动”键启动该程序。

(五)参数设置

1. 输入刀具补偿值

对于立式数控铣床，刀具补偿值是指刀长补偿值和刀径补偿值。

按“区域转换”键，再按下“参数”软键，使屏幕下方显示如图 6-27 所示。

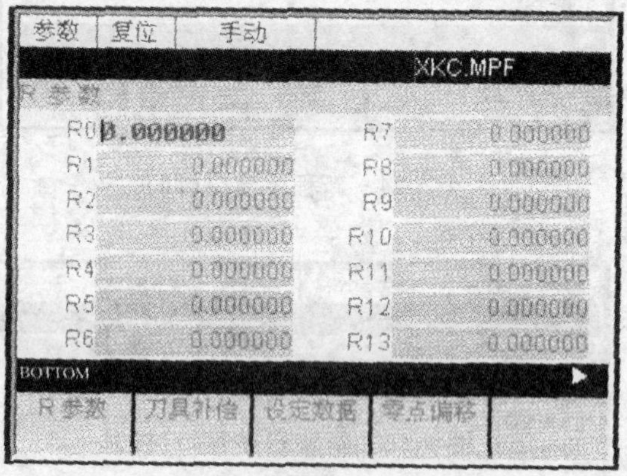

图 6-27　刀具补偿设置(一)

按下“刀具补偿”软键，屏幕显示如图 6-28 所示。移动光标到需要修改的区域，输入数值。

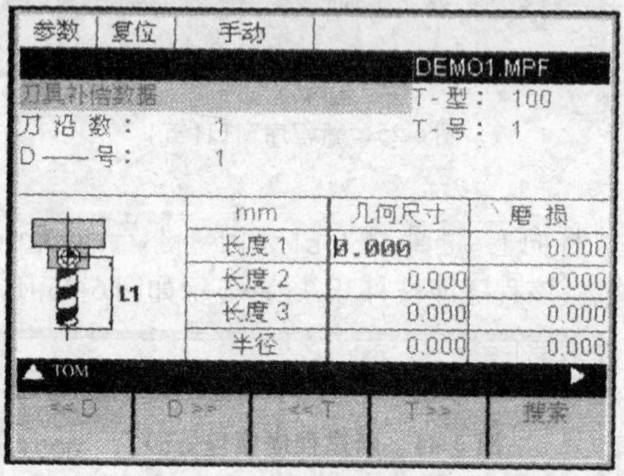

图 6-28　刀具补偿设置(二)

2. 零点偏移值

按“区域转换”键，再按下“参数”软键，然后按下“零点偏移”软键，屏幕显示如图 6-29 所示。移动光标，输入修改数值。继续按“光标向下”键，屏幕上显示下一页零点偏移窗口 G56 和 G57，按“返回”软键返回上一级菜单。

3. 确定并计算零点偏移值

在图 6-29 中，按“测量”软键出现测量窗口，选择刀具，移动光标输入数值，按“计

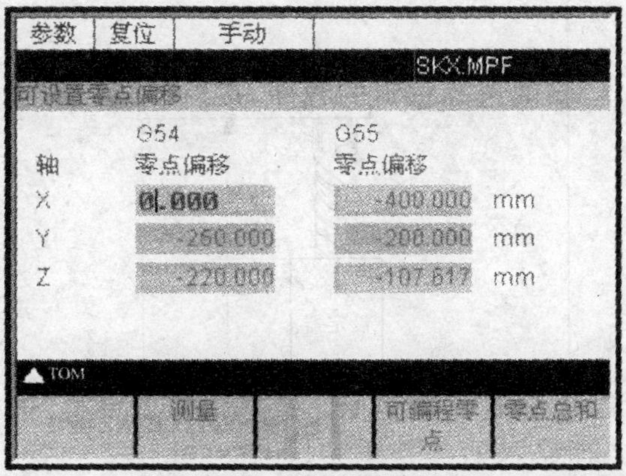

图 6-29　零点偏移窗口

算”、“确认”软键即可。其测量原理如下：寻边器的直径为 10.00 mm（半径为 5.00 mm），Z 轴设定器的高度为 50.00 mm。X、Y 轴方向零点偏移值的计算如图 6-30 所示。

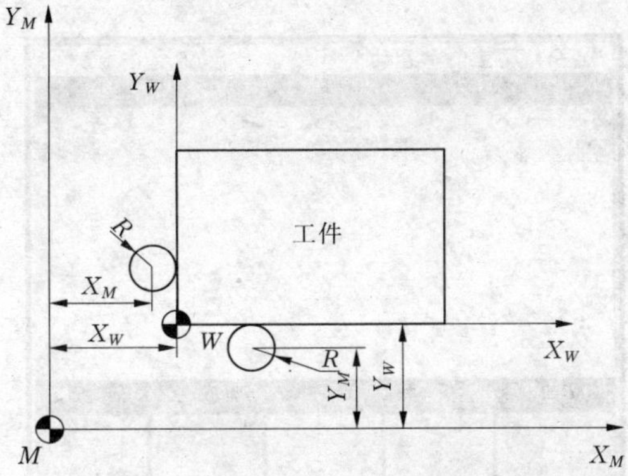

图 6-30　X、Y 轴方向零点偏移值的计算

假定工件原点 W 设定在工件的左下脚，则 X 轴方向的零点偏移值 $X_W = X_M + R$，Y 轴方向的零点偏移值 $Y_W = Y_M + R$，Z 轴防线零点偏移值的计算如图 6-31 所示。

假定 Z 轴方向弓箭的上表面，则 Z 轴方向的零点偏移值 $Z_W = Z_M - L_1 - 50$。

（六）自动方式

自动方式是零件加工中正常使用的方式，自动加工程序的步骤如下：

（1）按“自动方式”键，系统进入自动运行方式。

（2）按“自动方式”键、“区域转换”键，再按“程序”软键，按“光标向上”键或“光标向下”键，使灰色移动条处于此时需运行的程序处，如“SKX”，再按“选择”软键，此时屏幕显示如图 6-32 所示。这时屏幕右上角显示“SKX. MPF”，表示该程序已被选择。

（3）按“区域转换”键，按“加工”软键，再按“程序控制”软键，此时屏幕显示如图 6-33 所示。按“光标向下”键或“光标向上”键，使光标处于“□ROV 快速修调”位置。按“回车/输入”键，使“ROV”前面的“□”变为“☒”，而其余方框仍为“□”，再

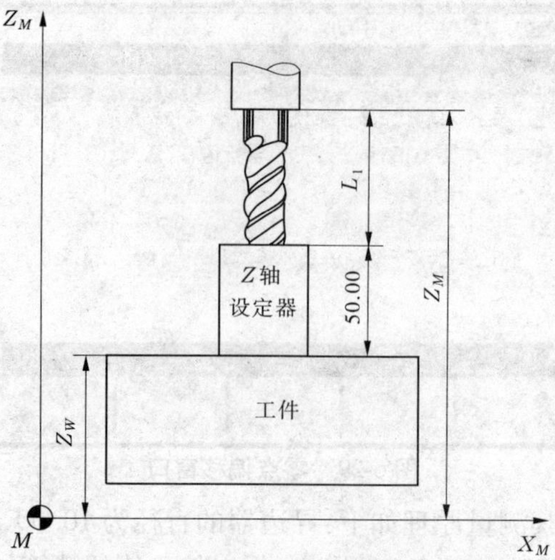

图 6-31　Z 轴方向零点偏移值的计算

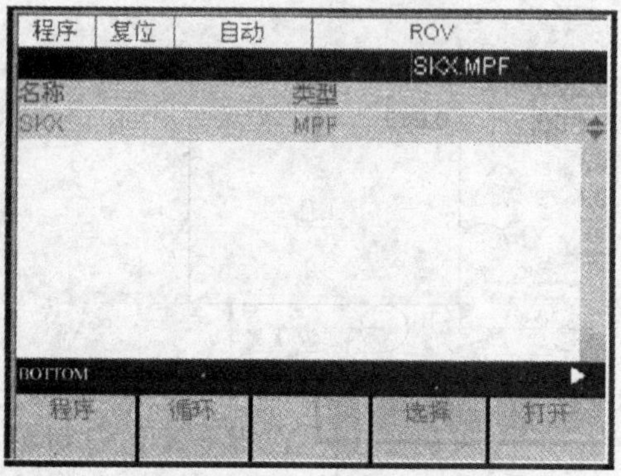

图 6-32　选择自动加工的程序

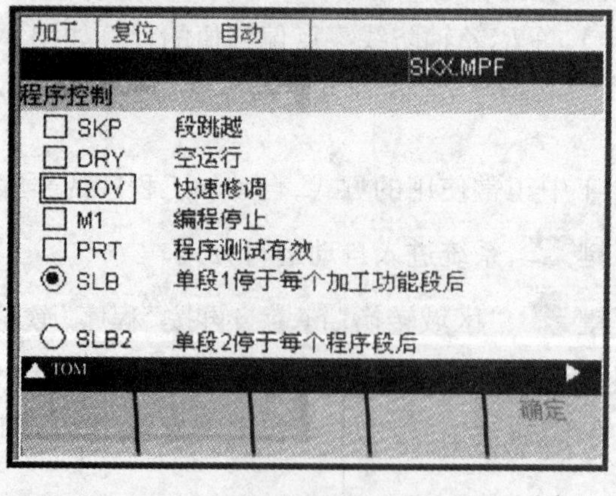

图 6-33　自动加工过程的程序

按“确定”软键，此时屏幕显示如图 6-34 所示。

（4）按“单段方式”键，使屏幕右上角显示“SBL”，这时系统将按单段方式运行程

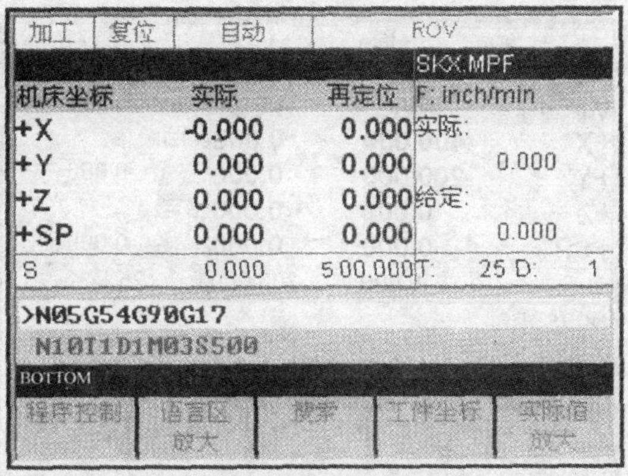

图 6-34　快速修调显示图

序,屏幕显示如图 6-35 所示。按“循环启动”键,机床将开始执行当前显示的第一段程序,以后每按一次“循环启动”键,就执行下一段程序,直至程序结束,而利用进给速度修调倍率开关可以控制刀架的运行速度,并利用屏幕上显示的实际值判断刀架可能的移动量,及时发现编程的错误。

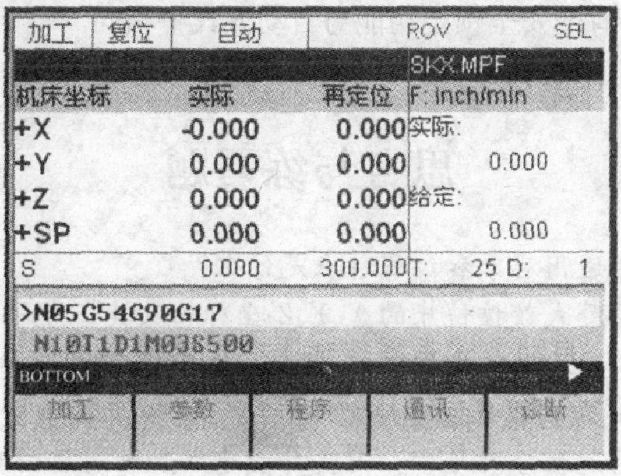

图 6-35　单段方式运行

(七)MDA 运行方式

在 MDA 运行方式下可以编制一个零件程序段加以执行,但不能加工由多个程序段描述的轮廓。

按机床控制面板上的“手动数据”键可以使系统进入 MDA 方式,这时屏幕显示如图 6-36 所示。

在屏幕下方的程序输入行输入一段程序,按“循环启动”键可以执行这段程序。如果不按“复位”键,该段程序执行后的状态继续有效。若再输入一段程序,按“循环启动”键,则系统继续执行输入的程序。如果按“复位”键,则系统复位,前面已执

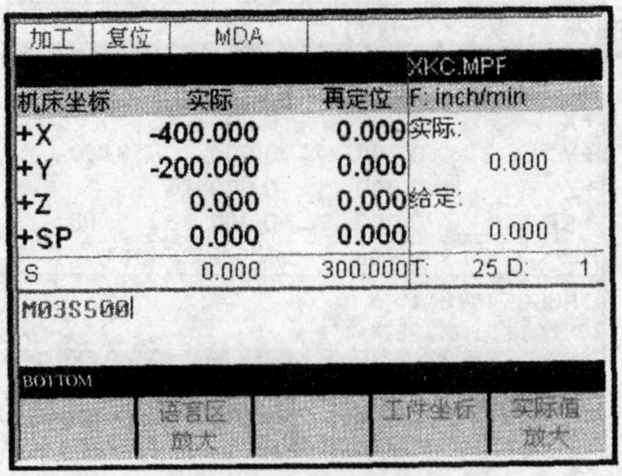

图 6-36　MDA 运行方式

行的程序状态被清除，机床的所有动作全部停止。

执行 MDA 方式注意事项如下：

(1)执行完毕后，输入区的内容仍保留，这样该程序段可以通过按“循环启动”键再次重新运行。

(2)输入一个字符可以删除以前输入的程序段。

(3)运行方式中所有的安全锁定功能与自动方式中相同。

(4)运行方式中相应的前提条件也与自动方式中相同。

思考与练习题

1. 数控铣床加工的适用对象和编程特点是什么？

2. 如何确立立式及卧式数控铣床的 X、Y、Z 坐标轴及其正方向？

3. 坐标系设定指令 G92 与坐标系指令 G54 ~ G59 有何不同之处？

4. 整圆编程和使用 R 编程应注意什么？

5. 刀具半径补偿的过程分哪几步？刀具补偿建立和取消应同时具备哪些条件？

6. 刀具半径补偿使用的注意事项有哪些？防止过切编程有哪些方法？

7. 刀具半径补偿的目的是什么？还有哪些灵活运用？

8. 刀具长度补偿有何作用？刀具长度补偿值是否一定等于刀具长度？如何确定刀具长度补偿值？

9. 简化编程有哪些措施？

10. FANUC 系统数控铣床返回参考点如何操作？

11. 如何对程序进行替换、插入和删除操作？

12. 数控铣床常用的对刀方法有哪些？为什么进行 X、Y 方向对刀时，可以不用刀具而用分中棒或百分表？但 Z 方向对刀必须用加工刀具？

13. 数控铣刀有哪些类型？刀具选用应遵循哪些原则？

第七章　宏程序

第一节　FANUC 0i－MA 系统 A 类宏程序介绍及应用

一、用户宏程序

（一）用户宏程序

用户宏程序是 FANUC 数控系统及其类似产品中的特殊编程功能。用户宏程序的实质与子程序相似，它也是把一组实现某种功能的指令，以子程序的形式先存储在系统存储器中，通过宏程序调用指令执行这一功能。在主程序中，只要编入相应的调用指令就能实现这些功能。

（二）宏程序与普通程序相比较

与普通程序相比，用户宏程序的特点是：可以使用变量进行编程，还可以用宏指令对这些变量进行赋值、运算，程序能够发生跳转。通过使用宏程序能执行一些有规律变化（如非圆二次曲线）的动作，使程序应用更加灵活、方便。

（三）宏程序编程适用范围

（1）宏程序编程适用于手工编制抛物线、椭圆、双曲线等，没有插补指令的数控加工程序。

（2）宏程序编程适用于编制工艺路线相同，但位置参数不同的系列零件的加工程序。

（3）宏程序编程适用于编制形状相似，但尺寸不同的系列零件的加工程序。

（4）宏程序编程能扩大数控机床的编程范围，简化零件加工程序。用户宏程序有 A、B 两类。这里主要介绍 A 类宏程序，B 类宏程序请参见本章第二节。

二、A 类宏程序

（一）变量

在常规的主程序和子程序内，总是将一个具体的数值赋予一个地址。为了使程序更具有通用性、更加灵活，在宏程序中设置了变量，即将变量赋予一个地址。

1. 变量的表示

变量可以用“#”号和跟随其后的变量序号来表示：#i（i＝1，2，3，…）。例：#3，#10，#505 等。

2. 变量的引用

将跟随在一个地址后的数值用一个变量来代替，即引入了变量。

例：对于 F#102，若#102＝80，则为 F80；

　　对于 Z－#110，若#110＝150，则为 Z－150；

对于 G#120,若#120 = 2,则为 G02。

3. 变量的类型

变量分为局部变量、公共变量(全局变量)和系统变量三类,见表 7-1。在 A、B 类宏程序中,其分类均相同。

表 7-1　变量的分类

变量号	变量类型	功能
#0	空	该变量值总为空
#1 ~ #33	局部变量	只能在一个宏程序中使用
#100 ~ #149(#199) #500 ~ #531(#999)	公共变量	在各宏程序中可以公用的
#1000	系统变量	固定用途的变量

1)局部变量

局部变量(#1 ~ #33)是在宏程序中使用的变量,当宏程序 1 调用宏程序 2 且都有变量#1 时,由于变量#1 服务于不同的局部,所以宏程序 1 中的#1 和宏程序 2 中的#1 不是同一个变量,因此可以赋予不同的值,而且互不影响。

2)公共变量

公共变量是在主程序和主程序调用的各用户宏程序内公用的变量。也就是说,在一个宏指令中的#i 与在另一个宏指令中的#i 是相同的。

公共变量的序号为:#100 ~ #149;#500 ~ #531。其中:#100 ~ #149 公共变量在电源断电后即清零,重新开机时被设置为"0";#500 ~ #531 公共变量即使断电后,它们的值也保持不变,因此也称为保持型变量。

3)系统变量

系统变量定义为:有固定用途的变量,它的值取决于系统的状态。系统变量包括刀具偏置变量,接口的输入/输出信号变量,位置信息变量等。

(二)宏指令 G65

宏指令 G65 可以实现丰富的宏功能,包括算术运算、逻辑运算等处理功能。

一般形式:G65　Hm　P#i　Q#j　R#k;

格式中:m 为宏程序功能,数值范围 01 ~ 99;#i 为运算结果存放处的变量名;#j 为被操作的第一个变量,也可以是一个常数;#k 为被操作的第二个变量,也可以是一个常数。

例如,当程序功能为加法运算时:

程序　G65　H02　P　#100　Q#101　R#102…　含义为#100 = #101 + #102

程序　G65　H02　P　#100　Q - #101　R#102…　含义为#100 = - #101 + #102

程序　G65　H02　P　#100　Q#101　R15…　含义为　#100 = #101 + 15

(三)宏功能指令

1. 算术运算指令

算术运算指令见表 7-2。

表 7-2　算术运算指令

G 码	H 码	功能	定义
G65	H01	定义，替换	#i = #j
G65	H02	加	# i = # j + # k
G65	H03	减	# i = # j − #k
G65	H04	乘	# i = # j × #k
G65	H05	除	# i = #j/#k
G65	H21	平方根	$\# i = \sqrt{\# j}$
G65	H22	绝对值	# i = |#j|
G65	H23	求余	# i = #j − trunc(#j/#k) · #k
			Trunc；丢弃小于 1 的分数部分
G65	H24	BCD 码→二进制码	#i = BIN(#j)
G65	H25	二进制码→BCD 码	# i = BCD(# j)
G65	H26	复合乘/除	# i = (# i × # j) ÷ # k
G65	H27	复合平方根 1	$\# i = \sqrt{\#j^2 + \# k^2}$
G65	H28	复合平方根 2	$\# i = \sqrt{\# j^2 - \# k^2}$

1）变量的定义和替换#i = #j

编程格式：G65　H01　P#i　Q#j；

例：G65　H01　P#101　Q100；（#101 = 100）

　G65　H01　P#101　Q − #102；（#101 = − #102）

2）加法 #i = #j + #k

编程格式：G65　H02　P#i　Q#j　R#k；

例：G65　H02　P#105　Q#106　R#108；（#105 = #106 + #108）

3）减法 #i = #j − #k

编程格式：G65　H03　P#i　Q#j　R#k；

例：G65　H03　P#110　Q#111　R#112；（#110 = #111 − #112）

4）乘法 #i = #j × #k

编程格式：G65　H04　P#i　Q#j　R#k；

例：G65　H04　P#120　Q#122　R#123；（#120 = #122 × #123）

5）除法 #i = #j / #k

编程格式：G65　H05　P#i　Q#j　R#k

例：G65　H05　P#101　Q#102　R#103；（#101 = #102/#103）

6）平方根 $\#i = \sqrt{\#j}$

编程格式：G65　H21　P#i　Q#j；

例:G65　H21　P#101　Q#102;(#101 = $\sqrt{\#102}$)

7)绝对值#i = | #j |

编程格式: G65　H22　P#i　Q#j;

例:G65　H22　P#101　Q#102;(#101 = | #102 |)

8)复合平方根 1#i = $\sqrt{\#j^2 + \#k^2}$

编程格式:G65　H27　P#i　Q#j　R#k;

例:G65　H27　P#101　Q#102　R#103;(#101 = $\sqrt{\#102^2 + \#103^2}$)

9)复合平方根 2#i = $\sqrt{\#j^2 - \#k^2}$

编程格式:G65　H28　P#i　Q#j　R#k;

例:G65　H28　P#101　Q#102　R#103;(#101 = $\sqrt{\#102^2 - \#103^2}$)

2. 逻辑运算指令

逻辑运算指令见表 7-3。

表 7-3　逻辑运算指令

G 码	H 码	功能	定义
G65	H11	逻辑或	#i = #j · OR · #k
G65	H12	逻辑与	# i = # j · AND · #k
G65	H13	异或	# i = #j · XOR · #k

1)逻辑或 #i = #j　OR　#k

编程格式:G65　H11　P#i　Q#j　R#k;

例:G65　H11　P#101　Q#102　R#103;(#101 = #102　OR　#103)

2)逻辑与 #i = #j　AND　#k

编程格式:G65　H12　P#i　Q#j　R#k;

例:G65　H12　P#101　Q#102　R#103;(#101 = #102　AND　#103)

3. 三角函数指令

三角函数指令见表 7-4。

表 7-4　三角函数指令

G 码	H 码	功能	定义
G65	H31	正弦	#i = # j · SIN (#k)
G65	H32	余弦	# i = # j · COS (#k)
G65	H33	正切	# i = # j · TAN(#k)
G65	H34	反正切	# i = ATAN(# j/# k)

1)正弦函数 #i = #j × SIN(#k)

编程格式:G65　H31　P#i　Q#j　R#k;(单位:°)

例:G65　H31　P#101　Q#102　R#103;(#101 = #102 × SIN(#103))

2)余弦函数#i = #j × COS(#k)

编程格式:G65　H32　P#i　Q#j　R#k;(单位:°)

例:G65　H32　P#101　Q#102　R#103;(#101 = #102 × COS(#103))

3)正切函数#i = #j × TAN#k

编程格式:G65　H33　P#i　Q#j　R#k;(单位:°)

例:G65　H33　P#101　Q#102　R#103;(#101 = #102 × TAN(#103))

4)反正切#i = ATAN(#j/#k)

编程格式:G65　H34　P#i　Q#j　R#k;(单位:°,0° ≤ #j ≤ 360°)

例:G65　H34　P#101　Q#102　R#103;(#101 = ATAN(#102/#103))

4.控制类指令

控制类指令见表7-5。

表7-5　控制类指令

G码	H码	功能	定义
G65	H80	无条件转移	GOTO n
G65	H81	条件转移1	IF　#j = #k,GOTO n
G65	H82	条件转移2	IF　#j ≠ #k,GOTO n
G65	H83	条件转移3	IF　#j > #k,GOTO n
G65	H84	条件转移4	IF　#j < #k,GOTO n
G65	H85	条件转移5	IF　#j ≥ #k,GOTO n
G65	H86	条件转移6	IF　#j ≤ #k,GOTO n
G65	H99	产生PS报警	PS报警号500 + n出现

1)无条件转移

编程格式:G65　H80　Pn;(n为程序段号)

例:G65　H80　P120;(转移到N120)

2)条件转移1#j　EQ　#k(=)

编程格式:G65　H81　Pn　Q#j　R#k;(n为程序段号)

例:G65　H81　P100　Q#101　R#102;

若#101 = #102,转移到N100程序段;若#101 ≠ #102,执行下一程序段。

3)条件转移2#j　NE　#k(≠)

编程格式:G65　H82　Pn　Q#j　R#k;(n为程序段号)

例:G65　H82　P150　Q#101　R#102;

若#101 ≠ #102,转移到N150程序段;若#101 = #102,执行下一程序段。

4)条件转移3#j　GT　#k(>)

编程格式:G65　H83　Pn　Q#j　R#k;(n为程序段号)

例:G65　H83　P500　Q#101　R#102;

若#101 > #102,转移到N500程序段;若#101 ≤ #102,执行下一程序段。

5)条件转移4#j　LT　#k(<)

编程格式:G65　H84　Pn　Q#j　R#k;(n为程序段号)

例:G65　H84　P1000　Q#101　R#102;

若#101 < #102,转移到 N1000;若#101 ≥ #102,执行下一程序段。

6)条件转移 5 #j GE　#k(≥)

编程格式:G65　H85　Pn　Q#j　R#k;(n 为程序段号)

例:G65　H85　P1000　Q#101　R#102;

若#101≥ #102,转移到 N1000;若#101 < #102,执行下一程序段。

7)条件转移 6 #j LE　#k(≤)

编程格式:G65　H86　Pn　Q#j　Q#k;(n 为程序段号)

例:G65　H86　P1000　Q#101　R#102;

若#101≤#102,转移到 N1000;若#101 > #102,执行下一程序段。

(四)使用注意事项

为保证宏程序的正常运行,在使用用户宏程序的过程中,应注意以下几点:

(1)由 G65 规定的 H 码不影响偏移量的任何选择;

(2)如果用于各算术运算的 Q 或 R 未被指定,则作为 0 处理;

(3)在分支转移目标地址中,如果序号为正值,则检索过程是先向大程序号查找,如果序号为负值,则检索过程是先向小程序号查找。

(4)转移目标序号可以是变量。

三、用户宏程序应用举例

【例 7-1】　试用 A 类宏程序的编程方法编写图 7-1 所示的椭圆手柄的数控车床精加工程序。

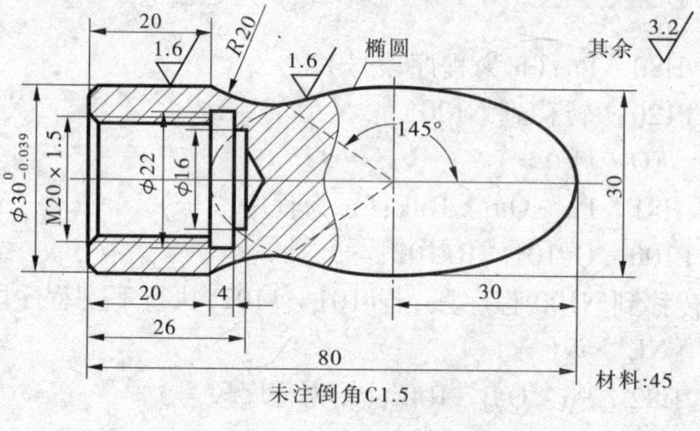

图 7-1　A 类宏程序编程实例

课题编程与加工思路:本课题的轮廓表面为非圆曲线,无法采用常规的直线和圆弧指令进行编程。因此,本课题引入宏程序编程的方式进行曲线拟合编程。

(1)编程说明:

如图 7-1 所示,该椭圆的方程为 $X^2/15^2+(Z+30)^2/30^2=1$;该椭圆方程的另一种表达方式为"$X=15\sin\alpha, Z=30\cos\alpha-30$",椭圆上各点的坐标分别为($15\sin\alpha, 30\cos\alpha-30$),坐标值随角度的变化而变化,"$\alpha$"是自变量,每次的角度增量为 0. 1°,而坐标"X"和"Z"是应变量。

本课题编程时使用以下变量进行运算：

#100：椭圆 X 向半轴 A 的长度；

#101：椭圆 Z 向半轴 B 的长度；

#102：椭圆上各点对应的角度 α；

#103：$A\sin\alpha$；

#104：$B\cos\alpha$；

#105：椭圆上各点在编程坐标系中的 X 坐标；

#106：椭圆上各点在编程坐标系中的 Z 坐标。

用极坐标编写该椭圆时，应注意椭圆与 $R20$ 圆弧交点处的极角不等于图样上参数方程角度 145°，需经过换算后得到该点的极角为 126°，如图 7-2 所示。

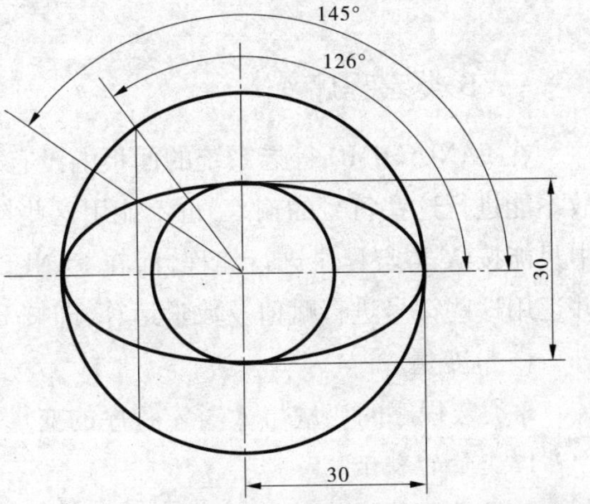

图 7-2　椭圆上某点极角与参数方程角度的关系示意

（2）数控车床参考程序见表 7-6。

表 7-6　数控车床参考程序

刀具	1 号刀具；93°硬质合金外圆车刀	
程序段号	FANUC 0i－MA 系统程序	程序说明
	O0100；	主程序名
N10	S1200　M03　T0101；	指定精加工刀具和转速
N20	G00　X0.5　Z5；	宏程序起点
N30	M98　P200；	调用精加工宏程序
N40	G02　X30　Z－60　R20；	加工圆弧
N50	G01　X35；	退刀
N60	G00　X100　Z150；	回换刀点
N70	M30；	程序结束
	O200；	椭圆精加工宏程序
N10	G65　H01　P#100　Q15000；	短半轴 A 赋初值，$A=15$ mm
N20	G65　H01　P#101　Q30000；	长半轴 B 赋初值，$A=30$ mm
N30	G65　H01　P#102　Q0；	角度 α 赋初值，$\alpha=0°$
N40	G65　H31　P#103　Q#100　R#102；	#103＝#100SIN[#102]
N50	G65　H32　P#104　Q#101　R#102；	#104＝#101COS[#102]
N60	G65　H04　P#105　Q#103　R2；	X 坐标变量，#105＝2#103
N70	G65　H03　P#106　Q#104　R30000；	Z 坐标变量，#106＝#104－30
N80	G01　X#105　Z#106　F0.1；	直线轨迹拟合
N90	G65　H02　P#102　Q#102　R100；	角度增量为 0.1°
N100	G65　H86　P40　Q#102　R12600；	条件判断，极角 $\alpha\leqslant126°$
N110	M99；	返回主程序

第二节　FANUC 系统 B 类宏程序应用

一、B 类宏程序

在 FANUC 0MD 等老系统的面板上没有“+”、“-”、“*”、“/”、“=”、“[ ]”等符号，故不能进行这些符号的输入，也不能用这些符号进行赋值及数学运算。所以，在这些系统中只能按 A 类宏程序进行编程，而在 FANUC 0i 及其后的系统中，则可以输入这些符号，并运用这些符号进行赋值及数学运算，即按 B 类宏程序进行编程。

(一)变量

B 类宏程序的变量与 A 类宏程序的变量基本相似，主要区别有以下几个方面。

1. 变量的表示

B 类宏程序除可以采用 A 类宏程序的变量表示方法外，还可以用表达式进行表示，但其表达式必须全部写入方括号“[ ]”中。程序中的圆括号“( )”仅用于表示注释内容。

例：#[#1 + #3 - 20]

当#1 = 100，#3 = 40 时，该变量表示#120。

2. 变量的引用

引用变量也可以采用表达式。

例：G01　X[#100 - 20]　Y - #101　F[#102 + #103]

当#100 = 50、#101 = 80、#102 = 40、#103 = 70 时，上面的语句即表示为 G01　X30　Y - 80　F110。

(二)变量的赋值

1. 直接赋值

变量可以在操作面板上用 MDI 方式进行直接赋值，也可以在程序中以等式方式赋值，但等号左边不能使用表达式。

例：#100 = 30；

#101 = 30.0 + 20.0；

2. 引数赋值

宏程序以子程序方式出现，所用的变量可以在宏程序调用时赋值。

例：G65　P100　X100.0　Y50.0　Z30.0　F100.0；

此处的 X、Y、Z 并不代表坐标尺寸字，F 也不代表进给尺寸字，而是对应于宏程序的变量号，变量的具体数值由引数后的数值决定。引数宏程序的变量对应关系有两种(见表 7-7 及表 7-8)，这两种方法可以混用，其中 G、L、N、O、P 不能作为引数代替变量赋值。

表 7-7 变量引数赋值方法Ⅰ

地址	宏程序中变量	地址	宏程序中变量
A	#1	K_5	#18
B	#2	I_6	#19
C	#3	J_6	#20
I_1	#4	K_6	#21
J_1	#5	I_7	#22
K_1	#6	J_7	#23
I_2	#7	K_7	#24
J_2	#8	I_8	#25
K_2	#9	J_8	#26
I_3	#10	K_8	#27
J_3	#11	I_9	#28
K_3	#12	J_9	#29
I_4	#13	K_9	#30
J_4	#14	I_{10}	#31
K_4	#15	J_{10}	#32
I_5	#16	K_{10}	#33
J_5	#17		

表 7-8 变量引数赋值方法Ⅱ

地址	宏程序中变量	地址	宏程序中变量
A	#1	Q	#17
B	#2	R	#18
C	#3	S	#19
D	#7	T	#20
E	#8	U	#21
F	#9	V	#22
H	#11	W	#23
I	#4	X	#24
J	#5	Y	#25
K	#6	Z	#26
M	#13		

变量引数赋值方法Ⅰ:

G65 P0050 A30.0 $I_1$40.0 $J_2$50.0 $K_1$60.0 $I_2$50.0 $J_2$80.0 $K_2$100.0;

经赋值后#1 = 30.0,#4 = 40.0,#5 = 50.0,#6 = 60.0,#7 = 50.0,#8 = 80.0,#9 = 100.0。

变量引数赋值方法Ⅱ:

G65　P0060　A50.0　X60.0　F100.0;

经赋值后#1 = 50.0,#24 = 60.0,#9 = 100.0。

变量引数赋值方法Ⅰ和Ⅱ混合使用:

G65　P0030　A50.0　D40.0　I100.0　K0　I80.0

经赋值后 I100.0 与 D40.0 同时分配给变量#7,则后一个#7 有效,所以变量#7 = 100.0,其余同上。

【例 7-2】　采用变量赋值后,图 7-1 实例的 A 类精加工宏程序可以改成如下形式:

```
O100;
…
G65  P200  A15.0  B30.0  C0  D126  F100;经赋值后 X 向半轴长#1 = 15.0,Z 向半轴长#2 = 30.0,角度起始角#3 = 0,角度终止角#7 = 126.0,进给速度#9 = 100.0
…
O200;
N100  #4 = #1 * SIN[#3];
#5 = =2 * COS[#3];
#6 = #4 * 2;
#8 = #5 - #2;
G01  X#6  Z#8  F#9;
#3 = #3 +0.01;
IF[#3  LE  #7]  GOTO100;
M99;
```

(三)运算指令

B 类宏程序的运算指令与 A 类宏程序的运算指令有很大区别,它的运算类似于数学运算,仍用各种数学符号来表示。常用运算指令见表 7-9。

(1)函数 SIN、COS 等的角度单位为°,度分秒的形式要换算成十进制度数。如 90°30′应表示为 90.5°

(2)运算的优先顺序如下:

①函数;

②乘除、逻辑与;

③加减、逻辑或、逻辑异或。

(3)可以用[ ]来改变运算次序,函数中的括号允许嵌套使用,但最多允许嵌套 5 级。

(四)控制语句

控制指令起到控制程序流向的作用。

1. 无条件转移(GOTO 语句)

格式:GOTO n;格式中:n 为顺序号(1 ~ 9999),可用变量表示。

举例:GOTO 1;

　　　GOTO #10;

表 7-9　B 类宏程序变量的各种运算

运算	格式	说明
赋值	#i = #j	
加	#i = #j + #k	
减	#i = #j - #k	
乘	#i = #j * #k	
除	#i = #j/#k	
正弦	#i = SIN[#j]	角度的单位为°，如：90°30′应表示为 90.5°
余弦	#i = COS[#j]	
正切	#i = TAN[#j]	
反正切	#i = ATAN[#j]	
平方根	#i = SQRT[#j]	
绝对值	#i = ABS[#j]	
四舍五入圆整	#i = ROUND[#j]	
或	#i = #j OR #k	逻辑运算对二进制数逐位进行
异或	#i = #j XOR #k	
与	#i = #j AND #k	

2. 条件转移(IF 语句)

格式：IF [条件式] GOTO n；

条件式如下：

#j EQ #k	#j 是否 = #k	#j GT #k	#j 是否 > #k	#j GE #k	#j 是否 ≥ #k
#j NE #k	#j 是否 ≠ #k	#j LT #k	#j 是否 < #k	#j LE #k	#j 是否≤ #k

【例 7-3】　求 1 到 10 相加的和。

```
O7100;
#1 =0;
#2 =1;
N1 IF [#2  GT  10] GOTO 2;
#1 = #1 + #2;
#2 = #2 + 1;
GOTO 1;
N2 M30;
```

3. 循环(WHILE 语句)

格式：WHILE [条件式] DO m(m = 1、2、3)；

```
…
END m;
```

格式中:m 为循环执行范围的识别号,只能 1、2 和 3,否则系统报警。

注意:DO—END 循环能够按需要使用多次,即循环嵌套。

DO—END 循环嵌套:

```
WHILE [条件式 1] DO 1;
…
WHILE [条件式 2] DO 2;
…
WHILE [条件式 3] DO 3;
…
END 3;
…
END 2
…
END 1;
```

【例 7-4】 求 1 到 10 之和。

```
O7200;
#1 =0;
#2 =1;
WHILE [#2  LE  10] DO 1;
#1 =#1 +#2;
#2 =#2 +1;
END 1;
M30;
```

二、宏程序加工实例

【例 7-5】 如图 7-3 所示加工零件,材料 45 钢,毛坯为 $\phi 50$ mm × 100 mm,按图要求,试用 B 类宏程序完成椭圆数控加工程序。

编程思路:对于零件右端的加工,由于是属于单调变化的图形,故可以采用指令 G71 进行粗加工,然后采用 G70 进行精加工,而对于椭圆的加工,则需采用宏程序进行加工。

(1)编程说明:

如图 7-3 所示,该椭圆的方程为 $X^2/13^2 + (Z+20)^2/20^2 = 1$,编程时使用以下变量进行运算:

#100:加工余量;

#101:椭圆长半轴变量;

#102:椭圆短半轴变量;

#103:椭圆长半轴自变量;

#104:椭圆短半轴应变量;

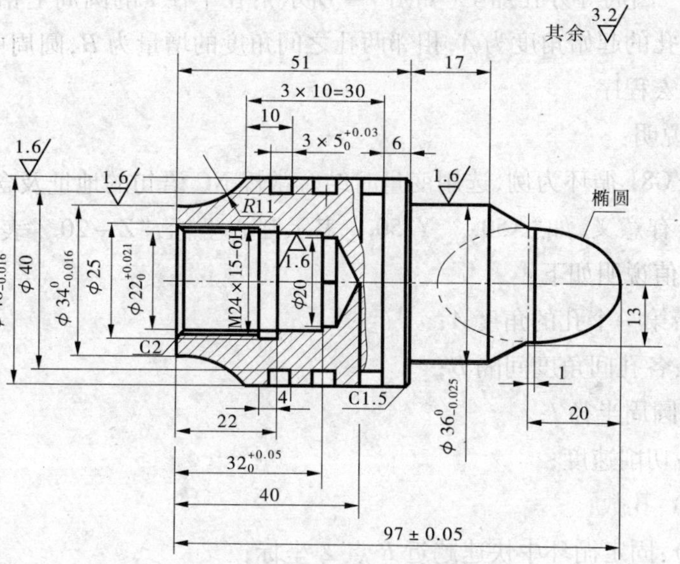

图 7-3　椭圆加工零件图

#105：椭圆上各点在编程坐标系中的 X 坐标。

(2)参考程序见表 7-10。

表 7-10　数控车床参考程序

主程序	#100 = #100 - 2；
O0001；	GOTO 30 ；
T0101 M03 S800；	N40 G0 X0. Z2.；
G0 X51. Z2.；	S1500 F0.1；
G71 U1.5 R1. ；	#100 =0；
G71 P10 Q20 U0.5 W0.1 F0.3 ；	M98 P0003；
N10 G1 X26；	G0 X100. Z5.；
Z0.；	M30；
Z-19.；	宏程序
X35.988 Z-29.；	O0003；
Z-45；	#101 =20.；
X44.；	#102 =13.；
X45.992 Z-47.；	#103 =20.；
N20 Z-55.；	N20 IF [#103 LT 1] GOTO 50；
G70 P10 Q20 S1000 F120；	#104 = SQRT[#101 * #101 - #103 * #103]；
G00 X30.；	#105 = #102 * #104/#101；
Z2.；	G01 X[2 * #105 + #100] Z[#103 -20]；
S800 F0.3；	#103 = #103 -0.5；
#100 = 25.；	GOTO 20；
N30 IF [#100 LT 1] GOTO 40；	N50 G00 U2. Z2.；
M98 P0003；	M99；

【例 7-6】 圆周等分孔加工(如图 7-4 所示):在半径 I 的圆周上钻削 H 个等分孔,已知加工第一个孔的起始角度为 A,相邻两孔之间角度的增量为 B,圆周中心坐标为 (x,y),试编写其加工宏程序。

(1)编程说明:

这里仅以 G81 循环为例,选用变量时结合常规 NC 语句的地址及含义,尽量使主程序调用时的地址有意义,如"X50.　Y150."表示圆心坐标,"Z－20."表示孔底 Z 坐标值。有关自变量赋值说明如下:

#1＝(A):第一个孔的角度 A;

#2＝(B):各孔间角度间隔 B;

#4＝(I):圆周半径 I;

#9＝(F):切削速度;

#11＝(H):孔数;

#18＝(R):固定循环中快速趋近 R 点 Z 坐标;

#24＝(X):圆心 X 坐标值;

#25＝(Y):圆心 Y 坐标值;

#26＝(Z):孔深。

(2)加工参考程序如下:

```
O7500;   主程序
G90   G54   G00   X0   Y0   Z100;
M03   S800;
G65   P9500   X50.   Y150.   Z－20.   R10.   F300   A0   B45.   I120.   H5;
G00   X0   Y0   Z100.;
M30;
O9500;   宏程序
G99   G81   Z#25   R#18   F#9   L0;
WHILE [#11 GT 0] DO 1;
#5 = #24 + #4 * COS[#1];
#5 = #25 + #4 * SIN[#1];
X#5   Y#5;
#1 = #1 + #2;
#11 = #11 - 1;
END   1;
G80;
M99;
```

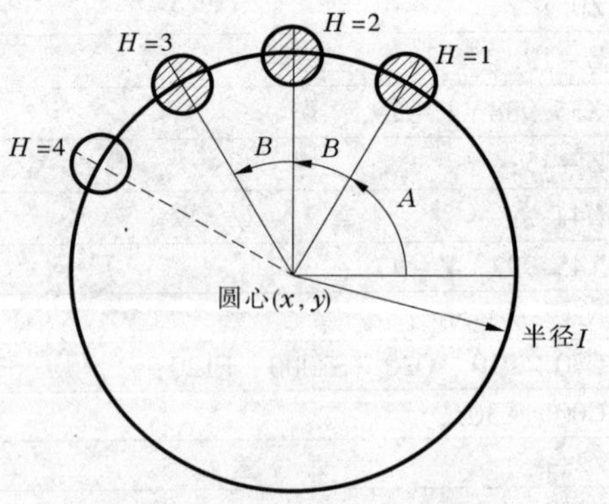

图 7-4　沿圆周等分孔加工

第三节　SIEMENS 系统参数编程应用

一、参数编程

SIEMENS 系统中的参数编程与 FANUC 系统中的"用户宏程序"编程功能相似，SIEMENS 系统中的 R 参数就相当于用户宏程序中的变量。同样，在 SIEMENS 系统中，可以通过对 R 参数进行赋值、运算等处理，从而使程序实现一些有规律变化的动作，从而提高编程的灵活性和适用性。

（一）R 参数

R 参数由地址符 R 与若干位（通常为 3 位）数字组成，例如：R1、R20、R100。

（二）赋值方式

除地址符 N、G、L 外，R 参数可以用来代替其他任何地址符后的数值。为程序的地址符赋值时，在地址符之后应使用" = "，这一点与 FANUC 系统的宏程序编写格式有所不同。

例：G01　X = R2　Z = R5　F100；

当 R2 = 20.0，R5 = 5.0 时，上式即表示为：

G01　X20.0　Z5.0　F100；

（三）计算参数种类

SIEMENS 系统宏程序应用的计算参数如下：

R0 ~ R99 为自由参数，可以在程序中自由使用；

R100 ~ R249 为加工循环传递参数（如程序中没有使用加工循环，这部分参数可自由使用）；

R250 ~ R299 为加工循环内部计算参数（如程序中没有使用加工循环，这部分参数可自由使用）。

（四）控制指令

控制指令主要有：

IF 条件表达式 GOTOF 标号

IF 条件表达式 GOTOB 标号

说明：

IF 为如果满足条件，跳转到标号处；如果不满足条件，执行下一条指令；

GOTOF 为向前跳转；

GOTOB 为向后跳转；

标号为目标程序段的标记符，必须要由 2 ~ 8 个字母或数字组成，其中开始两个符号必须是字母或下划线，标记符必须位于程序段首，如果程序段有顺序号字，标记符必须紧跟顺序号字，标记符后面必须为冒号。

常用的比较运算符见表 7-11。

表 7-11　常用的比较运算符

比较运算符	意义
= =	等于
< >	不等于
>	大于
<	小于
> =	大于或等于
< =	小于或等于

例如：IF　R1 > R2　GOTOB　MA1；条件表达式为单一比较式，如果 R1 大于 R2，那么跳跃到 MA1。

例如：IF　R1 > = R2 + R3 * 31　GOTOF　MA1；此处的条件形式为复合形式。

二、参数编程加工实例

【例 7-7】　R 参数用于非圆曲线加工，如图 7-5 所示，试用参数编程的方法编写椭圆加工程序。

（1）编程思路：本例编程时，采用直线进行拟合其精加工轮廓，以椭圆短半轴 X 作为自变量，椭圆长半轴 Z 作为应变量。编程时采取调用子程序的方式进行循环加工，直到将其轮廓精加工完毕。

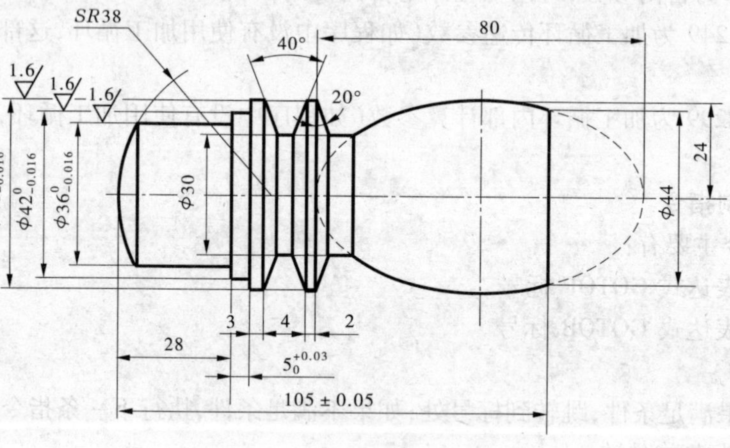

图 7-5　椭圆轴的加工

（2）加工参考程序如下：

```
S001. MPF；主程序
T1D1；
G90　G54　S600　M3；
G0　X37.　Z2.；
```

```
L10;
G0  X100.  Z100.;
M5;
M30;
L10. SPF;子程序
R10=6.;                       X 轴退刀量
R11=0.1;                      加工步距
MA3:G0  X50.  Z16.5;
R1=40.;                       椭圆长半轴
R2=24.;                       椭圆短半轴
R3=22.;                       R3 为 X 轴变量,起点 R3=22.
R4=24.;                       X 轴中止
MA1: R8=SQRT(1-R3*R3/R2/R2);
R5=R1*R8;                     任意点 Z 值
R6=2*R3+R10;                  任意点 X 值(已加让刀量)
G1  X=R6  Z=R5  F0.2;         直线移动
R3=R3-R11;                    变换动点
IF  R3<=R4  GOTO  MA1;        终点判别
R3=24.;                       R3 为 X 轴变量,起点 R3=22.
R4=15.;                       X 轴中止 MA2: R8=SQRT(1-R3*R3/R2/R2);
R5=R1*R8;                     任意点 Z 值
R6=2*R3+R10;                  任意点 X 值(已加让刀量)
G1  X=R6  Z=-R5  F0.2;        直线移动
R3=R3-R11;                    变换动点
IF  R3>=R4  GOTO  MA2;        终点判别
G0  X50.;                     抬刀
Z16.5;                        退刀至切削起点
R10=R10-1.;                   X 向让刀量递减
IF  R10>=0  GOTO  MA3;        进行 X 向让刀量判别,当 R10<0 时结束加工
G0  X50.
Z16.5;
M17;
```

【例 7-8】 R 参数在直线均布孔系样式循环中的应用。

指令格式:HOLES1(SPCA,SPCO,STA1,FDIS,DBH,NUM);

直线均布孔系样式循环用于加工直线均布孔,在加工时首先要用 MCALL 指令以模态方式调用单个孔加工循环,再根据孔的分布情况设定直线均布孔循环的各项参数,最后用 MCALL 取消循环。循环参数可以设置为变量,通过调用循环及进行简单的变量运算,可加工矩形均布或菱形均布的网格孔。

试用 R 参数及钻孔样式循环编写如图 7-6所示菱形均布网格孔系的加工程序，孔加工循环采用 CYCLE81，通孔深为 20 mm。

编程分析：建立如图 7-6 所示的工件坐标系，根据循环指令中各参数的定义设定各项参数：排孔参考起始点的横坐标 SPCA = 0；四排孔参考起始点的纵坐标 SPCO 设为变量 R1，R1 的初值为 0，终值为 45，递增量为 15；排孔的中心连线与横坐标的夹角 STA1 = −15；第一个孔到参考起始点的距离 FDIS = 0；孔间距 DBH = 15；每排孔数 NUM = 6。

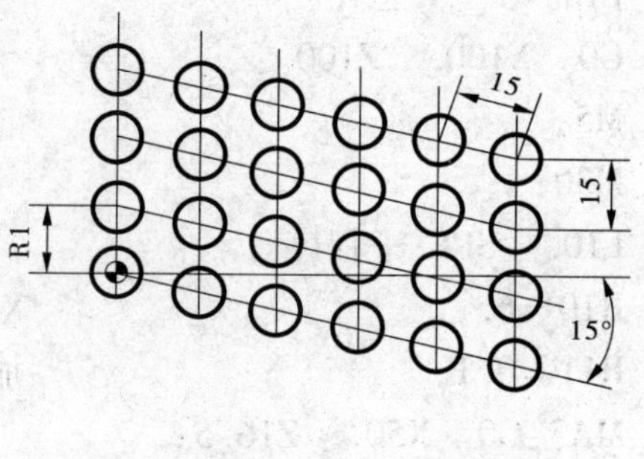

图 7-6　菱形均布网格孔系的加工

```
AB02.  MPF；
…
R1 = 0；  （参考起始点的纵坐标 SPCO 设为变量，赋初值）
MCALL   CYCLE81(10,0,3, −25)；  （模态调用单个孔加工循环）
MA1：HOLES1(0,R1, −15,0,15,6)；  （调用孔加工样式循环，设定各参数）
R1 = R1 + 15；  （ SPCO 的递增量为 15）
IF   R1 < =45   GOTOB   MA1；  （条件判别，SPCO 值大于 45 时，循环结束）
MCALL；  （取消孔加工循环的模态调用）
…
```

思考与练习题

1. 什么叫用户宏程序？它的最大特点是什么？

2. 宏程序的功能是什么？宏程序的变量有哪些？

3. A 类宏程序是如何实现程序转移的？

4. B 类宏程序是如何实现程序转移的？

5. R 参数分为哪几种？各有何特点？

6. 编程练习，试采用宏程序或参数编程的方式编写图 7-7 ~ 图 7-11 所示的非圆曲线加工程序。

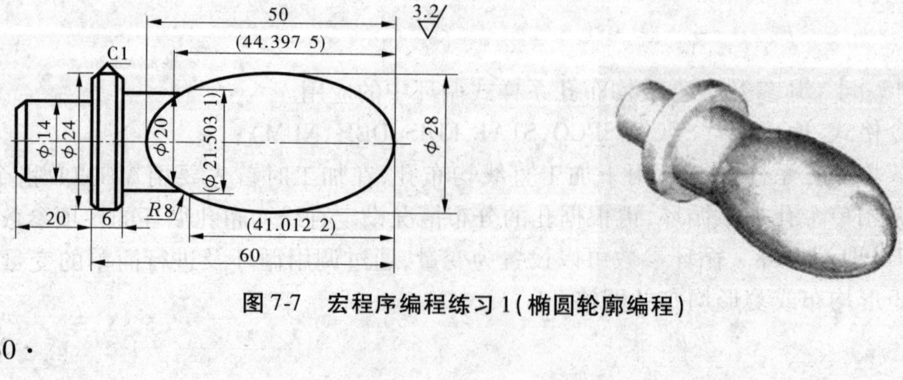

图 7-7　宏程序编程练习 1(椭圆轮廓编程)

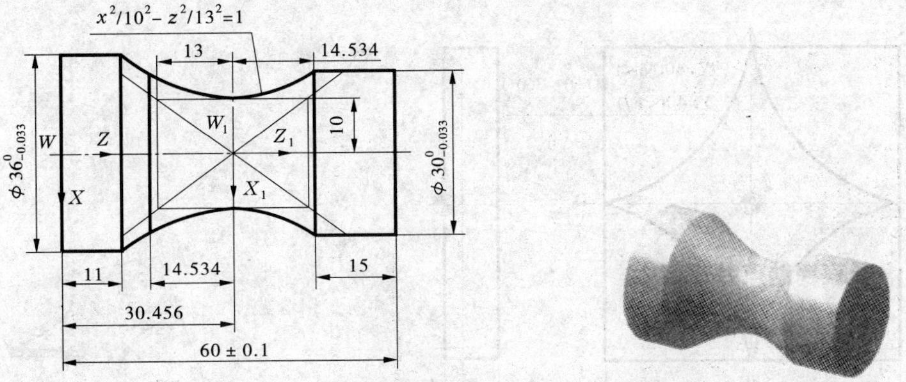

图 7-8　宏程序编程练习 2(双曲线轮廓编程)

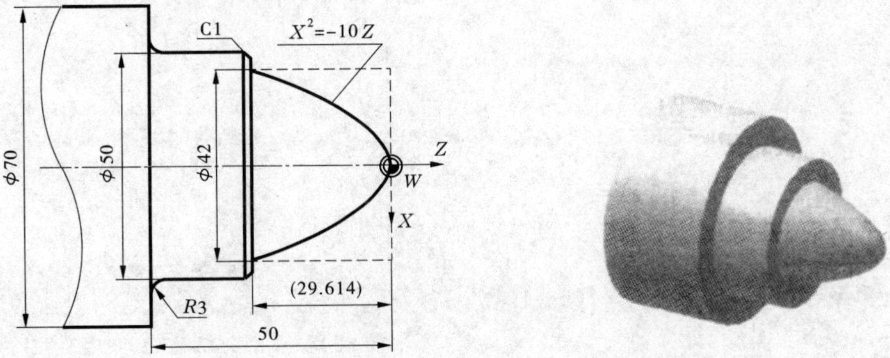

图 7-9　宏程序编程练习 3(抛物线轮廓编程)

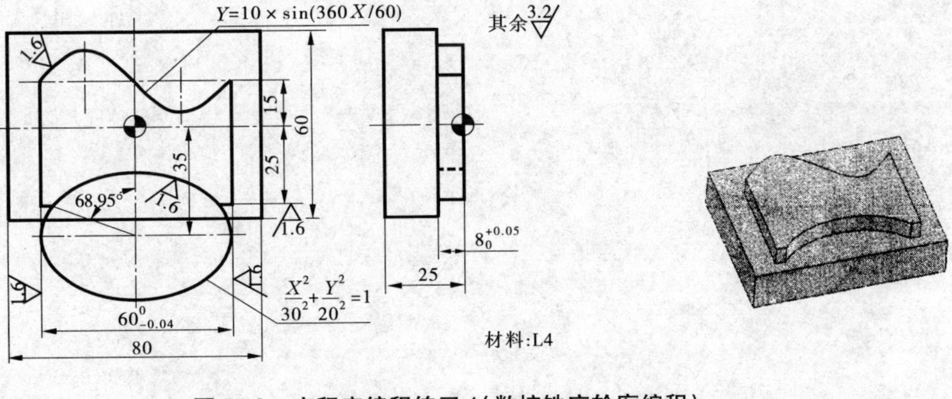

图 7-10　宏程序编程练习 4(数控铣床轮廓编程)

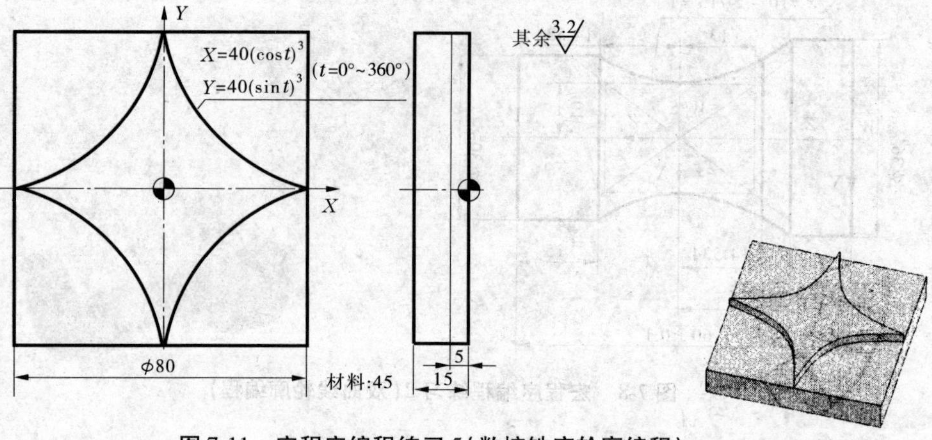

图 7-11　宏程序编程练习 5(数控铣床轮廓编程)

第八章　数控仿真操作

第一节　数控车床仿真操作

数控机床由于价格昂贵很难在职业学校或培训单位达到人手一台，数控机床仿真软件因此在职业技能培训方面具有如下优点：

(1)在实训机房上安装数控机床仿真软件，学生在电脑上进行仿真加工就如同在生产现场进行实际操作一样，既可以达到人手一台，又能够避免现场容易出现的安全问题。

(2)由于可以定义仿真速度，而且工件、刀具的安装都要比现场快得多，因此学生学习效率高。

目前，在市场上出售的数控机床仿真软件有北京市斐克科技有限责任公司和北京联高软件开发有限公司开发的“VNUC”数控仿真系统、上海宇龙软件工程有限公司与天津职业技术师范学院合作开发的“宇龙数控仿真系统”，还有南京斯沃软件技术有限公司开发的“斯沃数控仿真软件”等，本教材以宇龙数控仿真系统的FANUC数控车床仿真软件为例，介绍数控车床的仿真操作，其他类型的数控仿真软件与此操作类似，使用时先认真阅读相关说明书即可。

一、数控车床仿真系统的面板操作

(一)数控加工仿真系统的安装

将“数控加工仿真系统”的安装光盘放入光驱。在“资源管理器”中，点击“光盘”，在显示的文件夹目录中点击“数控加工仿真系统3. x”的文件夹。在弹出的下级子目录中根据操作系统选择适当的文件夹(Windows 2000操作系统选择名为“2000”的文件夹；Windows 98和Windows me操作系统选择名为“9x”的文件夹；Windows xp操作系统选择名为“xp”的文件夹)。

选择了适当的文件夹后，点击打开。在显示的文件名目录中点击，系统弹出如图8-1所示的安装向导界面。

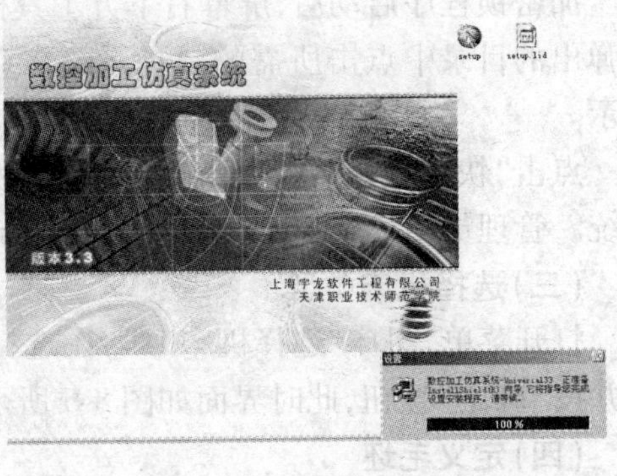

图8-1　数控加工仿真系统安装界面(一)

在系统接着弹出的“欢迎”界面中点击“下一个”按钮，在系统接着弹出的“软件许可证协议”界面中点击“是”按钮，系统弹出“选择目标位置”界面，在“目标文件夹”中点击“浏览”按钮，选择所需的目标文件夹，默认的是“C:\Programme Files\ 数控加工仿真系统”。目标文件夹选择完成后，点击“下一个”按钮，如图 8-2 所示。

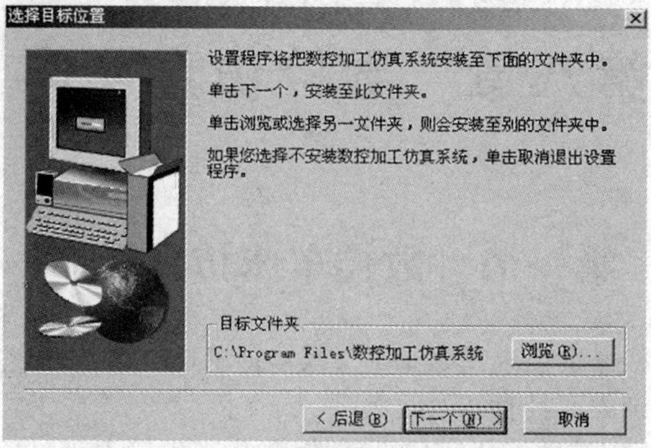

图 8-2　数控加工仿真系统安装界面(二)

此时系统弹出“设置类型”界面，根据需要选择“教师机/学生机”，选择完成后点击“下一个”按钮。安装“教师机”，接着系统弹出“选择程序文件夹”界面，默认程序文件夹名为“数控加工仿真系统”，可以在“程序文件夹”的 text 框中修改，也可以在“现有的文件夹”中选择。选择程序文件完成后，点击“下一个”按钮，此时弹出数控加工仿真系统的安装界面，如图 8-3 所示。

图 8-3　数控加工仿真系统安装界面(三)

安装完成后，系统弹出“设置完成”界面，点击“结束”按钮，完成整个安装过程。

(二)数控仿真界面的进入

鼠标左键点击“开始”按钮，在“程序”目录中弹出“数控加工仿真系统”的子目录，在接着弹出的下级子目录中点击“加密锁管理程序”，如图 8-4 所示。

加密锁程序启动后，屏幕右下方工具栏中出现的图表，此时重复上面的步骤，在最后弹出的目录中点击所需的数控系统名(FANUC)，系统弹出“用户登录”界面，如图 8-5 所示。

点击“快速登录”按钮或输入用户名和密码，再点击“登录”按钮，进入数控加工仿真系统。管理员用户名:manage; 口令:system;一般用户名:guest; 口令:guest。

(三)选择机床类型

打开菜单“机床/选择机床…”，在选择机床对话框中选择控制系统类型和相应的机床并按“确定”按钮，此时界面如图 8-6 所示。

(四)定义毛坯

(1)打开菜单“零件/定义毛坯”或在工具条上选择，系统打开如图 8-7 所示对话框。

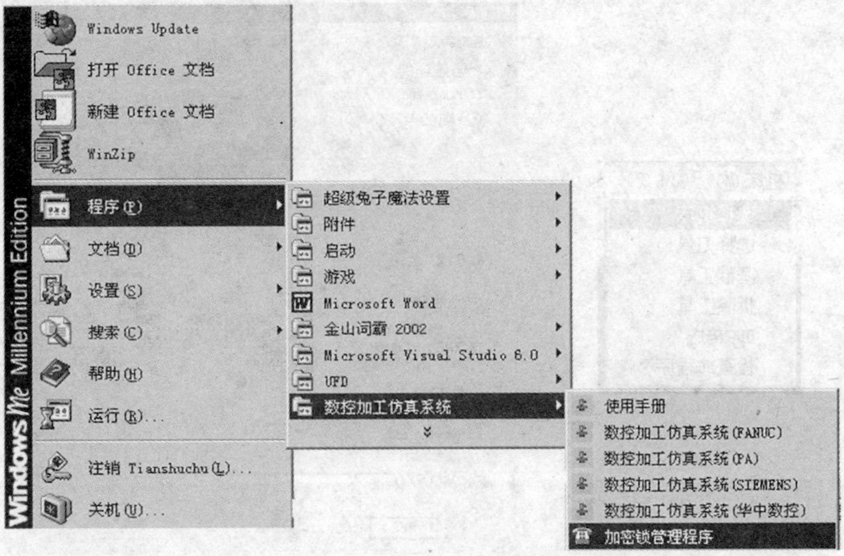

图 8-4　点击“加密锁管理程序”

图 8-5　“用户登录”界面

名字输入：在毛坯名字输入框内输入毛坯名，也可使用缺省值。

选择毛坯形状：车床仅提供圆柱形毛坯。

选择毛坯材料：毛坯材料列表框中提供了多种供加工的毛坯材料，可根据需要在“材料”下拉列表中选择毛坯材料。

参数输入：尺寸输入框用于输入尺寸，单位为 mm。

保存退出：按“确定”按钮，保存定义的毛坯并且退出本操作。

取消退出：按“取消”按钮，退出本操作。

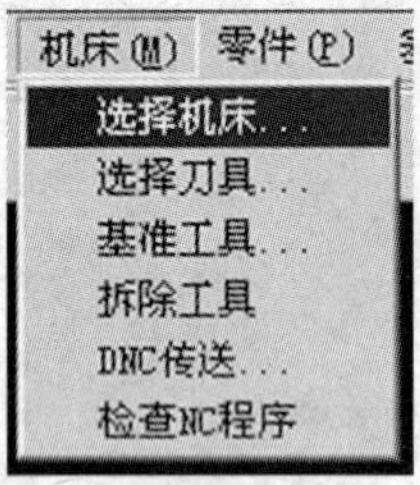

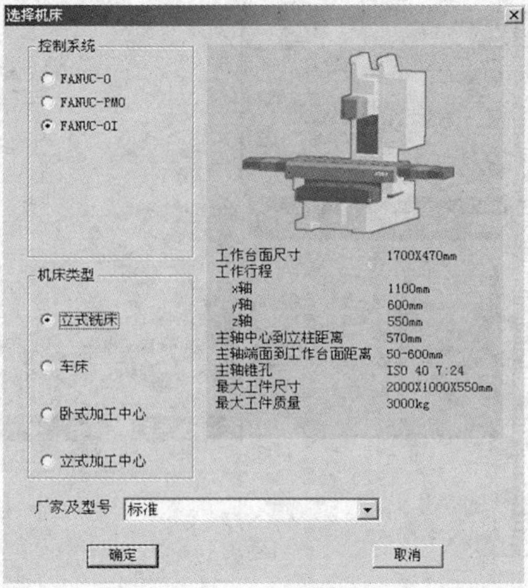

图 8-6　选择机床

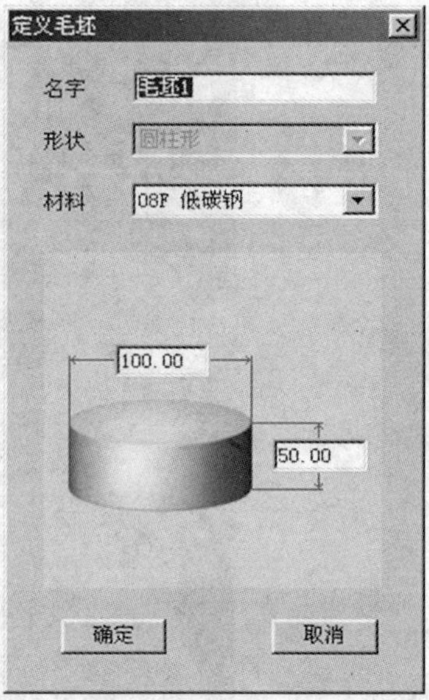

图 8-7　圆形毛坯定义

(2)导出零件模型。导出零件模型相当于保存零件模型,利用这个功能,可以把经过部分加工的零件作为成型毛坯予以存放。如图 8-8 所示,此毛坯已经过部分加工,称为零件模型,可通过导出零件模型功能予以保存。

若经过部分加工的成型毛坯希望作为零件模型予以保存,打开菜单“文件/导出零件模型”,系统弹出“另存为”对话框,在对话框中输入文件名,按“保存”按钮,此零件模型即被保存。可在以后放置零件时调用。

(3)导入零件模型。机床在加工零件时,除可以使用原始的毛坯,还可以对经过部分加工的毛坯进行再加工。经过部分加工的毛坯称为零件模型,可以通过导入零件模型的功能调用零件模型。

打开菜单“文件/导入零件模型”,若已通过导出零件模型功能保存过成型毛坯,则系统将弹出“打开”对话框,在此对话框中选择并且打开所需的后缀名为“PRT”的零件文件,则选中的零件模型被放置在工作台面上。此类文件为已通过“文件/导出零件模型”所保存的成型毛坯。

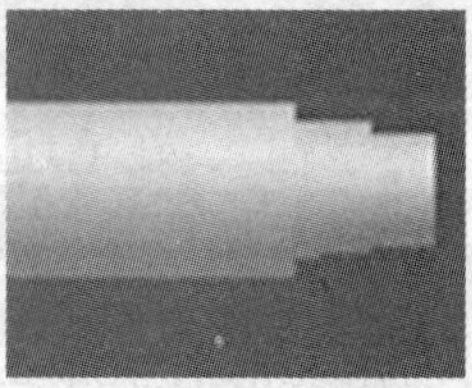

图 8-8　零件模型

(五)放置零件

打开菜单“零件/放置零件”命令或者在工具条上选择图标系统弹出操作对话框,如图 8-9 所示。

在列表中点击所需的零件,选中的零件信息加亮显示,按下“确定”按钮,系统自动关闭对话框。

如果经过“导入零件模型”的操作,对话框的零件列表中会显示模型文件名,若在类

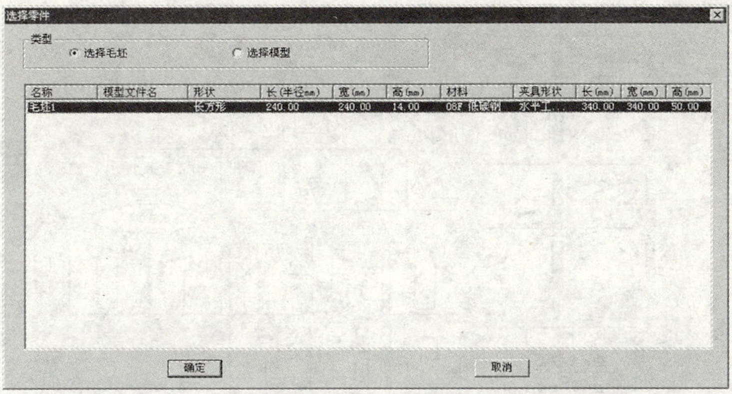

图 8-9 “选择零件”对话框

型列表中选择“选择模型”,则可以选择导入零件模型文件,如图 8-10 所示。选择后零件模型即经过部分加工的成型毛坯被放置在机床台面上,如图 8-11 所示。

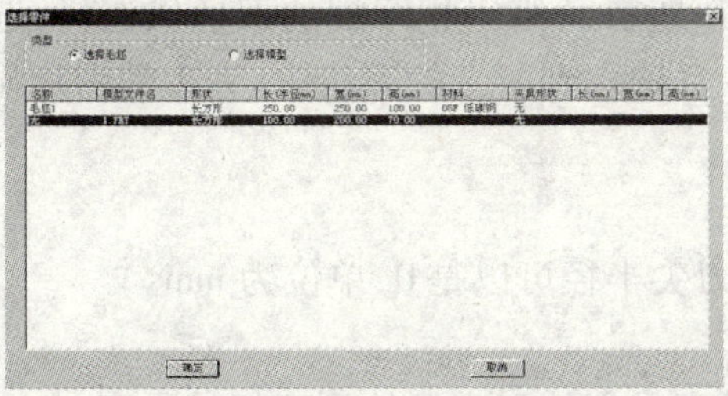

图 8-10 导入零件模型

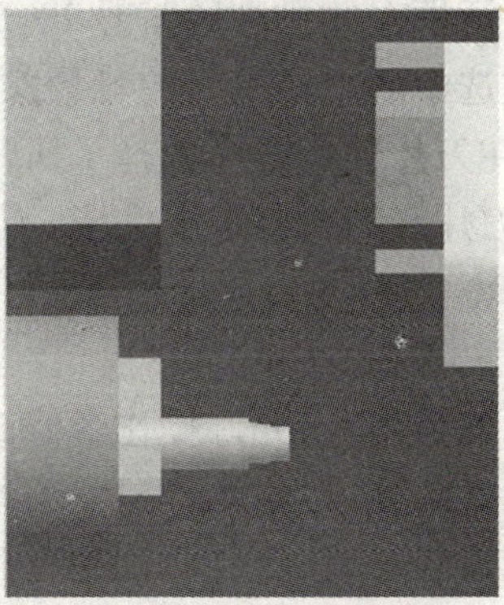

图 8-11 安装好的零件模型

(六)调整零件位置

零件可以在工作台面上移动。毛坯放上工作台后,系统将自动弹出一个小键盘,如图 8-12 所示,通过按动小键盘上的方向按钮,实现零件的平移或调头。小键盘上的“退出”按钮用于关闭小键盘。选择菜单“零件/移动零件”也可以打开小键盘。

图 8-12 调整零件位置

(七)选择刀具

打开菜单“机床/选择刀具”或者在工具条中选择  ,系统弹出刀具选择对话框。系统中数控车床允许同时安装 8 把刀具,如图 8-13 所示。

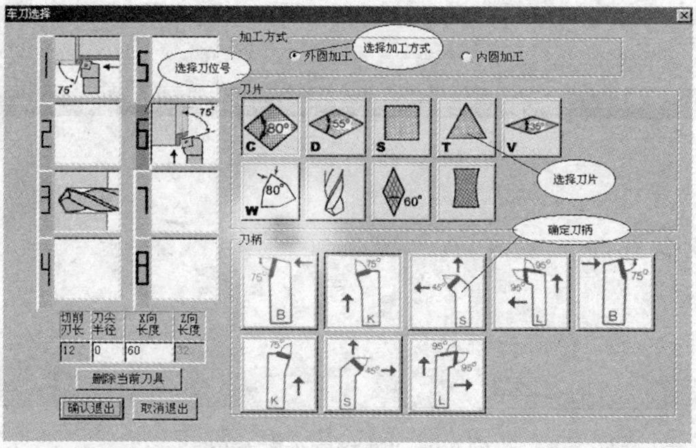

图 8-13　车刀选择对话框

1. 车刀选择对话框内容介绍

在对话框左侧排列的编号 1～8 中，选择所需的刀位号。刀位号即车床刀架上的位置编号。被选中的刀位编号的背景颜色变为蓝色；指定加工方式是指可选择内圆加工或外圆加工；在刀片列表框中选择了所需的刀片后，系统自动给出相匹配的刀柄供选择；选择刀柄；当刀片和刀柄都选择完毕，刀具被确定，并且输入到所选的刀位中，旁边的图片显示其适用的方式。

2. 刀尖半径

显示刀尖半径，允许操作者修改刀尖半径，刀尖半径可以是 0，单位为 mm。

3. 刀具长度

显示刀具长度，允许修改刀具长度。刀具长度是指从刀尖开始到刀架的距离。

4. 输入钻头直径

当在刀片中选择钻头时，“钻头直径”一栏变亮，允许输入直径。

5. 删除当前刀具

在当前选中的刀位号中的刀具可通过“删除当前刀具”键删除。

6. 确认选刀

选择完刀具，完成刀尖半径（钻头直径）、刀具长度修改后，按“确认退出”键完成选刀，或者按“取消退出”键退出选刀操作。

（八）JOG 模式下手动切削工件

1. 激活机床

检查急停按钮是否松开至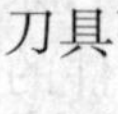状态，若未松开，点击急停按钮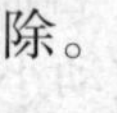，将其松开。

2. 机床回参考点

对准 MODE 旋钮点击鼠标左键或右键，将旋钮拨到 ZRN 挡，如图 8-14 所示。一般机床开机时，模式开关旋钮就已经拨到 ZRN 挡。

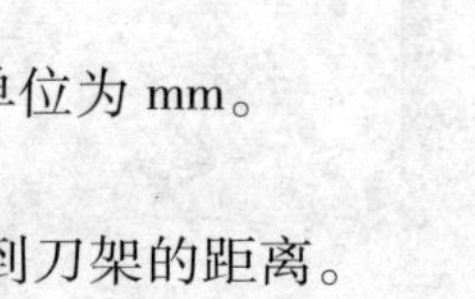

图 8-14　模式旋钮

先将 X 轴方向回零，在回零模式下点击按钮，此时 X 轴将回零,相应操作面板上 X 轴的指示灯亮,同时 CRT 上的 X 坐标变为“390.000”;再点击按钮,可以将 Z 轴回零,操作面板上 Z 轴的指示灯亮,此时 CRT 如图 8-15 所示。

图 8-15　机床回零界面

3. JOG 模式下手动切削工件

机床回零后,装好毛坯,将操作面板中 MODE SELECT 旋钮切换到 JOG 上。点击 MDI 键盘的按钮,此时 CRT 界面上显示坐标值,利用操作面板上的按钮、和、,将机床移动到毛坯位置附近。

点击按钮,使主轴转动;点击按钮,用所选刀具切削工件外圆;点击按钮,将刀具退至需要切削的位置;点击按钮,切削工件端面。

二、数控车床零件的加工步骤

FANUC Power Mate 的操作面板如图 8-16 所示。

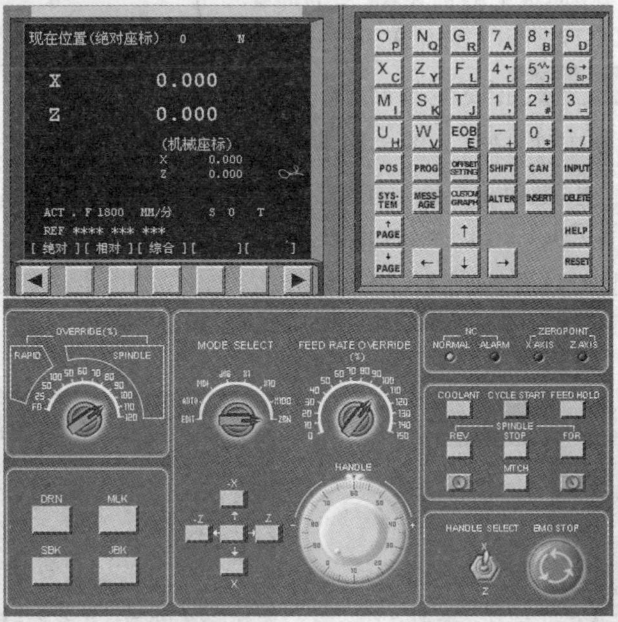

图 8-16　FANUC Power Mate 的操作面板

(一)机床准备

1. 激活机床

检查急停按钮是否松开至状态,若未松开,点击急停按钮,将其松开。

2. 机床回参考点

对准 MODE 旋钮点击鼠标左键或右键,将旋钮拨到 ZRN 挡,如图 8-14 所示。

先将 X 轴方向回零，在回零模式下，点击按钮，此时 X 轴将回零，相应操作面板上 X 轴的指示灯亮，同时 CRT 上的 X 坐标变为"390.000"；再点击按钮，可以将 Z 轴回零，操作面板上 Z 轴的指示灯亮，此时 CRT 如图 8-15 所示。

（二）对刀

数控程序一般按工件坐标系编程，对刀的过程就是建立工件坐标系与机床坐标系之间关系的过程。

下面具体说明车床对刀的方法，其中将工件右端面中心点设为工件坐标系原点。

将工件上其他点设为工件坐标系原点的对刀方法与此类似。

车床对刀通常采用试切法。试切法对刀是用所选的刀具试切零件的外圆和端面，经过测量和计算得到零件端面中心点的坐标值。主要方法如下：

（1）以卡盘底面中心为机床坐标系原点。机床坐标系原点刀具参考点在 X 轴方向的距离为 390，在 Z 轴方向的距离为 250。

将操作面板中 MODE SELECT 旋钮切换到 JOG 上。点击 MDI 键盘的按钮，此时 CRT 界面上显示坐标值，利用操作面板上的按钮、和、，将机床移动到如图 8-17 所示大致位置。

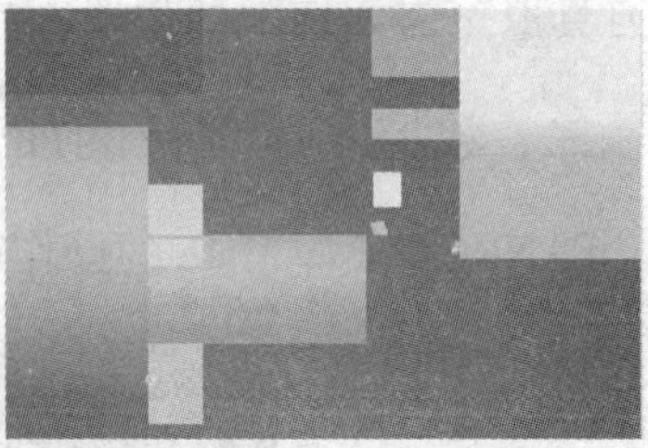

图 8-17　切削外圆位置

点击按钮，使主轴转动；点击按钮，用所选刀具试切工件外圆，如图 8-18 所示。点击 MDI 键盘上的按钮，使 CRT 界面显示坐标值，按软键"ALL"，如图 8-19 所示，读出 CRT 界面上显示的 MACHINE 的 X 的坐标，记为 X_1。

点击按钮，将刀具退至如图 8-20 所示位置；点击按钮，试切工件端面，如图 8-21 所示。记下 CRT 界面上显示的 MACHINE 的 Z 的坐标，记为 Z_1。

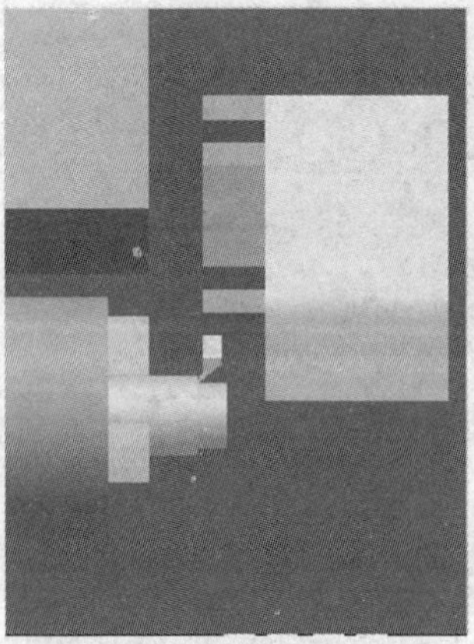

图 8-18　试切工件外圆

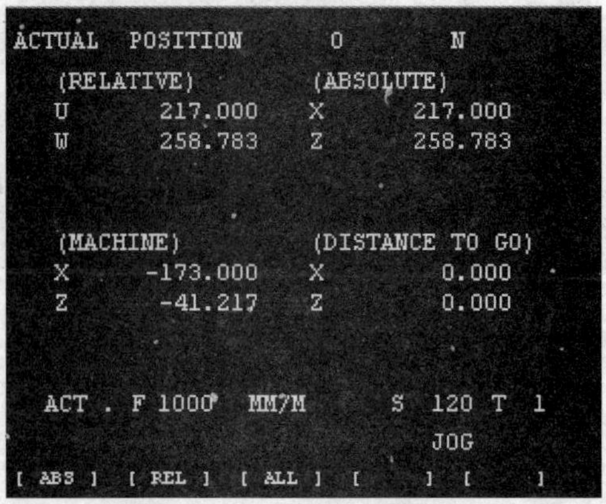

图 8-19　坐标系参数设定界面

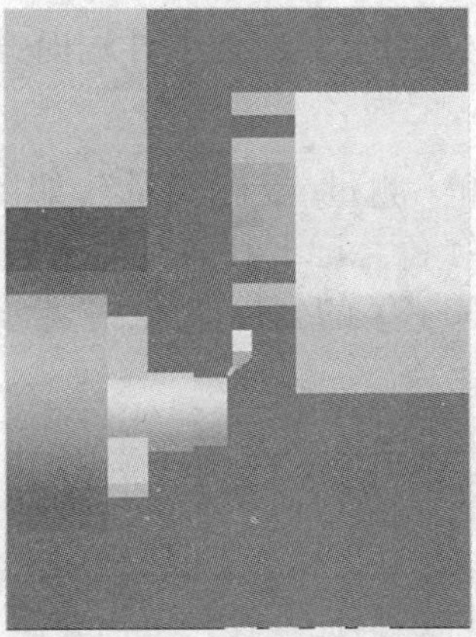

图 8-20　切削端面位置

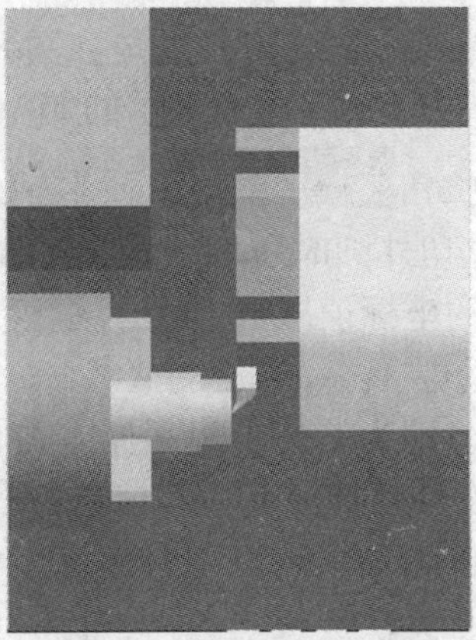

图 8-21　试切工件端面

点击按钮，使主轴停止转动，点击菜单“测量/坐标测量”，如图 8-22 所示，点击试切外圆时所切线段，选中的线段由蓝色变为绿色。记下右面对话框中对应的 X 的值。X 的坐标值减去“测量”中读出的 X 的值，记为 X_2。

X 的坐标值减去“测量”中读取的 X 的值，再加上机床坐标系原点到刀具参考点在 X 方向的距离，即 $X_1 - X_2 + 390$，记为 X。

Z_1 加上机床坐标系原点到刀具参考点在 Z 方向的距离，即 $Z_1 + 250$，记为 Z。

(X, Z) 即为工件坐标系原点在机床坐标系中的坐标值。

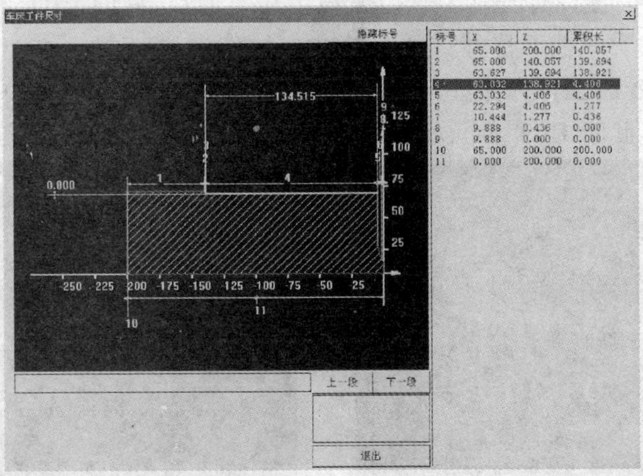

图 8-22　测量切削位置直径

（2）以刀具参考点为机床坐标系原点。

将操作面板中 MODE SELECT 旋钮切换到 JOG 上。点击 MDI 键盘的按钮，此时 CRT 界面上显示坐标值，利用操作面板上的按钮、和、，将机床移动到如图 8-17 所示大致位置。

点击按钮，使主轴转动；点击按钮，用所选刀具试切工件外圆，如图 8-18 所示。记下此时 X 的坐标，记为 X_1，如图 8-19 所示。

点击按钮 Z ,将刀具退至如图 8-20 所示位置;点击按钮 -X ,试切工件端面,如图 8-21 所示。记下 CRT 界面上显示的 MACHINE 的 Z 的坐标,记为 Z_1。

点击按钮 SPINDLE REV STOP FOR ,使主轴停止转动,点击菜单“测量/坐标测量”,如图 8-22 所示,点击试切外圆时所切线段,选中的线段由蓝色变为绿色。记下右面对话框中对应的 X 的值。X 的坐标值减去“测量”中读出的 X 的值,记为 X_2。X 的坐标值减去“测量”中读取的 X 的值,即 $X_1 - X_2$,记为 X。

(X,Z) 即为工件坐标系原点在机床坐标系中的坐标值。

(3) 设置多把刀具偏置值。

车床的刀架上可以同时放置 8 把刀具,选择其中一把刀为标准刀具,采用试切法或自动设置坐标系法完成对刀后,可通过设置偏置值完成其他刀具的对刀,下面介绍刀具偏置值的获取办法。

按 POS 键,使 CRT 界面显示坐标值。

按 PAGE 键,切换相对坐标系。

选定的标刀试切工件端面,将刀具当前的 Z 轴位置设为相对零点(设零前不得有 Z 轴位移),按 W_V 键,再按 CAN ,则当前 Z 轴位置设为相对原点。

标刀试切零件外圆,将刀具当前 X 轴的位置设为相对零点(设零前不得有 X 轴的位移),此时标刀在工件上已切出一个基准点。当标刀在基准点位置时,即在设置的相对零点位置,按 U_H 键,再按 CAN ,则当前 X 轴位置设为相对原点,此时 CRT 界面如图 8-23 所示。

退出换刀后,将下一把刀移到工件上基准点的位置,此时显示的相对值,即为该刀相对于标刀的偏置值 ΔX、ΔZ(为保证刀准确地移到工件的基准点上,可采用增量进给方式或手轮进给方式)。此时 CRT 界面如图 8-24 所示,所显示的值即为偏置值。

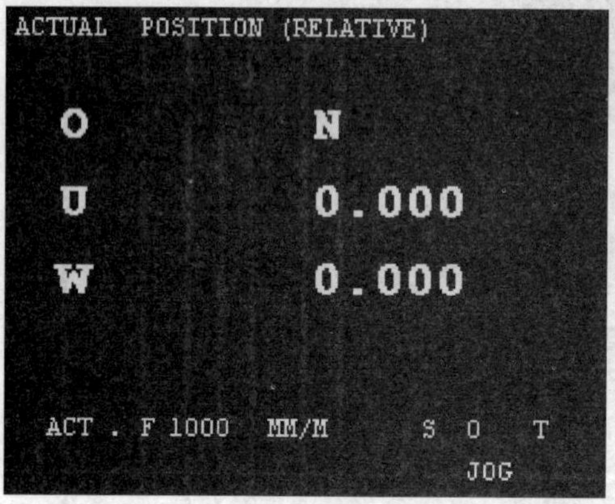

图 8-23 换刀前的机床的 CRT 界面

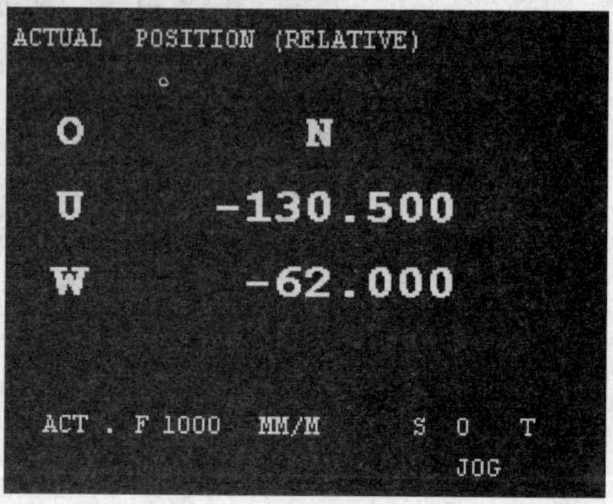

图 8-24 换刀后机床的 CRT 界面

将偏置值输入到磨损量参数补偿表或形状参数补偿表内。

注:机床自身可以通过获取刀具偏置值,确定其他刀具在加工零件时的工件坐标原点。

(三) 车床刀具补偿参数

车床刀具补偿参数包括刀具磨损量补偿参数和形状补偿参数,两者之和构成车刀偏置量补偿参数,设定后,可在数控程序中调用。

输入形状补偿参数:按 OFFSET SETTING 键两次,进入参数设定页面;↓PAGE 或 ↑PAGE 键选择补偿参数页面,如图8-25所示。

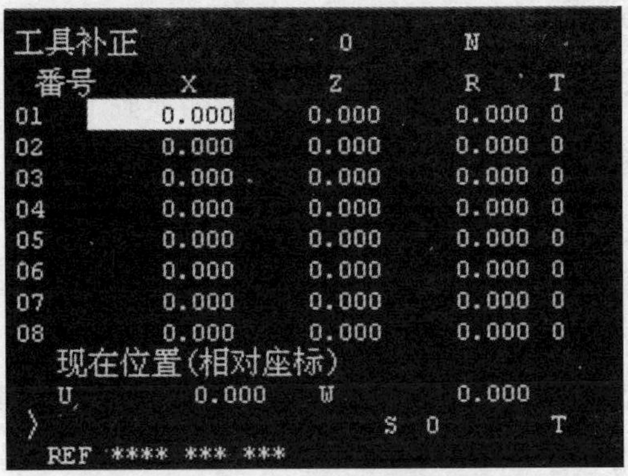

图8-25 参数补偿设定界面

按↓、↑、←或→键选择补偿参数编号;点击 MDI 键盘,输入补偿值到输入域;按 INPUT 键,把输入域中的补偿值输入到所指定的位置。

注:输入车刀磨损量补偿参数和形状补偿参数时,需保证两者对应值和车刀相对于标刀的偏置量。

在设置车床刀具补偿参数时可通过点击 OFFSET SETTING 按钮切换刀具磨损补偿和刀具形状补偿的界面。

(四)手动加工零件

1. 手动/连续方式

将操作面板中 MODE SELECT 旋钮切换到 JOG 上,使用按钮 X、Z 和 -X、-Z 可以快速准确地移动机床。

点击按钮,控制主轴的转动、停止。

注:刀具切削零件时,主轴需转动。加工过程中刀具与零件发生非正常碰撞后(非正常碰撞包括车刀的刀柄与零件发生碰撞,铣刀与夹具发生碰撞等),系统弹出警告对话框,同时主轴自动停止转动,调整到适当位置,继续加工时需再次点击中的按钮,使主轴重新转动。

2. 手动/手轮方式

当手动/连续加工需精确调节机床时,可用手轮方式调节机床。

将控制面板上 MODE SELECT 旋钮切换到×1、×10 或×100 上。

配合移动方向开关,进行手轮精确调节机床。其中,×1 为 0.001 mm,×10 为 0.01 mm,×100 为 0.1 mm。

点击按钮,来控制主轴的转动、停止。

(五)导入数控程序

数控程序可以通过记事本或写字板等编辑软件输入并保存为文本格式文件,也可直接用 FANUC 系统的 MDI 键盘输入。

(1)将操作面板中 MODE SELECT 旋钮切换到 EDIT 上。

(2)点击菜单"视图/控制面板切换"或工具条上的,打开 FANUC 系统的 MDI 键盘。

(3)点击 MDI 键盘上的键,进入编辑页面,再按软键"操作"。

(4)在出现的下级子菜单中按软键。

(5)再通过 MDI 键盘输入 O××,(O 后面输入的是不超过四位的任意数字),按软键"读入",再按"执行"。

(6)打开菜单"机床/DNC 传送…",在打开文件对话框中选取文件。如图 8-26 所示,在文件名列表框中选中所需的文件,按"打开"确认,即可输入预先编辑好的数控程序。此时,CRT 界面上显示选定的数控程序。

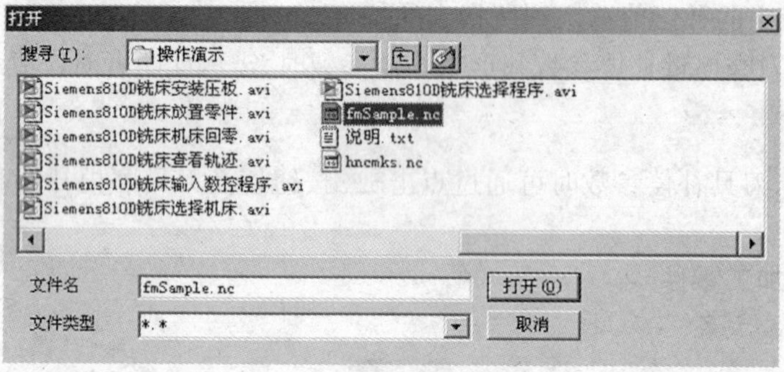

图 8-26　选择程序对话框

注:程序中调用子程序时,主程序和子程序需分开导入。

(六)数控程序管理

1. 显示数控程序目录

经过导入数控程序操作后,将操作面板中 MODE SELECT 旋钮切换到 EDIT 上,在 MDI 键盘上按键,进入编辑页面,再按软键"Lib"。经过 DNC 传送的数控程序名显示在 CRT 界面上。

2. 选择一个数控程序

将操作面板中 MODE SELECT 旋钮切换到 EDIT 或 AUTO 挡,在 MDI 键盘上按键,进入编辑页面,按键键入字母"O";按数字键键入搜索的号码:××××(搜索号码为数控程序目录中显示的程序号);按开始搜索。找到后,"O××××"显示在屏幕右上角程序号位置,NC 程序显示在屏幕上。

3. 删除一个数控程序

将操作面板中 MODE SELECT 旋钮切换到 EDIT 上，在 MDI 键盘上按键，进入编辑页面，按键键入字母“O”；按数字键键入要删除的程序的号码：××××；按键，程序即被删除。

4. 新建一个 NC 程序

将操作面板中 MODE SELECT 旋钮切换到 EDIT 上，在 MDI 键盘上按键，进入编辑页面，按键键入字母“O”；按数字键键入程序号，但不可以与已有程序号重复；按键，开始程序输入；每输入一个代码，按键，输入域中的内容显示在 CRT 界面上，用回车换行键结束一行的输入后换行。

注：MDI 键盘上的数字/字母键，第一次按下时输入的是字母，以后再按下时均为数字。若要再次输入字母，需先将输入域中已有的内容显示在 CRT 界面上（按键，可将输入域中的内容显示在 CRT 界面上）。

5. 删除全部数控程序

将操作面板中 MODE SELECT 旋钮切换到 EDIT 上，在 MDI 键盘上按键，进入编辑页面，按键键入字母“O”；按键键入“-”；按键键入“9999”；按键。

（七）编辑程序

将操作面板中 MODE SELECT 旋钮切换到 EDIT 上，在 MDI 键盘上按键，进入编辑页面，选定了一个数控程序后，此程序显示在 CRT 界面上，可对数控程序进行编辑操作。

1. 移动光标

按或翻页，按、、或移动光标。

2. 插入字符

先将光标移到所需位置，点击 MDI 键盘上的数字/字母键，将代码输入到输入域中，按键，把输入域的内容插入到光标所在代码后面。

3. 删除输入域中的数据

按键用于删除输入域中的数据。

4. 删除字符

先将光标移到所需删除字符的位置，按键，删除光标所在的代码。

5. 查找

输入需要搜索的字母或代码；按开始在当前数控程序中光标所在位置后搜索（代码可以是：一个字母或一个完整的代码，例如“N0010”、“M”等）。如果此数控程序中有所搜索的代码，则光标停留在找到的代码处；如果此数控程序中光标所在位置后没有所搜索的代码，则光标停留在原处。

6. 替换

先将光标移到所需替换字符的位置，将替换成的字符通过 MDI 键盘输入到输入域中，按ALTER键，把输入域的内容替代光标所在的代码。

（八）保存程序

编辑好的程序需要进行保存操作。

将操作面板中 MODE SELECT 旋钮切换到 EDIT 上，在 MDI 键盘上按PROG键，进入编辑页面；再按软键“操作”；在出现的下级子菜单中按软键▶；再按软键“穿孔”，在弹出的对话框中输入文件名，选择文件类型和保存路径，按“保存”按钮确定或按“取消”按钮取消保存操作，如图 8-27 所示。

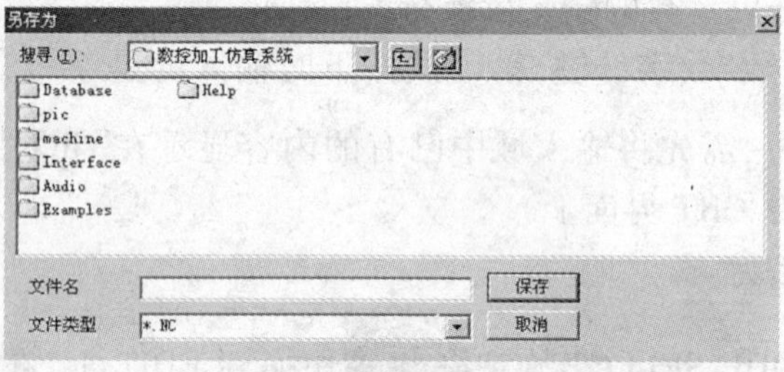

图 8-27　保存对话框

（九）自动/连续加工方式

（1）检查机床是否回零。若未回零，先将机床回零。

（2）导入数控程序或自行编写一段程序。

（3）将操作面板中 MODE SELECT 旋钮切换到 AUTO 上，进入自动加工模式。

（4）点击按钮CYCLE START，数控程序开始运行。

（5）中断运行操作如下：

数控程序在运行过程中可根据需要暂停、停止、急停和重新运行。

数控程序在运行时，点击按钮FEED HOLD，程序暂停运行，再次点击按钮CYCLE START，程序从暂停行开始继续运行。

数控程序在运行时，按下急停按钮，数控程序中断运行，继续运行时，先将急停按钮松开，再按按钮CYCLE START，余下的数控程序从中断行开始作为一个独立的程序执行。

（十）自动/单段加工方式

（1）检查机床是否回零。若未回零，先将机床回零。

（2）导入数控程序或自行编写一段程序。

（3）将操作面板中 MODE SELECT 旋钮切换到 AUTO 上，进入自动加工模式。

（4）点击单步开关按钮SBK，使按钮灯变亮。

(5)点击按钮 CYCLE START ,数控程序开始运行。

注:自动/单段方式执行每一行程序均需点击一次按钮 CYCLE START 。

根据需要调节进给速度(F)调节旋钮,以控制数控程序运行的进给速度,调节范围为0% ~150%。

按 RESET 键,可使程序重置。

(十一)检查运行轨迹

NC 程序导入后,可检查运行轨迹。

将操作面板中 MODE SELECT 旋钮切换到 AUTO 上,点击控制面板中 CUSTOM GRAPH 命令,转入检查运行轨迹模式,再点击操作面板上的按钮 CYCLE START ,即可观察数控程序的运行轨迹,此时也可通过“视图”菜单中的动态旋转、动态放缩、动态平移等方式对三维运行轨迹进行全方位的动态观察。

注:检查运行轨迹时,暂停运行、停止运行、单段执行等同样有效。

(十二)MDI 模式

(1)将操作面板中 MODE SELECT 旋钮切换到 MDI 上,进行 MDI 操作。

(2) 在 MDI 键盘上按 PROG 键,进入编辑页面,如图 8-28 所示。

(3) 输写数据指令:在输入键盘上点击数字/字母键,第一次点击为字母输出,其后点击均为数字输出。字符显示在输入域中,可以做取消、插入、删除等修改操作。

(4)按 CAN 键,删除输入域中的数据。

(5)按键盘上 INPUT 键,将输入域中的内容输入到指定位置,CRT 界面如图 8-29 所示。

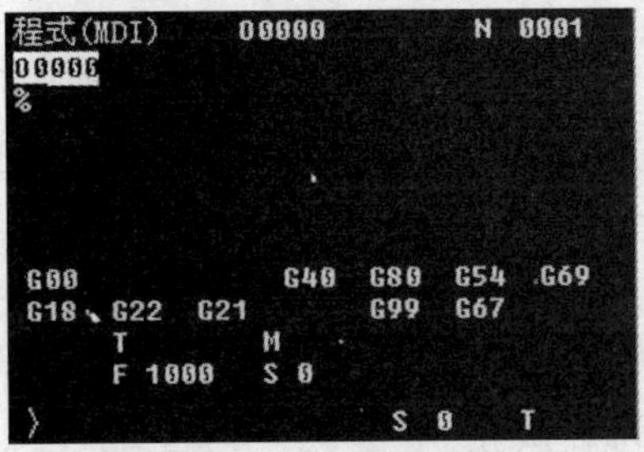

图 8-28　程序编辑界面

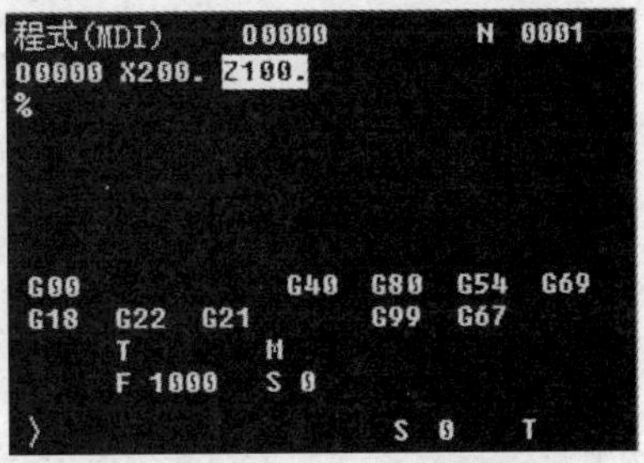

图 8-29　CRT 界面

(6)按 RESET 键,已输入的 MDI 程序被清空。

(7)输入完整数据指令后,按运行控制按钮 CYCLE START 运行程序。运行结束后 CRT 界面上的数据被清空。

注:可重复输入多个指令字,若重复输入同一指令字,后输入的数据将覆盖前输入的

数据,重复输入 M 指令也会覆盖以前的输入。

第二节　FANUC 0i 数控铣床仿真操作

数控铣床的系统面板操作与数控车床类似,因此本节主要为数控铣床面板的操作。FANUC 0i 北京第一机床厂铣床面板如图 8-30 所示。

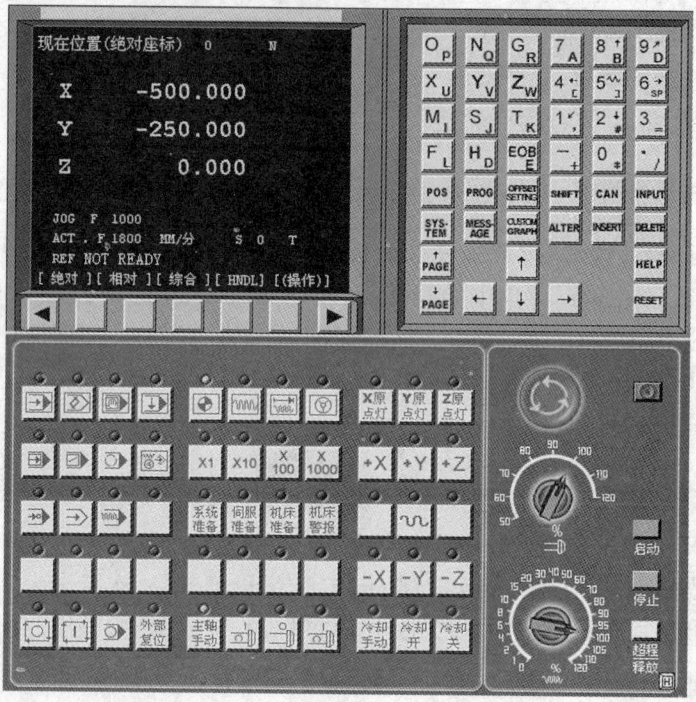

图 8-30 FANUC 0i 北京第一机床厂铣床面板

一、数控铣床的手动操作与对刀

(一)机床准备

1. 激活机床

点击启动按钮,此时机床电机和伺服控制的指示灯变亮。检查急停按钮是否松开至状态,若未松开,旋转急停按钮,将其松开。

2. 机床回参考点

检查操作面板上回原点指示灯是否亮,若指示灯亮,则已进入回原点模式;若指示灯不亮,则点击按钮,转入回原点模式。

在回原点模式下,先将 X 轴回原点,点击操作面板上的按钮,此时 X 轴将回原点,X 轴回原点灯变亮,CRT 上的 X 坐标变为“0. 000”。同样,再分别点击 Y、Z 轴方向移

动按钮 +Y 、+Z ,此时 Y、Z 轴将回原点,Y、Z 轴回原点灯变亮,X原点灯 Y原点灯 Z原点灯。此时,CRT 界面如图 8-31 所示。

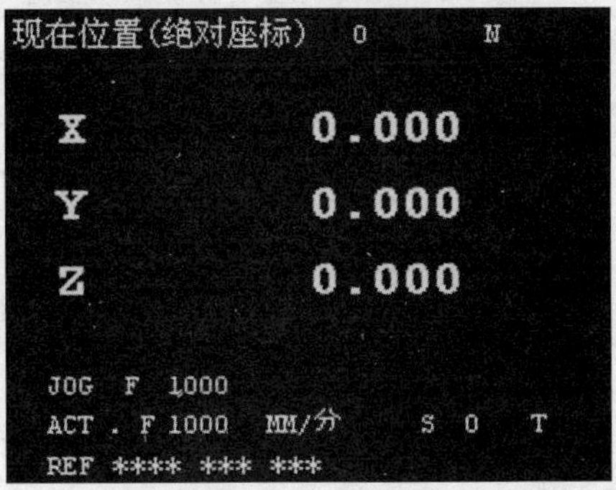

图 8-31 CRT 界面

(二)手动操作

1. 手动/连续方式

点击操作面板上的"手动"按钮,使其指示灯亮,机床进入手动模式;分别点击 +X 、+Y 、+Z 按钮和 -X 、-Y 、-Z 按钮,移动机床。

点击控制主轴的转动和停止。

2. 手动脉冲方式

在手动/连续方式或在对刀,需精确调节机床时,可用手动脉冲方式调节机床。

点击操作面板上的"手动脉冲"按钮或,使指示灯变亮;点击按钮,显示手轮,鼠标对准"轴选择"旋钮,点击左键或右键,选择坐标轴。

鼠标对准"手轮进给速度"旋钮,点击左键或右键,选择合适的脉冲当量;鼠标对准手轮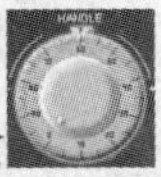,点击左键或右键,精确控制机床的移动。

点击控制主轴的转动和停止;点击,可隐藏手轮。

(三)对刀

数控程序一般按工件坐标系编程,对刀的过程就是建立工件坐标系与机床坐标系之间关系的过程,下面具体说明铣床对刀的方法,其中将工件上表面中心点设为工件坐标系原点,与将工件上其他点设为工件坐标系原点的对刀方法类似。

1. X、Y 轴对刀

一般铣床在 X、Y 方向对刀时,使用的基准工具包括刚性靠棒和寻边器两种。

点击菜单"机床/基准工具…",弹出的基准工具对话框中,左边的是刚性靠棒基准工具，右边的是寻边器，如图 8-32 所示。

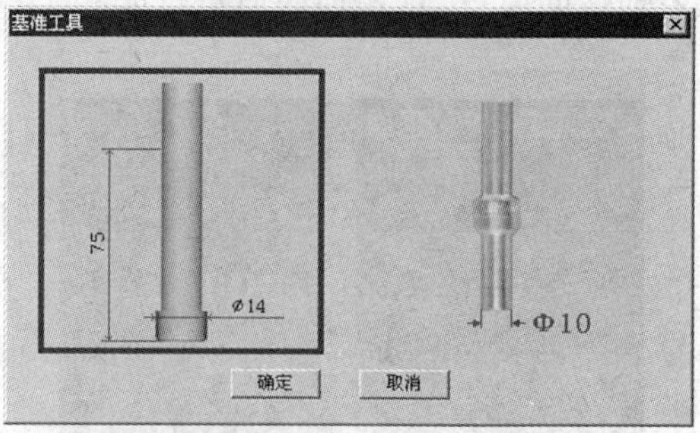

图 8-32　基准工具

刚性靠棒采用检查塞尺松紧的方式对刀，具体过程如下（我们采用将零件放置在基准工具的左侧（正面视图）的方式）。

1）*X* 轴方向对刀

点击操作面板中的按钮进入“手动”方式；点击 MDI 键盘上的，使 CRT 界面上显示坐标值；借助“视图”菜单中的动态旋转、动态放缩、动态平移等工具，适当点击、、按钮和、、按钮，将机床移动到如图 8-33 所示的大致位置。

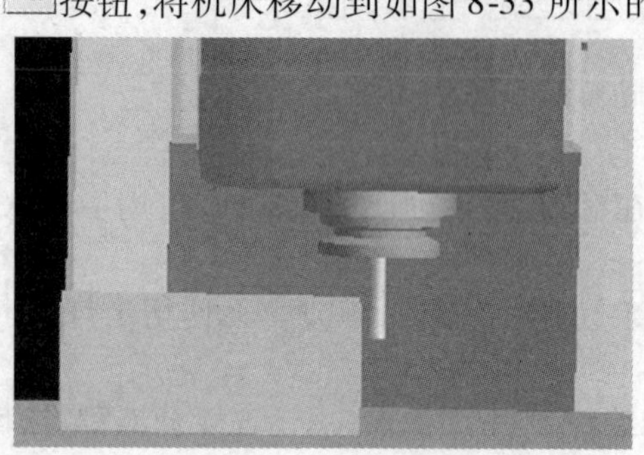

图 8-33　*X* 轴对刀初始位置

移动到大致位置后，可以采用手轮调节方式移动机床，点击菜单“塞尺检查/1 mm”，基准工具和零件之间被插入塞尺。在机床下方显示如图 8-34 所示的局部放大图（紧贴零件的红色物件为塞尺）。

点击操作面板上的手动脉冲按钮或，使手动脉冲指示灯变亮，采用手动脉冲方式精确移动机床，点击显示手轮，将手轮对应轴旋钮置于 *X* 挡，调节手轮进给速度旋钮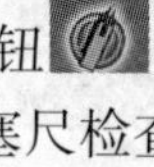，在手轮上点击鼠标左键或右键精确移动靠棒，使得提示信息对话框显示“塞尺检查的结果：合适”，如图 8-34 所示。

记下塞尺检查结果为“合适”时 CRT 界面中的 *X* 坐标值，此为基准工具中心的 *X* 坐标，记为 X_1；将定义毛坯数据时设定的零件的长度记为 X_2；将塞尺厚度记为 X_3；将基准工

件直径记为 X_4（可在选择基准工具时读出）。

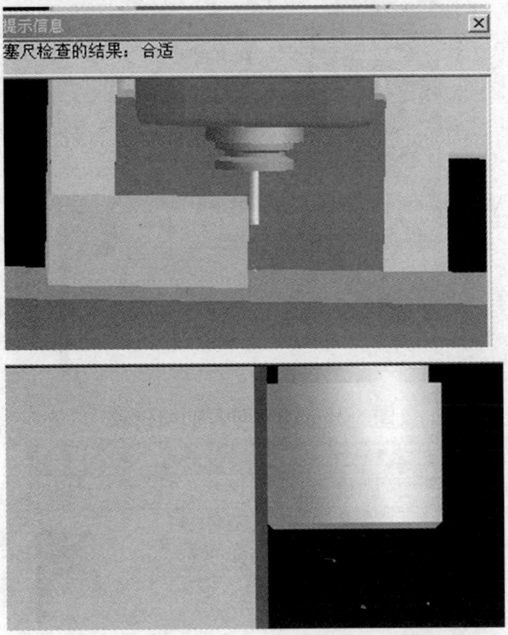

图 8-34　基准工具与塞尺接触位置

所以，工件上表面中心的 X 的坐标为基准工具中心的 X 的坐标 － 零件长度的一半 － 塞尺厚度 － 基准工具半径，即 $X_1 - \frac{X_2}{2} - X_3 - \frac{X_4}{2}$，结果记为 X。

2）Y 轴方向对刀

Y 轴方向对刀采用同样的方法，得到工件中心的 Y 坐标，记为 Y。

完成 X、Y 方向对刀后，点击菜单“塞尺检查/收回塞尺”将塞尺收回，点击，机床转入手动操作状态，点击 +Z 按钮，将 Z 轴提起，再点击菜单“机床/拆除工具”拆除基准工具。

2. Z 轴对刀

铣床 Z 轴对刀时采用实际加工时所要使用的刀具。

1）塞尺检查法

点击菜单“机床/选择刀具”或点击工具条上的小图标，选择所需刀具。

装好刀具后，点击操作面板中的按钮进入“手动”方式；利用操作面板上的 +X、+Y、+Z 按钮和 -X、-Y、-Z 按钮，将机床移到如图 8-35 的大致位置。

用类似在 X、Y 方向对刀的方法进行塞尺检查，得到“塞尺检查的结果：合适”时 Z 的坐标值，记为 Z_1，如图 8-36 所示。所以，工件中心的 Z 坐标值为 Z_1 － 塞尺厚度，得到工件表面一点处 Z 的坐标值，记为 Z。

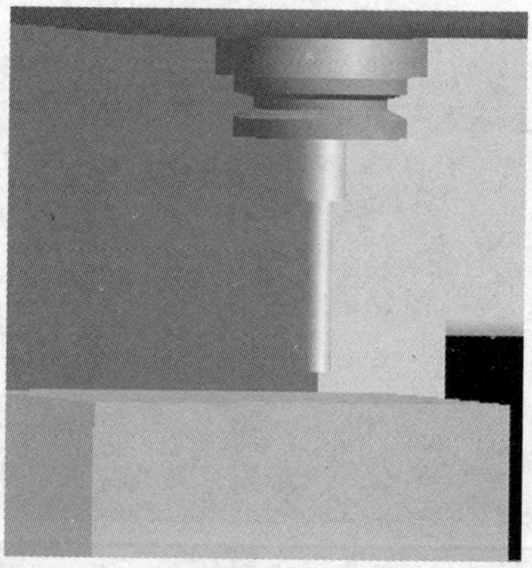

图 8-35　*Z* 轴对刀初始位置

图 8-36　基准工具与塞尺接触位置

2）试切法

点击菜单“机床/选择刀具”或点击工具条上的小图标，选择所需刀具。

装好刀具后，利用操作面板上的 +X、+Y、+Z 按钮和 -X、-Y、-Z 按钮，将机床移到如图 8-35 的大致位置。

打开菜单“视图/选项…”中“声音开”和“铁屑开”选项。

点击操作面板上的按钮或使主轴转动；点击操作面板上的 -Z，切削零件的声音刚响起时停止，使铣刀将零件切削小部分，记下此时 *Z* 的坐标值，记为 *Z*，此为工件表面一点处 *Z* 的坐标值。

通过对刀得到的坐标值（*X*、*Y*、*Z*），即为工件坐标系原点在机床坐标系中的坐标值。

（四）设置参数（G54～G59）

在 MDI 键盘上点击 CUSTOM GRAPH 键，按软键“坐标系”进入坐标系参数设定界面，输入“0 ×”

(01 表示 G54,02 表示 G55,以此类推),按软键“NO 检索”,光标停留在选定的坐标系参数设定区域,如图 8-37 所示。

也可以用方位键 ↑ ↓ ← → 选择所需的坐标系和坐标轴。利用 MDI 键盘输入通过对刀得到的工件坐标原点在机床坐标系中的坐标值。设通过对刀得到的工件坐标原点在机床坐标系中的坐标值(如 -500.000, -415.000, -404.000),则首先将光标移到 G54 坐标系 *X* 的位置,在 MDI 键盘上输入“ -500.000”,按软键“输入”或按 INPUT 将参数输入到指定区域。按 CAN 键逐字删除输入域中的字符。点击 ↓ ,将光标移到 *Y* 的位置,输入“ -415.000”,按软键“输入”或按 INPUT,参数输入到指定区域。同样地,可以输入 *Z* 的值。此时,CRT 界面如图 8-38 所示。

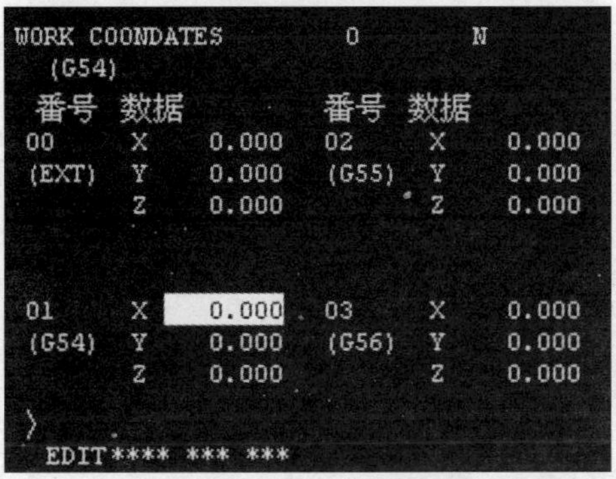

图 8-37 参数设定界面

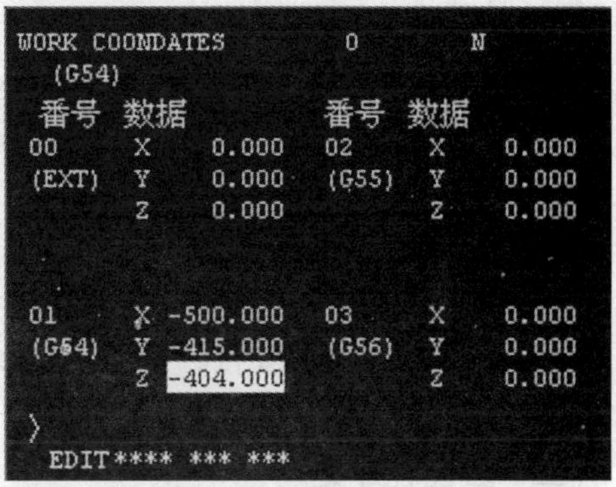

图 8-38 参数输入

如果按软键“ +输入”,键入的数值将和原有的数值相加以后输入。

二、数控铣床刀具补偿参数、程序处理和仿真加工

(一)设置铣床刀具补偿参数

铣床刀具补偿包括刀具的半径补偿和长度补偿。

1. 输入直径补偿参数

FANUC 0i 的刀具直径补偿包括形状直径补偿和磨耗直径补偿。

(1)在 MDI 键盘上点击 CUSTOM GRAPH 键,进入参数补偿设定界面,如图 8-39 所示。

(2)用方位键 ↑ ↓ 选择所需的番号,并用 ← → 确定需要设定的直径补偿是形状补偿还是磨耗补偿,将光标移到相应的区域。

(3)点击 MDI 键盘上的数字/字母键,输入刀尖直径补偿参数。

(4)按软键“输入”或按 INPUT,参数输入到指定区域。按 CAN 键逐字删除输入域中的字符。

注:直径补偿参数若为 4 mm,在输入时需输入“4.000”,如果只输入“4”,则系统默认为“0.004”。

2. 输入长度补偿参数

长度补偿参数在刀具表中按需要输入。FANUC 0i 的刀具长度补偿包括形状长度补

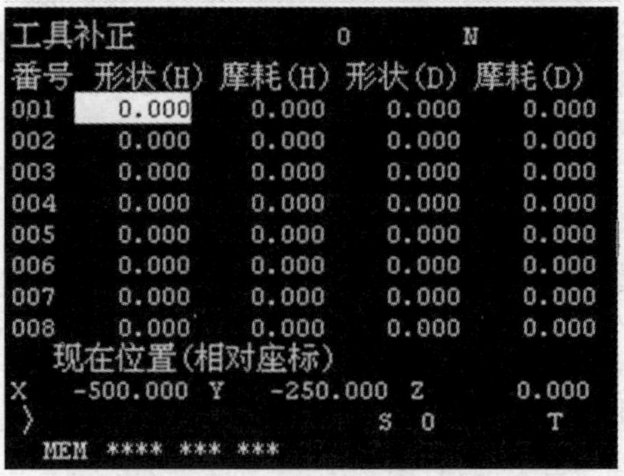

图 8-39　参数设定界面

偿和磨耗长度补偿。

(1)在 MDI 键盘上点击 CUSTOM GRAPH 键,进入参数补偿设定界面,如图 8-39 所示。

(2)用方位键 ↑ ↓ ← → 选择所需的番号,并确定需要设定的长度补偿是形状补偿还是磨耗补偿,将光标移到相应的区域。

(3)点击 MDI 键盘上的数字/字母键,输入刀具长度补偿参数。

(4)按软键"输入"或按 INPUT,参数输入到指定区域。按 CAN 键逐字删除输入域中的字符。

(二) 数控程序处理

1. 导入数控程序

数控程序可以通过记事本或写字板等编辑软件输入并保存为文本格式文件,也可直接用 FANUC 0i 系统的 MDI 键盘输入。

点击操作面板上的编辑,编辑状态指示灯变亮,此时已进入编辑状态。点击 MDI 键盘上的 PROG,CRT 界面转入编辑页面。再按软键"操作",在出现的下级子菜单中按软键 ▶,按软键"READ",转入如图 8-40 所示的界面,点击 MDI 键盘上的数字/字母键,输入"OX"(X 为任意不超过四位的数字),按软键"EXEC";点击菜单"机床/DNC 传送",在弹出的对话框中选择所需的 NC 程序,按"打开"确认,则数控程序被导入并显示在 CRT 界面上,如图 8-41 所示。

2. 数控程序管理

1)显示数控程序目录

经过导入数控程序操作后,点击操作面板上的编辑,编辑状态指示灯变亮,此时已进入编辑状态。点击 MDI 键盘上的 PROG,CRT 界面转入编辑页面。按软键"LIB" 经过 DNC 传送的数控程序名显示在 CRT 界面上,如图 8-42 所示。

2)选择一个数控程序

经过导入数控程序操作后,点击 MDI 键盘上的 PROG,CRT 界面转入编辑页面。利用

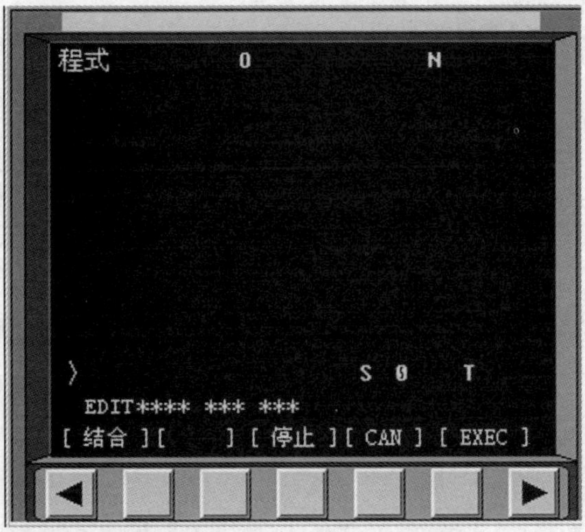

图 8-40　导入数控程序

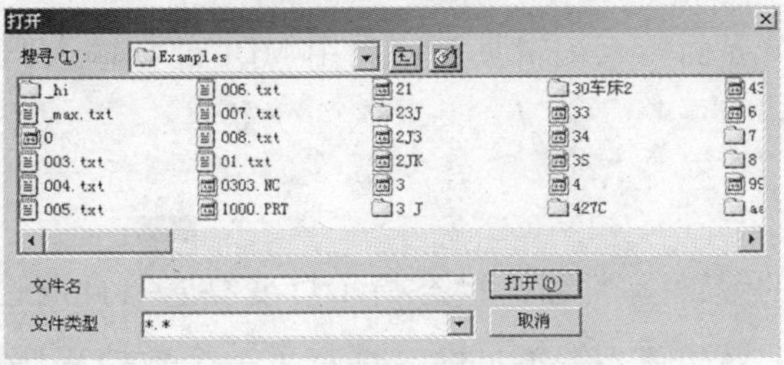

图 8-41　打开文件对话框

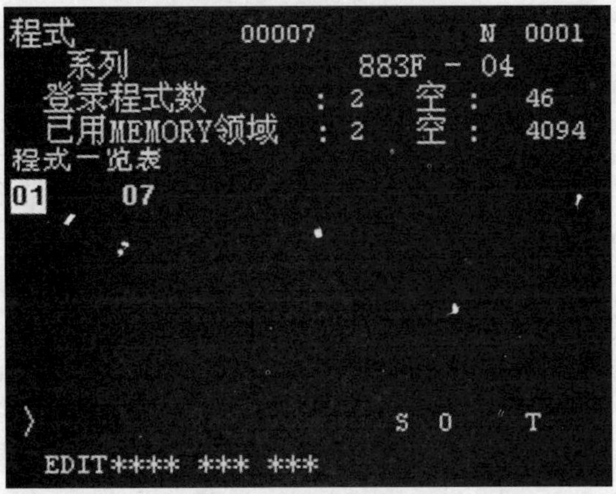

图 8-42　显示数控程序名的 CRT 界面

MDI 键盘输入“O×”(×为数控程序目录中显示的程序号),按 ↓ 键开始搜索,搜索后“O××××”显示在屏幕首行程序号位置,NC 程序显示在屏幕上。

3) 删除一个数控程序

点击操作面板上的编辑 ,编辑状态指示灯变亮 ,此时已进入编辑状态。利用

MDI 键盘输入“O×”(×为要删除的数控程序在目录中显示的程序号),按 DELETE 键,程序即被删除。

4)新建一个 NC 程序

点击操作面板上的编辑,编辑状态指示灯变亮,此时已进入编辑状态。点击 MDI 键盘上的 PROG,CRT 界面转入编辑页面。利用 MDI 键盘输入“O×”(×为程序号,但不可以与已有的程序号重复),按 INSERT 键,CRT 界面上显示一个空程序,可以通过 MDI 键盘开始程序输入。输入一段代码后,按 INSERT 键输入域中的内容显示在 CRT 界面上,按回车换行键 EOB 结束一行的输入后换行。

5)删除全部数控程序

点击操作面板上的编辑,编辑状态指示灯变亮,此时已进入编辑状态。点击 MDI 键盘上的 PROG,CRT 界面转入编辑页面。利用 MDI 键盘输入“O-9999”,按 DELETE 键,全部数控程序即被删除。

3. 编辑程序

点击操作面板上的编辑,编辑状态指示灯变亮,此时已进入编辑状态。点击 MDI 键盘上的 PROG,CRT 界面转入编辑页面。选定了一个数控程序后,此程序显示在 CRT 界面上,可对数控程序进行编辑操作。

1)移动光标

按 ↑PAGE 和 ↓PAGE 用于翻页,按方位键 ↑ ↓ ← → 移动光标。

2)插入字符

先将光标移到所需位置,点击 MDI 键盘上的数字/字母键,将代码输入到输入域中,按 INSERT 键,把输入域的内容插入到光标所在的代码后面。

3)删除输入域中的数据

按 CAN 键用于删除输入域中的数据。

4)删除字符

先将光标移到所需删除字符的位置,按 DELETE 键,删除光标所在的代码。

5)查找

输入需要搜索的字母或代码,按 ↓ 开始在当前数控程序中光标所在位置后搜索(代码可以是:一个字母或一个完整的代码。例如:“N0010”、“M”等)。如果此数控程序中有所搜索的代码,则光标停留在找到的代码处;如果此数控程序中光标所在位置后没有所搜索的代码,则光标停留在原处。

6)替换

先将光标移到所需替换字符的位置,将替换成的字符通过 MDI 键盘输入到输入域中，按ALTER键，把输入域的内容替代光标所在的代码。

4. 保存程序

编辑好的程序需要进行保存操作。点击操作面板上的编辑，编辑状态指示灯变亮，此时已进入编辑状态。按软键“操作”，在下级子菜单中按软键“Punch”，在弹出的对话框中输入文件名，选择文件类型和保存路径，按“保存”按钮，如图 8-43 所示。

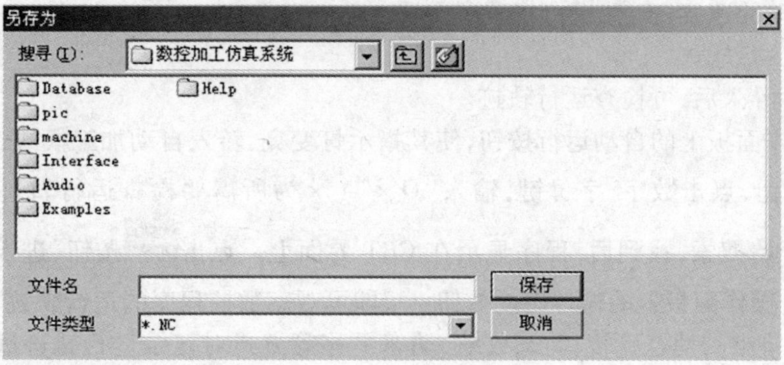

图 8-43　保存程序对话框

（三）自动加工方式

1. 自动/连续方式

1）自动加工流程

检查机床是否回零，若未回零，先将机床回零。

导入数控程序或自行编写一段程序。

点击操作面板上的“自动运行”按钮，使其指示灯变亮。

点击操作面板上的，程序开始执行。

2）中断运行

数控程序在运行过程中可根据需要暂停、停止、急停和重新运行。

数控程序在运行时，按暂停键，程序停止执行；再点击键，程序从暂停位置开始执行。

数控程序在运行时，按停止键，程序停止执行；再点击键，程序从开头重新执行。

数控程序在运行时，按下急停按钮，数控程序中断运行，继续运行时，先将急停按钮松开，再按按钮，余下的数控程序从中断行开始作为一个独立的程序执行。

2. 自动/单段方式

检查机床是否回零，若未回零，先将机床回零。

导入数控程序或自行编写一段程序。

点击操作面板上的“自动运行”按钮，使其指示灯变亮。点击操作面板上的“单节”按钮。点击操作面板上的,程序开始执行。

注:自动/单段方式执行每一行程序均需点击一次按钮;点击“单节跳过”按钮,则程序运行时跳过符号“/”有效,该行成为注释行,不执行;点击“选择性停止”按钮,则程序中 M01 有效;可以通过主轴倍率旋钮和进给倍率旋钮来调节主轴旋转的速度和移动的速度;按RESET键可将程序重置。

3. 检查运行轨迹

NC 程序导入后,可检查运行轨迹。

点击操作面板上的自动运行按钮,使其指示灯变亮,转入自动加工模式,点击 MDI 键盘上的PROG按钮,点击数字/字母键,输入“O ×”(×为所需要检查运行轨迹的数控程序号),按↓开始搜索,找到后,程序显示在 CRT 界面上。点击CUSTOM GRAPH按钮,进入检查运行轨迹模式,点击操作面板上的循环启动按钮,即可观察数控程序的运行轨迹,此时也可通过“视图”菜单中的动态旋转、动态放缩、动态平移等方式对三维运行轨迹进行全方位的动态观察。

(四)MDI 模式

点击操作面板上的按钮,使其指示灯变亮,进入 MDI 模式。在 MDI 键盘上按PROG键,进入编辑页面。

输写数据指令:在输入键盘上点击数字/字母键,可以做取消、插入、删除等修改操作。按数字/字母键,键入字母“O”, 再键入程序号,但不可以与已有的程序号重复。输入程序后,用回车换行键EOB E结束一行的输入后换行。

移动光标:按上下方向键PAGE PAGE翻页。按方位键↑ ↓ ← →移动光标。

按CAN键,删除输入域中的数据;按DELETE键,删除光标所在的代码。按键盘上INSERT键,输入所编写的数据指令。

输入完整数据指令后,按循环启动按钮运行程序。用RESET清除输入的数据。

思考与练习题

1. 在数控仿真系统上怎样定义毛坯、安装和调整毛坯、选择刀具?

2. 什么是半径编程和直径编程?

3. 机床不回参考点或主轴不转时,刀具进给切削工件会出现什么问题?

4. 数控车床的单步加工用在什么场合?

5. 在仿真系统上如何调试数控程序?

6. 仿真系统数控铣床如何安装基准工具? 怎样建立工件坐标系?

7. 在仿真系统上加工如图 8-44 所示零件。

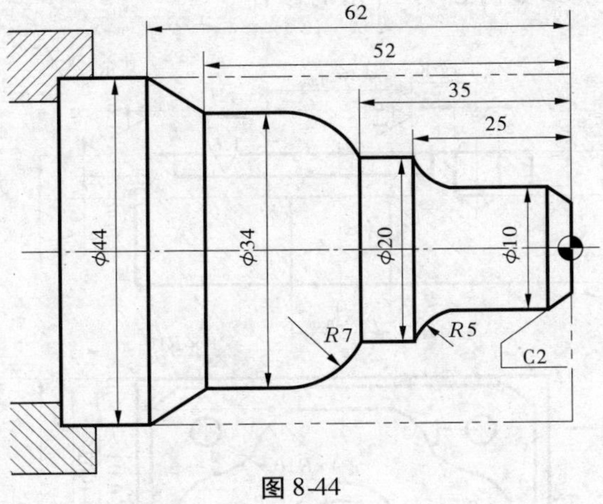

图 8-44

8. 在仿真系统上加工如图 8-45 所示的零件。

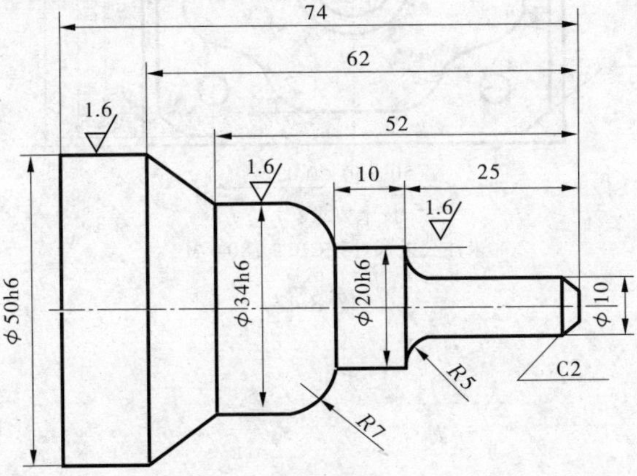

图 8-45

9. 在仿真系统上加工如图 8-46 所示的零件。

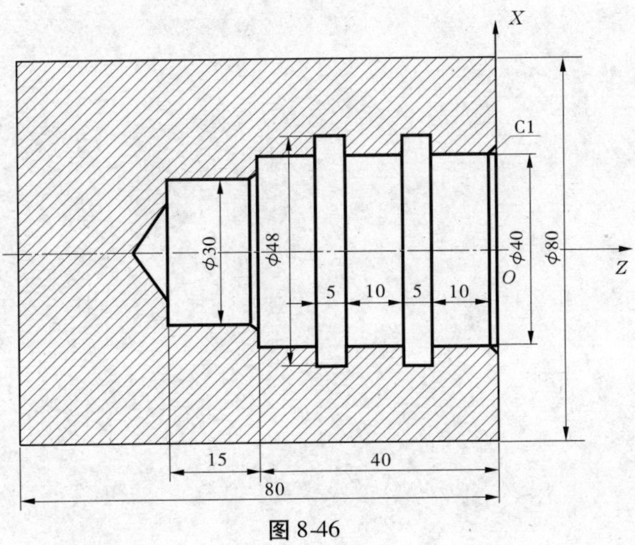

图 8-46

10. 在仿真系统上加工如图 8-47 所示的零件。

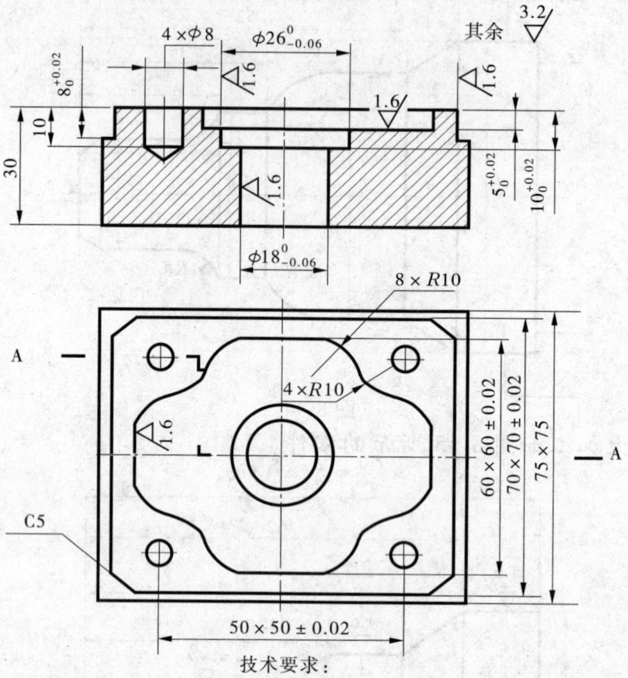

技术要求：

未注公差尺寸按GB/T 1804-M。

图 8-47

参考文献

[1] 顾京. 数控加工编程及操作[M]. 北京:高等教育出版社,2008.
[2] 沈建峰. 数控车工(高级)[M]. 北京:机械工业出版社,2006.
[3] 陈海舟. 数控铣削加工宏程序及应用实例[M]. 北京:机械工业出版社,2008.
[4] 沈建峰. 数控机床编程与操作:数控铣床加工中心分册[M]. 北京:中国劳动社会保障出版社,2005.
[5] 朱建平,郁志纯. 数控编程与加工一体化教程[M]. 北京:清华大学出版社,2009.
[6] 霍素萍. 数控车削加工工艺编程与操作[M]. 北京:人民邮电出版社,2009.
[7] 霍素萍,刘岩,赵鹏喜. 数控铣削加工工艺编程与操作[M]. 北京:人民邮电出版社,2009.
[8] 张立华,马立克. 数控编程与加工技术[M]. 大连:大连理工大学出版社,2007.
[9] 闫巧枝,彭新荣. 数控机床编程与工艺[M]. 西安:西北工业大学出版社,2009.
[10] 曹凤. 数控编程[M]. 重庆:重庆大学出版社,2008.
[11] 申晓龙. 数控加工技术[M]. 北京:冶金工业出版社,2008.
[12] 任国兴. 数控车床加工工艺与编程操作[M]. 北京:机械工业出版社,2006.
[13] 王睿鹏. 数控机床与操作[M]. 北京:机械工业出版社,2009.
[14] 吴新佳. 数控加工工艺与编程[M]. 北京:人民邮电出版社,2009.
[15] 李爱敏. 数控铣削编程与加工技术[M]. 北京:国防科技大学出版社,2010.
[16] 李河水,赵晓东. 数控加工编程与操作[M]. 北京:国防科技大学出版社,2010.
[17] 申晓龙. 数控机床操作与编程[M]. 北京:机械工业出版社,2009.
[18] 张道江,罗会藩. 数控中级工认证实训教程[M]. 重庆:重庆大学出版社,2009.
[19] 张思弟,贺曙新. 数控编程加工技术[M]. 北京:化学工业出版社,2008.
[20] 顾晔. 数控加工与编程[M]. 北京:人民邮电出版社,2008.
[21] 胡如祥. 数控加工编程与操作[M]. 大连:大连理工大学出版社,2006.
[22] 陈天祥. 数控加工技术及编程实训[M]. 北京:清华大学出版社,2005.
[23] 王立军,朱虹. SIEMENS 系统数控车床编程与维护[M]. 北京:电子工业出版社,2008.
[24] 崔兆华. SIEMENS 系统数控机床的编程[M]. 北京:中国电力出版社,2008.